《냉동인간》은…

인체 냉동 보존술이라는 새로운 연구 분야를 개척하며 생명공학기술은 물론 포스트휴머니즘 담론에 한 획을 그은 기념비적 저서이다. 1962년 미국에서 초판이 출간되었지만 2011년에야 국내 최초로 소개되는 책으로, 상상 속에서만 가능하던 냉동 인간의 실현 가능성이 과학적으로 논의될 수 있는 장을 마련했다. 특히 이번 한국어판에서는 저자 로버트 에틴거가 지난 50년 동안 인체 냉동 보존술이 발전해온 과정을 일목요연하게 정리한 글을 추가하여 인체 냉동 보존술의 이모저모를 한눈에 파악할 수 있게 했다.

추천의 글을 쓴 장 로스탕은 세계 최초로 동물 세포를 냉동시키는 데 성공하여 저온생물학의 시대를 연 프랑스 생물학자로, 인간 불멸의 시대를 예견한 에틴거의 치밀한 철학적 논리와 과학적 독창성에 찬사를 아끼지 않는다. 의학박사 제럴드 그루먼의 추천의 글 역시 현대인에게 가장 큰 난제로 남아있는 죽음을 새롭게 정의하게 만든 에틴거의 집요한 도전에 갈채를 보내고 있다.

여기에 이인식 과학문화연구소장(KAIST 겸직교수)의 해제는 국내 독자들에게 아직 미지의 의료기술로 남아 있는 인체 냉동 보존술의 인류사적 의미를 트랜스휴머니즘의 맥락에서 짚어주고 있어 에틴거의 상상을 초월하는 이론 전개만큼이나 읽는 이의 마음에 깊은 여운을 남길 것이다.

Modern & Classic

시대와 분야를 초
출간

냉동 인간

THE PROSPECT OF IMMORTALITY
by Robert C. W. Ettinger, with Update 2010 by Robert C. W. Ettinger

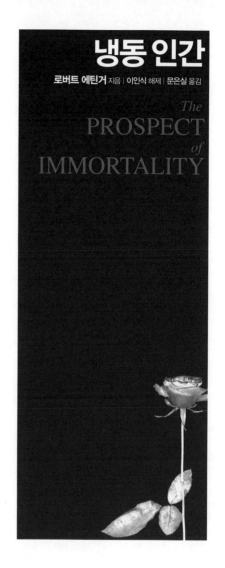

냉동 인간

로버트 에틴거 지음 | **이인식 해제** | **문은실 옮김**

The
PROSPECT
of
IMMORTALITY

김영사

냉동 인간

저자_ 로버트 에틴거
역자_ 문은실

1판 1쇄 인쇄_ 2011. 4. 18.
1판 1쇄 발행_ 2011. 4. 25.

발행처_ 김영사
발행인_ 박은주
기획_ 이인식 과학문화연구소장

등록번호_ 제406-2003-036호
등록일자_ 1979. 5. 17.

경기도 파주시 교하읍 문발리 출판단지 515-1 우편번호 413-756
마케팅부 031)955-3100, 편집부 031)955-3250, 팩시밀리 031)955-3111

값은 뒤표지에 있습니다.
ISBN 978-89-349-5053-0 04500

독자의견 전화_ 031)955-3200
홈페이지_ http://www.gimmyoung.com
이메일_ bestbook@gimmyoung.com

좋은 독자가 좋은 책을 만듭니다.
김영사는 독자 여러분의 의견에 항상 귀 기울이고 있습니다.

이 책을 미국 냉동보존협회의 위대한 냉동 보존학자
제임스 R. 욘트에게 바칩니다.

Contents

냉동 인간은 부활을 꿈꾼다

이인식 — 과학문화연구소장, KAIST 겸직교수

> 나의 모든 친구와 이웃이 그들의 1000번째 생일 축하 자리에 나를 초대
> 해주기를 희망한다.　　　　　　　　　　　　　　　— 로버트 에팅거

1

영원불멸을 소망한 고대 이집트 사람들은 사후에 육신이 원형 그대로 보존되어 있지 않으면 사망할 즈음 분리된 정신과 다시 결합할 수 없으므로 저승에서 부활이 불가능하다고 생각했다. 따라서 고대 이집트에서는 남녀노소 가릴 것 없이 모두 시체를 미라로 처리하여 관 속에 안치했다.

20세기 후반부터 사후에 시체의 부패를 중지시킬 수 있는 기술로 인체 냉동 보존술cryonics이 출현했다. 냉동 보존술은 죽은 사람을 얼려 장시간 보관해두었다가 나중에 녹여 소생시키려는 기술이다. 인체를 냉동 보존하는 까닭은 사람을 죽게 만든 요인, 예컨대 암과 같은 질병의 치료법이 발견되면 훗날 죽은 사람을 살려낼 수 있다고 믿기 때문이다. 말하자면 인체 냉동 보존술은 시체를 보존하는 새

로운 방법이라기보다는 생명을 연장하려는 새로운 시도라고 할 수 있다.

인체의 사후 보존에 관심을 표명한 대표적인 인물은 미국의 정치가이자 과학자인 벤저민 프랭클린(1706~1790)이다. 미국의 독립선언 직전인 1773년, 그가 친지에게 보낸 편지에는 '물에 빠져 죽은 사람을 먼 훗날 소생시킬 수 있도록 시체를 미라로 만드는 방법'에 대해 언급한 대목이 나온다. 물론 그는 당대에 그러한 방법을 구현할 만큼 과학이 발달하지 못한 것을 아쉬워하는 문장으로 편지를 끝맺었다.

1946년 프랑스의 생물학자인 장 로스탕(1894~1997)은 동물 세포를 냉동시키는 실험에 최초로 성공했다. 그는 개구리의 정충을 냉동하는 과정에서 세포에 발생하는 훼손을 줄이는 보호 약물로 글리세롤을 사용했다. 로스탕은 저온생물학cryobiology 시대를 개막한 인물로 여겨진다.

과학자들은 1950년에는 소의 정자, 1954년에는 사람의 정자를 냉동 보관하는 데 성공했다. 이를 계기로 세계 곳곳의 정자은행에서는 정자를 오랫동안 냉동 저장한 뒤에 해동하여 난자와 인공 수정을 시키게 되었다.

미국의 물리학자 로버트 에팅거는 로스탕의 실험 결과로부터 인체 냉동 보존의 아이디어를 생각해냈다. 의학적으로 정자를 가수면 상태로 유지한 뒤에 소생시킬 수 있다면 인체에도 같은 방법을 적용할 수 있다고 확신한 것이다. 1962년《냉동 인간》을 펴내고, 저온생물학의 미래는 죽은 사람의 시체를 냉동시킨 뒤 되살려내는 데 달려 있다고 강조했다. 특히 질소가 액화되는 온도인 섭씨 영하 196도가 시체를 몇 백 년 동안 보존하는 데 적합한 온도라고 제안했다. 다름 아닌 이 책《냉동 인간》이 계기가 되어 인체 냉동 보존술이라는 미지의 의료 기술이 모습을 드러내게 된 것이다.

1967년 1월 마침내 미국에서 최초로 인간이 냉동 보존되었다.

에팅거의 인체 냉동 보존 아이디어는 1960~1970년대 미국 지식인들의 상상력을 자극했다. 특히 히피 문화의 전성기인 1960년대에 환각제인 엘에스디LSD를 만들어 미국 젊은이들을 중독에 빠뜨린 장본인인 티머시 리어리(1920~1996)는 인체 냉동 보존술에 심취했다. 그는 말년에 암 선고를 받고 자살 계획을 세워 자신의 죽음을 인터넷에 생중계할 정도로 괴짜였다. 1996년 75세로 병사한 리어리는 사후에 출간된 저서인《임종의 설계Design for Dying》(1997)에서 냉동 보존으로 부활하는 꿈을 포기하지 않았다.

리어리의 경우에서 보듯이 인체 냉동 보존술은 진취적 사고를 가진 미국 실리콘밸리의 첨단 기술자들을 매료시켰다. 세계 최대의 인체 냉동 보존 서비스 기업인 알코어 생명연장재단의 고객 중 상당수가 첨단 기술 분야 종사자인 것으로 알려졌다. 1972년 설립된 알코어는 고객을 '환자', 사망한 사람을 '잠재적으로 살아 있는 자'라고 부른다. 환자가 일단 임상적으로 사망하면 알코어의 냉동 보존 기술자들은 현장으로 달려간다. 그들은 먼저 시신을 얼음 통에 집어넣고, 산소 부족으로 뇌가 손상되는 것을 방지하기 위해 심폐소생 장치를 사용하여 호흡과 혈액 순환 기능을 복구시킨다. 이어서 피를 뽑아내고 정맥주사를 놓아 세포의 부패를 지연시킨다. 그런 다음에 환자를 알코어 본부로 이송한다. 환자의 머리와 가슴의 털을 제거하고, 두개골에 작은 구멍을 뚫어 종양의 징후를 확인한다. 시신의 가슴을 절개하고 늑골을 분리한다. 기계로 남아 있는 혈액을 모두 퍼내고 그 자리에는 특수 액체를 집어넣어 기관이 손상되지 않도록 한다. 사체를 냉동 보존실로 옮긴 다음에는 특수 액체를 부동액으로 바꾼다. 부동액은 세포가 냉동되는 과정에서 발생하는 부작용을 감소시킨다. 며칠 뒤에 환자의 시체는 액체 질소의 온도인 섭씨 영하 196도로 급속 냉각된다. 이제 환자는 탱크에 보관된 채 냉동 인간으로 바뀐다.

알코어의 홈페이지(www.alcor.org)를 보면 "우리는 뇌세포와 뇌의 구조가 잘 보존되는 한, 심장 박동이나 호흡이 멈춘 뒤 아무리 오랜 시간이 흘러도 그 사람을 살려낼 수 있다고 믿는다. 심박과 호흡의 정지는 곧 '죽음'이라는 구시대적 발상에서 아직 벗어나지 못한 사람들이 많다. '죽음'이란 제대로 보존되지 못해 다시 태어날 수 없는 상태일 뿐이다"라고 적혀 있다. 그러나 현대 과학은 아직까지 냉동 인간을 소생시킬 수 있는 수준에 도달하지 못한 상태다.

2

인체 냉동 보존술이 실현되려면 반드시 두 가지 기술이 개발되지 않으면 안 된다. 하나는 뇌를 냉동 상태에서 제대로 보존하는 기술이고, 다른 하나는 해동 상태가 된 뒤 뇌의 세포를 복구하는 기술이다. 뇌의 보존은 저온생물학과 관련된 반면, 세포의 복구는 분자 수준에서 물체를 조작하는 나노 기술과 관련된다. 말하자면 인체 냉동 보존술은 저온생물학과 나노 기술이 결합될 때 비로소 실현 가능한 기술이다. 물론 에팅거가 이 책을 출간할 당시 나노 기술은 이 세상에 존재하지 않았다.

먼저 저온에서 뇌를 보존하는 기술은 두말할 나위 없이 중요하다. 사람의 뇌를 냉동 상태에서 보존하지 못한다면 해동 후에 뇌 기능의 소생을 기대할 수 없기 때문이다. 사람의 다른 신체 부위, 이를테면 피부나 뼈, 골수, 장기 등은 현재의 기술로 저온 보존이 가능하다. 바꾸어 말하면 냉동과 해동에 의해 이러한 부위를 구성하는 분자들이 변질되지 않는다는 뜻이다. 요컨대 냉동은 일반적으로 단백질의 변성이나 화학적 변화를 야기하지 않는다.

세포의 경우 구성 물질의 85퍼센트가량이 물이기 때문에 냉동할 때 얼음으로 바뀌면서 부피가 팽창하여 세포가 파괴될 것이라고 생각하기 쉽다. 그러나 물이 얼음으로 바뀜에 따라 세포의 부피는 10퍼센트 정도 팽창하는 데 그칠 뿐 아니라, 세포는 부피가 50~100퍼센트까지 늘어나더라도 내부에 형성된 얼음 때문에 세포가 죽는 일은 발생하지 않는다.

이러한 냉동 보존의 결과는 일반 신체 부위의 연구를 통해 확인된 것이므로 곧바로 뇌에 적용되기는 어렵다. 뇌를 냉동했을 때 각 부위의 세포와 조직에 대해 그 구조와 기능이 보존되는 상태를 면밀히 검토해야 하기 때문이다. 물론 아직까지 뇌의 모든 부위에 대해 그러한 연구가 이루어진 것은 아니다. 하지만 뇌 역시 냉동할 때 형성되는 얼음에 의해 인지 능력이 손상되지 않을 뿐 아니라, 동결 방지제인 글리세롤을 사용하면 뇌의 기능을 온전히 유지할 수 있는 상태까지 얼음 형성을 억제할 수 있는 것으로 밝혀졌다. 결론적으로 이러한 연구 결과는 인체 냉동 보존을 실현함에 있어 저온생물학의 측면에서는 별다른 장애 요인이 없을 것임을 시사해준다.

인체 냉동 보존술의 성공을 위해 기본적으로 필요한 두 번째 기술은 나노 기술이다. 나노 기술은 냉동 과정에서 손상된 세포를 해동한 뒤 수리할 때 필수불가결한 기술로 기대를 모으고 있다.

인체는 수십조 개의 세포로 이루어져 있으며, 냉동될 때 세포를 구성하는 수분이 밖으로 빠져나가 얼음으로 바뀐다. 수많은 세포 주변에 형성된 얼음은 마치 바늘이 풍선을 터뜨리듯 이웃 세포의 세포막을 손상시키게 마련이다. 뇌세포 역시 예외가 아니다.

신체의 많은 기관은 새로운 것으로 교체될 수 있다. 예컨대 콩팥이나 피부 따위는 새것으로 바꾸면 그만이다. 그러나 뇌는 전혀 다른 문제이다. 뇌에는 개체의 의식과 기억이 들어 있기 때문이다. 뇌세포가 손상된 경우 그 안에 저장된 정보들이 온전할 리 만무하다. 따라서 손상된 뇌세포의 기능을 복원할 뿐 아니라 그 안에 있는 정보를 보전하기 위해서 해동된 뒤에 뇌세포를 원상태로 복구시켜놓지 않으면 안 된다.

인체 냉동 보존술의 이론가들은 이러한 문제의 거의 유일한 해결책으로 미국의 에릭 드렉슬러(1955~)가 1986년 펴낸 《창조의 엔진Engines of Creation》에서 제안한 '바이오스태시스biostasis' 개념에 매달리고 있다. 드렉슬러는 '생명 정지'를 뜻하는 바이오스태시스라는 용어를 만들고 '훗날 세포 수복 기계에 의해 원상 복구될 수 있게끔 세포와 조직이 보존된 상태'라고 정의했다.

세포 수복 기계는 나노미터 크기의 컴퓨터, 센서, 작업 도구로 구성되며 크기는 박테리아와 바이러스 정도이다. 이 나노 기계는 백혈구처럼 인체의 조직 속을 돌아다니고, 바이러스처럼 세포막을 여닫으며 세포 안팎으로 들락거리면서 세포와 조직의 손상된 부위를 수리한다.

드렉슬러는 이러한 나노 로봇이 개발되면 냉동 보존에도 크게 도움이 될 것이라고 주장했다. 요컨대 인체 냉동 보존술의 성패는 저온생물학 못지않게 나노 기술의 발전에 달려 있는 셈이다.

전문가들은 2030년경에 세포 수복 기능을 가진 나노 로봇이 출현할 것으로 전망한다. 그렇다면 늦어도 2040년까지는 냉동 보존에 의해 소생한 최초의 인간이 나타날 가능성이 농후하다. 하지만 나노 기술이 발전하지 못하면 21세기의 미라인 냉동 인간은 영원히 깨어나지 못한 채 차가운 얼음 속에서 길고 긴 잠을 자야 할지 모를 일이다.

3

에팅거는 불멸의 시대를 전망하면서 인간의 능력을 향상시킬 가능성이 농후한 기술들을 열거했다. 컴퓨터 기술, 생명공학, 신경공학은 이 책이 출간된 1962년 당시 걸음마 단계였다는 점을 고려할 때 그의 상상력에 놀라지 않을 수 없다.

컴퓨터 기술의 경우, 인공 지능과 인공 생명의 미래가 논의되어 있다. 이를테면 사람처럼 생각하고 자식을 낳는 기계가 개발될 것으로 전망한다. 1956년 인공지능을 학문으로 발족시킨 허버트 사이먼(1916~2001), 앨런 뉴웰(1927~1992), 마빈 민스키(1927~)의 낙관적 견해가 소개되어 있으며 1948년 존 폰 노이만(1903~1957)이 발표한 자기증식 자동자self-reproducing automata 이론도 상세히 설명되어 있다. 생물처럼 새끼를 낳는 기계를 꿈꾼 폰 노이만의 이론은 1987년 인공생명이라는 학문을 탄생시켰다.

생명공학 기술과 관련된 부분은 거의 상상력 수준에 머물고 있다. 1973년 유전자 재조합 기술의 발견을 계기로 유전공학이 등장하기 전에 저술된 책으로서는 어쩔 수 없는 한계일 수 있다. 하지만 "우리 아이들이 우리가 원하는 대로 되게 만들 수 있을 것"이라고 유전적으로 설계된 맞춤 아기designer baby의 출현을 예상하고 있을 뿐만 아니라 "어머니 몸속 대신에 인공 자궁에서 시험관 아기로 키우는" 체외발생ectogenesis 연구도 언급할 정도로 탁월한 선견지명을 보여준다. 2020년경 맞춤 아기가 태어나고 인공 자궁이 개발될 전망이다.

미래 기술을 예측한 내용 가운데 가장 눈길을 끄는 것은 신경공학의 핵심기술인 뇌-기계 인터페이스brain-machine interface, BMI의 실현 가능성을 언급한 대목이다. BMI는 뇌의 활동 상태에 따라 주파수가 다르게 발생하는 뇌파 또는 특정 부위 신경세포(뉴런)의 전기적 신호를 이용하여 생각만으로 컴퓨터나 로봇 등 기계장치를 제어하는 기술이다. 1998년 3월 미국에서 최초의 BMI 장치가 개발된 점에 비추어 볼 때 36년 앞서 "인간 뇌와 기계 뇌 사이에 완벽하지만 통제된 상호 접촉이 있다고 가정"한 것은 실로 놀라운 통찰력이 아닐 수 없다. 더욱이 사람과 기계가 조합되면 "컴퓨터가 인간 정신의 일부분까지 된다"고 전망하여 21세기 신경공학의 최종 목표를 암시하고 있다. 사람의 마음을 기계 속으로 이식하는 과정은 마음 업로딩mind uploading이라 이른다. 사람의 마음을 기계 속으로 옮기면 사람이 말 그대로 로봇으로 바뀌게 된다. 로봇 안에서 사람 마음은 늙지도 죽지도 않는다. 마음이 사멸하지 않는 사람은 영원히 살게 되는 셈이다. 미국의 미래학자인 레이 커즈와일(1948~)은 2045년 전후로 마음 업로딩이 실현될 것이라고 주장한다.

에팅거가 인체 냉동 보존술을 최초로 정립한 이론서로 자리매김한 저서에서 구태여 인공 지능, 인공 생명, 맞춤 아기, 체외발생, 뇌-기계 인터페이스, 마음 업로딩을 논의한 까닭은 자명하다. 이른바 인간 능력 증강human enhancement 기술로 그가 꿈꾸는 불멸의 존재인 슈퍼맨(초인)이 출현하기를 학수고대하기 때문이다. 1972년 펴낸 《인간에서 초인으로 Man into Superman》에도 그의 소망이 여실히 드러나 있다.

특히 《인간에서 초인으로》는 트랜스휴머니즘transhumanism의 대표적인 저서로 평가된다. 과학 기술을 사용하여 인간의 정신적 및 신체적 능력을 향상시킬 수 있다는 아이디어나 신념을 통틀어 트랜스휴머니즘이라 일컫는다.

트랜스휴머니즘을 주도하는 영국의 철학자 맥스 모어(1964~)

와 스웨덴 태생의 영국 철학자 닉 보스트롬(1973~)은 인간 능력을 증진하는 기술의 하나로 인체 냉동 보존술을 꼽고 있다. 이들은 냉동 보존술로 인간이 영생을 추구할 수 있다고 확신한다.

에팅거는 냉동 인간 중심의 사회는 반드시 실현될 것이라고 강조하면서 "오래 지나지 않아 몇몇 되지 않는 괴짜들만이 땅에서 썩어갈 권리를 우겨댈 것이다"고 목소리를 높인다.

책 끄트머리에서 에팅거는 친지들에게 1,000번째 생일 축하 자리에 초대해줄 것을 당부한다. 1918년생인 에팅거는 장수를 누리고 있지만 그 역시 머지않아 이승을 떠나게 될 것이다. 그가 꿈꾸는 냉동 인간이 되어 훗날 부활하여 1,000년을 사는 행운을 누리게 되는지 누가 알랴.

이 책이 출간되고 50년 가까이 지난 오늘의 시점에서 사람이 죽지 않고 영원히 산다는 것이 무슨 의미가 있는지 헤아려보는 일은 여러분의 몫으로 남겨둘 수밖에 없을 것 같다.

현실이 된 신화

장 로스탕*

* 프랑스의 생물학자. 세계 최초로 동물 세포를 냉동시키는 실험을 성공시키며 인체 냉동 보존술의 가장 근본적인 아이디어를 제공했다.

약 1세기 전에 프랑스의 뛰어난 작가이자 '사이언스 픽션'의 선구자인 에드몽 아부Edmond About가 〈망가진 귀를 가진 사나이The Man with the Broken Ear〉라는 제목의 짧은 소설을 발표했다. 이 신선한 이야기는 어떤 교수를 그리고 있다. 이 교수는 살아 있는 사람을 바짝 말려서 수십 년 동안 '생명 정지' 상태로 유지시켰다가, 성공적으로 소생시킨다.

1861년에는 단지 기분 전환용 판타지였지만 오늘날에 보니 예언적인 분위기를 물씬 띤다. 과학의 진보라는 광채 아래, 비슷하게 인간을 보존하는 방법이 이제 더 이상 불가능하게만 보이지는 않게 된 것이다. 란 드 베크렐Rahn de Becquerel 등의 실험을 통해서 하위 서열(윤강충, 완보동물문, 앵귈라 뱀장어)의 일부 동물, 일부 채소 씨앗과 일부 미생물은 절대 영도(열역학적으로 생각할 수 있는 가장 낮은 온도로, 섭씨 −273.15도에 해당함.−옮긴이) 가까이까지 온도를 낮추면 모든 내장 활동을 차단

할 수 있음이 알려졌다. 그런 다음 해동을 하면 모든 정상적인 기능이 재개될 수 있다는 것이다. 그뿐만이 아니라, 연구자들은 더 높은 서열의 동물에게서도 이러한 식의 '부활'을 관찰한 적이 있다고 보고한다. 비록 전체가 다 살아났다고 할 수는 없지만, 조직, 심지어는 전체 내장 기관의 상당량이 얼었다가 소생한 적이 있음은 사실이다. 같은 식으로, 특정 포유동물의 정액도 적절한 보존 상태로 액체 질소에 담그면 정상적인 운동 능력과 재생산 능력을 잃지 않으면서 몇 달간 액체 질소의 온도를 견디어낼 수 있다. 마찬가지로, 닭의 심장도 비슷한 과냉각의 과정을 거친 후에 따뜻하게 해주면 다시 뛸 수 있다.

때문에 더 복잡한 조직이라고 해도 머지않아 성공을 거둘 수 있으리라는 기대가 점점 더 커지고 있다. 얼마간 시간이 걸리기는 하겠지만, 이제 인간을 냉동했다가 소생시킬 수단이 완수될 진정한 가능성이 등장했다고 인정하지 않을 수 없게 되었다. 이 분야의 가장 유력한 권위자인 M. 루이 레이M. Rouis Rey의 의견은 확실히 그렇다. 그는 말했다.

"미래학 연구 덕분에 윤강층, 완보동물문과 상급의 유기체 간에 놓인 간극에 다리를 놓을 수 있다는 매우 설득력 있는 근거가 마련되었다. 미래에는 생명의 힘을 무한정으로 늘이는 문제에 대해 해결책을 발견하게 될 것이다."[1]

〈망가진 귀를 가진 사나이〉에서 에드몽 아부는 인간을 보존하는 문제에서 비롯해서, 그것이 인간 사회에 미칠 결과에 대해 다소 유머를 곁들여 그려냈다.

---

1. *Conservation de la vie par le froid.* Hermann, 1959.

"19세기의 무지한 과학자들에게 불치 선고를 받은 병자들이 이제 더 이상 속을 썩을 필요가 없게 되었다. 건조가 된 채로 의사들이 치유법을 발견할 때까지 상자 밑바닥에서 느긋하게 기다리기만 하면 되는 것이다."

이 책의 저자 에팅거는 이 프랑스 소설가를 뛰어넘어 결정적인 진일보를 내딛기에 이른다. 그가 제안하는 것은 불치병 환자들만 보존하자는 것이 아니다. 심지어 죽은 자들조차 보존하자고 한다. 에팅거가 제안하듯, 견문이 더 확장된 과학이 언젠가 소생시킬 존재, '일시적인 불치병자temporary incurables'로서 망자를 바라보면 어떤가? 질병으로 겪는 고초든, 사고든, 고령이든 간에, 그들이 굴복했던 질병을 치료하면 소생할 수 있는 환자들일 뿐이라고 보면 안 되는가? 그가 지지하는 보존 방법은 냉동을 통한 방법이다. 액체 헬륨과 액체 질소를 이용하는 것은 현재로서도 해롭지가 않은 냉동 방법이지만, 미래의 과학은 냉동으로 인한 손상을 고칠 방법마저 찾아낼 것이다.

인체의 유기 조직에 해를 입히지 않으면서 냉동하는 법을 알아내기까지는 오래 기다리지 않아도 된다. 일이 그렇게 되면, 공동묘지 자리에 주택단지 같은 것을 대신 세워야 할 것이다. 그리하여 현재의 지식 정도로 볼 때 유망한 불멸의 기회를 우리 모두가 가질 수 있게 될지도 모른다. 그러나 지금으로서는 이 모든 것이 다른 세상의 이야기 같다. 에팅거보다 그것을 더 잘 인식하고 있는 사람은 아무도 없을 것이다. 하지만 그는 이 연구를 밀어붙인다고 해서 잃을 것은 아무것도 없으며, 오로지 얻을 것밖에 없다고 인식할 통찰력도 있다. 어떤 의미에서는 과학에 대한 믿음에 기반을 둔 일종의 파스칼의 내기(Pascal's wager, 신을 믿어야 하는 이유에 대한 파스칼의 내기를 말함.–옮긴이)라고 할까. 분명, 모든 시신을 시신으로 내버려두는 것은 에팅거의 대안 앞에서는 더없이 어리석은 짓 이다.

에팅거가 생물학적인 부분에서 나무랄 데 없는 전제에 대해 논리적인 결론을 이끌어내고 있다는 점을 깨닫는 게 중요하다. 추천의 글을 쓰는 사람이 냉동 프로그램의 즉각적인 실용성을 단언하는 것은 역할에 맞지 않겠다. 기실 에팅거 자신부터가 이 모든 일이 하룻밤 새 이루어질 수는 없다는 점을 온전히 이해하고 있다. 그가 말하려는 것은 시작은 반드시 해야 한다는 것이다. 언젠가는 이루어질 일인데, 이에 대해 말하기를 미루며 차일피일 지나가는 동안에 수많은 사람들이 불필요하게 무덤을 향해 간다.

어찌 됐든지 간에 에팅거의 책은 독창적인 관점으로 단단히 다져져 있을뿐더러 매혹적이고 자극적인 강장제다. 특히 개개인의 개인적 정체 성에 관한 문제에서는 매우 독창적이다. 읽고 생각해보아야 할 가치가 충분하다.

죽음의 본성을 다시 정의하다

제럴드 J. 그루먼 — 의학박사, 레이크 에리 칼리지

 이 책을 읽는 동안에 제2차 세계대전 초반기에 원자핵분열의 가능성에 대한 소문을 들었다던 어느 벨기에 사업가가 떠올랐다. 그는 콩고에서 대량의 우라늄을 주문해서 원자폭탄 프로젝트가 한창 진행 중이던 뉴욕 근교의 창고에 쌓아두었다.[1] 내가 비즈니스적 전망에 관심이 있는 사람이었다면, 에팅거의 프로젝트에 필요한 도구를 부지런히 쟁여두었을 일이라고 고백하지 않을 수 없다는 말이다.

 원자폭탄 제작과 달리, 에팅거의 제안은 의도의 측면에서 완벽하게 이롭고 박애에 넘친다. 왜 이전부터 과학자와 의사들이 인간의 생명을 연장시키는 데 이 저온 기술(저온생물학)을 적용하고 있지 않은지 의아할 정도다. 이 점에 관해서는 짚고 넘어가야겠다. 과학자들의 발견과 그 발견을 인간의 복지에 적용하는 문제 사이에는 안타깝게도 결락 현상이

---

1. On Edgar Sengier, winner of the U. S. Medal of Merit and former president of the Union Minière du Haut Katanga, see *The New York Times*, 7-30-63:29.

있다. 예를 들어 1928년에 알렉산더 플레밍은 페니실린이 세균을 죽이는 데 놀랍도록 효과적이라는 점을 발견했으나, 페니실린을 대량으로 준비할 자금을 확보하는 데 실패했다. 그러다 보니 제2차 세계대전에서 막대한 희생자가 발생하면서 영국과 미국의 정부와 기업들이 공동 연구를 시행하기 전까지는 할 수 있는 일이 아무것도 없었다. 1944년에 페니실린은 의학의 기적을 이루어냈다. 그러나 1928년과 1944년 사이에 생겨났던 간격은 어찌할 것인가? 누가 그 15년 동안 인간이 겪은 고통의 대가를 셈이나마 할 수 있을 것인가? 긴요하기 이를 데 없는 다른 혁신도 마찬가지다. 마취제를 쓰자는 목소리가 최초로 나왔던 것은 1800년대 초반의 일이었다. 하지만 수술실에서 비명 소리가 터져 나오지 않게 되기까지는 그로부터 고통스러운 40년이 더 걸렸고, 분만 중의 여자들에게도 혜택이 돌아갈 때까지는 심지어 더 오랜 기간이 필요했다.

내가 생각하기에 에팅거 교수의 책이 지닌 더없이 뛰어난 미덕은 아주 많이 있다. 그는 연구실의 세계와 그 세계를 일상적으로 실현하는 일 사이의 간극을 이으려고 노력하고 있다. 인류를 위한 위대한 약속을 포착해냈기 때문이다. 그는 결정적인 역할을 맡기 위한 준비의 일환으로, 신중하고도 책임감 있는 태도로 기술을 표현할 수 있는 방법을 찾아내기 위해 오랜 세월을 보냈다. 과학이 제공할 수 있는 신기술에 대한 사람들의 요구를 환기시키고, 그 요구를 충족시키기 위해서 의사와 변호사, 사업가, 정부 관리 들의 의식을 일깨우는 역할 말이다. 에팅거는 그가 요구하는 것이 언젠가는, 어떤 방법이 됐든지 간에 일어날 것이라고 믿는다. 그것이 바로 그가 선동적이고 낙관적인 글쓰기 방식을 채택하는 이유이며, 나는 그가 그렇게 하는 것이 정당하다고 본다. 그는 자신이 논의하고 있는 물리학, 화학, 생물학의 과정을 통달하고 있으며, 현재의 기술적, 경제적, 사회적인 현실을 실리적이고 빈틈없이 인식하고 있기 때문이다.

이 혁명적인 발전은 과학에서 무엇을 의미하는가? 만약 한 사람이 오늘 죽는다면, 그 사람을 매장하거나 화장하는 일은 이제 더 이상 적절한 처사가 아니다. 시신을 매우 낮은 온도로 보존함으로써 미래의 의사들이 그 사람을 소생시키고 치유할 수 있다는 희망이 있기 때문이다. '불치'의 병에 걸렸다고 해서 환자를 병에 굴복하게 내버려두는 것은 이제는 더 이상 올바른 의술이 아니다. 더 좋은 의학적 수단을 사용할 수 있게 될 때까지, 혹은 치유법을 발견할 때까지 환자를 저온의 저장 시설에 넣어두는 것이 더 바람직한 일이다. 이 개념에 관한 과학적이고 의학적인 기반과 관련해서는 운 좋게도 로스탕 박사의 훌륭한 추천의 글을 접할 수 있다. 그로 말하자면 실험실 연구와 더불어, 과학의 사회적이고 철학적인 측면에 대한 이해 면에서도 세계적으로 명성이 자자한 학자다. 에팅거가 밝히고 있듯이, 로스탕 박사는 1946년에 동물의 세포를 얼리는 데 글리세롤glycerol이 보호 역할을 한다는 점을 최초로 보고한 바 있다. 영국의 과학자 A. S. 파크스A. S. Parks와 그의 연구소가 1948년에 글리세롤의 현상에 대해 재발견을 했는데, 그도 무한한 생명의 기간을 위해 몸을 극저온 보존하는 처치의 가능성에 대해 긍정적으로 발언한 적이 있음을 지적하고 넘어가는 것도 좋겠다.[2]

에팅거는 멀리는 벤저민 프랭클린Benjamin Franklin으로까지 거슬러 올라가는 귀중한 미국적 전통을 대표하는 대변인이다. 저 걸출하고도 실용적인 발명가이자 철학자, 그리고 과학자이자 1780년에 과학적 진보가 인간의 수명을 1,000년도 넘게 늘일 수단을 가져올 것이라고 예언한 정치가 벤저민 프랭클린 이래로 말이다. 프랭클린은 자기 시대에 이루어진 진보를 앞에 두고 크게 기뻐했다. 피뢰침(그 자신의 발명품), 천연두 예방주사, 증기 기관, 비행 방법(사람이 탄 기구)이 그의 시대에 발명되었다. 그리고 그는 미래의 발전을 몹시 갈망하여 직접 목격하고 싶어 했다. 그는 한 프랑스 과학자에게 보낸 편지에서, 미국의 발전상을 관찰하기 위해 100년 후에 다시 깨어났으면 하는 소망을 피력했다. 프랭클린은 또한 물에 빠지거나 감전을 당해서 '죽은' 것처럼 보이는 사람을 소생시키는 실험에 관해서 큰 관심을 보였다. 사실 18세기는 그런 활동에 매혹당했던 세기였다.

'사자死者'되살리기 사업의 주된 개척자들은 1767년 후에 유럽과 미국에서 창립된 '투신자살자 구조회'였다.[3] 그들은 조소와 경멸을 감수해야 했는데, 무지하고 미신적인 사람들이 물에 빠져 죽어가는 희생자나 갇혀버린 석탄 광부를 구출하려는 시도를 철저하게 무모한 짓으로 여겼기 때문이다. 그러나 많은 양심적인 의사가 이 명분에 투신했고, 그들을 뒷받침해주는 계몽된 사제들이 있었다. 필라델피아 퀘이커교도들은 이 혁신을 위해 조력자 노릇을 했고, 감리교의 유명한 창시자 존 웨슬리John Wesley는 이 운동을 자리 잡게 했다. 감독 교회의 한 성직자는 1789년의 설교에서 '투신자살자 구조회'가 은총 받아야 마땅하다고 결론지으며 이렇게 말했다. "그들이 받는 유일무이한 보상은 선한 일을

---

2. G. E. W. Wolstenholme and M. P. Cameron, eds.: *Ciba Foundation colloquia on aging*, vol. I, Boston, 1955: 162~169.

3. On the Humane Societies, see the article by E. H. Thomson: *Bulletin of the History of Medicine*, 37:43-51(1963).

행한다는 성스러운 기쁨이다." 오늘날 우리는 적십자사를 치하하고, 인공호흡과 심장 마사지, 혈액은행과 그밖에 '죽은 자'를 소생하게 하는 다른 방법으로 의학적 성공을 거두며 수혜를 입고 있는 중에, 에팅거가 같은 종류의 봉사를 하고 있으며 진심에서 우러나온 지지를 얻을 자격이 있음을 알아야 한다.

죽음의 본성이라는 문제를 끄집어내는 것이 이 책의 주요한 공헌이다. 그리고 그것이 의사들이 이 책을 세심하게 읽어야 하는 이유다. 우리는 '돌이킬 수 없는 손상', '생물학적인 죽음' 기타 등등의 개념을 비판 없이 절대적이라고 받아들이는 경향이 있으며, '분류 경화증hardening of the categories' 4에 담긴 교묘한 본성을 쉽사리 간과한다. 분류 경화증은 동맥 경화만큼이나 횡행하면서 해를 끼치는 일종의 지적 결함이다. 에팅거의 텍스트 중 가장 유용한 부분 중 하나는 우리가 가지고 있는 고정관념의 많은 부분에 찬탄할 만큼 집요하게 도전한다는 점이다. 우리가 곧잘 당연하게 여기는 가정들에 대한 그의 기발한 생각을 읽는다면 큰 이득이 될 것이다. 이 역할에 충실하면서, 에팅거 교수는 독창적인 생각의 노선을 열어젖히는 데 조력하고, 저온생물학이 최근 발견한 것을 질질 끌지 않고 가동하도록 도와준다. 그 발견이란 실제 의술의 실행과 거기서 더 나아간 연구 전부에 해당한다.

물론 내가 에팅거 교수에게 전적으로는 동의하지 못하는 문제(모두 주변적인 것이다)가 몇 가지 있는 것도 사실이다. 그렇다고 해서 그의 이론에 담긴 부정할 수 없는 논리와, 현대의 인간에게 가장 큰 난제의 일부로 남아 있는 부분에 대한 통찰력의 가치를 가릴 길은 없다. 나는 독자들이 대개는 이 책을 한 번 붙잡으면 결코 놓지 못할 것이며, 더 앞서

나가는 사고에서만 그치지 않고 행위에 옮길 수밖에 없을 중대한 임무를 발견하리라 믿어 의심치 않는다. 부끄러운 일이지만 최근에 비용이 많이 들고 유치할 만큼 감상적인 장례식 행사를 '미국식 죽음'[5]으로 칭하느라 여기저기서 야단스럽다. 여기 계속 살아 나가는 길을 제시하는 책이 있다. 매우 뛰어나지만 아직 충분히 활용되지 못하는 기술적인 편의 수단을 생명의 아름다움과 가치 그리고 건강과 개인이라는 따질 수 없는 가치에 대한 우리의 믿음을 현실적이고도 성숙하게 충족하는 데 쓰라고 촉구하는 책이 있다.

글을 마무리하며 조난 사고에서 불가사의하게 구조된 벤저민 프랭클린에 관한 이야기를 첨언하고자 한다. 고마움의 마음을 표현하던 중에 그는 그의 탈출을 기리기 위한 예배당을 지을 의향이 있느냐고 질문을 받았다. "아니요, 절대 그러지 않을 것입니다." 그는 대답했다. "대신에 나는 등대를 지을 것입니다." 숙고해보건대, 에팅거 교수 역시 앞으로 올 많은 세월 동안 강력한 빛을 던질 '등대를 지어' 왔다는 것이 나의 소견이다. 최초의 갑작스러운 광채에 혹자는 당황할 터이다. 다른 사람들은 낡은 관점과 길잡이가 뒤흔들리는 그 신기하고도 얼떨떨한 모양에 호기심이 들고 의심에 빠질 것이다. 그러나 전시의 전장이든, 우중충한 병동에서든 간에, 인간의 죽음이라는 고통, 그 상실과 미칠 듯한 '부조리'를 마주한 사람들은 이 계몽을 세상 속에서 너무나 오랫동안 기다려 왔던 반가운 희망의 광명으로 느낄 것이다.

---

4. A phrase coined by Dr. Esther Menaker to describe a common "intellectual disease" of professionals and experts.

5. Jessica Mitford: *The American Way of Death*, N.Y., 1963.

불멸, 과학의 위대한 약속

로버트 에틴거

지금 숨 쉬고 있는 우리들 대부분은 죽음 후에도 육체적인 삶을 다시 얻을 기회를 충분히 가지고 있다. 우리의 냉동된 몸이 소생하고 젊음을 되찾을 실제적인 과학적 공산이 있다는 말이다.

이 전망은 역사상 가장 거대한 약속(그리고 동시에 가장 거대한 문제)을 대표한다. 원자력 에너지도 그만큼은 아니었다. 그럼에도 불구하고 냉동 인간의 부활이라는 주제는 최근 들어 사실상 이목을 끌지 못하기에 이르렀다.

이 책은 우선 영향력을 발휘할 수 있을 만큼의 많은 과학자와 지식인, 그리고 국가와 세계를 설득할 의도를 품고 있다. 즉 '불로불사에 관한 전망'은 한가로운 공론空論이 아니라 넓고도 문자 그대로의 문제, 개인의 삶과 국가의 삶의 온갖 면면에 오래지 않아 어마어마한 충격을 줄 문제, 개인으로서 우리가 긴급하게 행동에 나서야 할 문제를 드러내고 있다.

이 책에서는 다음과 같은 문제를 논증을 통해 그려내려고 한다. 첫째,

불멸(생명을 무한하게 연장한다는 의미에서)은 엄밀한 의미에서 손에 넣을 수 있다는 점이다. 우리의 후손뿐만 아니라 우리도 불멸에 도달할 수 있다. 둘째, 불멸은 실질적으로 달성할 수 있는 것이며, 넘어설 수 없는 새로운 문제는 전혀 불러일으키지 않는다. 셋째, 개인과 사회 모두의 견지로부터 불멸을 다루는 것이 바람직하다는 점이다.

기술적인 용어를 설명하거나 개념을 명료화하기 위해 간혹 약간씩 지체되는 부분이 있다고 해도, 과학자들이 인내심을 가졌으면 하는 당부를 드린다. 일반 독자에 대해서도, 논의의 어떤 부분이라도 '지나치게 전문적'이라는 인상을 심어주지 않았으면 좋겠다. 이 책은 신문을 읽을 수 있는 정도의 사람이라면 누구라도 이해할 수 있을 정도로 쉽게 썼다.

불멸의 전망에 대해 나는 중립적이라기보다는 낙관적으로 바라보며 내용을 전개했다. 그러나 동시에, 사실과 의견을 분명하게 구분하려는 노력도 기울였다. 고통스러울 만큼 공을 들여 분류한 것이 아니라면, 독자가 삼키고 이해해야 할 이유가 무엇이 있겠는가. 상식적인 지식이 아닌 사실의 문제는 권위 있는 출전의 도움을 받았다. 물론 인용한 사람들이 지닌 기량의 무게에 따라 의견은 다양하게 갈릴 것이며, 이 점에 있어서는 과학자가 아닌 사람에게 불리한 점이 있을 수도 있다. 하지만 의심이 난다면 언제나 더 멀리까지 조사를 해볼 수 있다.

연관되는 질문 사항에 대한 개요와 더불어 기본적인 추론을 제1장에서 간단하게 밝히며, 그 후의 장들에서는 그 주제들을 더 깊이 탐구할 것이다.

The
PROSPECT
of
IMMORTALITY

1

냉동된
죽음

에팅거는 우리가 '죽음'이라는 단어를 매우 다양한 방식으로 사용한다는 점을 직시한다. 종교적 색채로 정의된 죽음은 당사자의 종교에 달려 있다. 법적인 죽음 혹은 법적인 의미에서 정의된 죽음은 법적인 문서나 법의 결정과 연관이 되어 있다. 단순히 심박과 호흡이 정지한 것으로서의 죽음은 임상사다. 만약 현재의 기술로서 임상적 기능을 복구해낼 수 없다면, 그것은 생물학적 죽음이 된다. 세포가 '돌이킬 수 없이 변질'되었다면 세포의 죽음이라고 명명할 수 있겠다. 하지만 "인생의 어느 시점에서라도 죽음의 방향을 역행시키는 문제는 의술의 수준에 달려 있다."

★각 장의 발문은 찰스 탠디 박사의 글을 발췌하여 실은 것이다.

1
냉동된 죽음

지금 살아 있는 사람들 대부분은 육체적인 불멸에 대한 기회를 직접적으로 가지고 있다.

곧 개인과 국가의 삶에서 축이 될 이 놀라운 제안은 이미 확립된 사실과 합리적인 가정을 한데 모아보면 쉽게 이해할 수 있다.

사실: 근본적으로는 어떠한 변질도 없이 망자를 아주 낮은 온도에서 무한하게 보관하는 것은 지금 당장이라도 가능하다. 자세한 내용은 앞으로 설명하겠다.

가정: 만약 문명이 지속된다면, 의료 과학이 결국 인간 몸에 생긴 어떤 손상이라도 거의 다 치료할 수 있는 능력을 갖추게 될 것이다. 여기에는 냉동으로 인한 손상과 노쇠로 인한 장애 혹은 다른 죽음의 원인이 포함된다. 이러한 낙관적 생각에 대한 근거 역시 뒤에서 다시 설명할 것이다.

따라서 우리는 우리가 죽고 나서 오로지 과학이 우리를 도와줄 수 있게 될 시기까지 적절한 냉동 장치 안에 우리 몸을 보관해두기만 하면 된다. 나이가 들어서 죽었든지 질병 때문에 죽었든지, 심지어 우리가 죽을 무렵에도 냉동 기술이 여전히 조악한 상태에 있다고 해도, 조만간 미래의 우리 동료들이 우리를 소생시키고 치유하는 능력에 도달할 것이다. 이것이 이 책의 주요한 주장에서도 핵심을 차지한다.

냉동 인간에 관한 계획 수립과 실행은 처음에는 사적인 단위로 이루어질 것이며, 그다음으로 기업 그리고 훗날에는 어쩌면 사회 복지 제도를 통해 이루어질 수도 있다.

실제와 최대한 가까운 상태로 몸을 보존함으로써, 당신과 내가 지금 당장 영원한 죽음을 피할 기회는 분명히 있다. 하지만 그 기회란 것이 실질적인 것일까, 아니면 머나먼 얘기일까? 나로서는 이것이 실제가 될 확률이 놀라울 만큼 높다고 믿으며, 그 믿음에 대한 근거를 이 책에 소개하고 있다. 만약 그 믿음이 그럴싸한 것이 되면, 확률을 더 멀리까지 향상시켜보는 노력이 필수적으로 따라야 할 것이다.

논의의 무게가 점진적으로 쌓여가서, 제 자신의 목숨이 경각에 달려 있는 사람, 또 그 사람의 가족에게 이 굉장한 기획에는 본인의 노력이 긴급하게 필요하다는 점을 각인시켰으면 하는 것이 나의 바람이다.

생명 정지와 죽음 정지

우리의 기본적인 계획이 '생명 정지Suspended animation'의 일종이 아
니며 과학 발전의 특정한 시간표에도 의존하는 것이 아니라, 당장
실행에 옮길 수 있다는 점을 아주 분명히 해야만 한다. 우리의 지향
점을 확실히 하기 위해서, 생명 정지를 비롯한 여러 종류의 죽음의
의미를 검토해보자.

생명 정지란 몸에서 생명의 과정이 멈추어 있는 상태를 말한다.
그것은 당사자의 뜻에 따라 강제되거나 제거될 수 있는 정체 상태
이며, 당사자는 그 기간 내내 살아 있는 것으로 간주된다. 일부 단
순한 생명의 형태에서 탈수하는 것으로 생명을 정지시킨 채 유지할
수 있으며, 다시 물기를 투여하는 것만으로 생기를 되살릴 수 있다.
실제로 소금에 묻혀 있다가 발견된 어떤 박테리아는 수백만 년이
지나고 나서도 되살아났다고 한다.[1] 인간에게 생명 정지를 유도하는
유일한 길은 냉동밖에 없다. 하지만 완벽한 냉동 후에 완벽한 회복
은 어떤 포유류에서도 아직 달성되지 못한 일이다.

삶과 죽음 사이의 구분이 미미하다는 것은 말린 박테리아의 경우
를 보면 명백해진다. 그 박테리아는 잠재적으로 생명의 작용을 보
여줄 수 있다는 점에서만 살아 있다고 여겨진다. 실제로 우리는 적
어도 다섯 가지 종류의 죽음을 인지하고 있으며, 그 죽음의 종류를
확실히 염두에 두고 있어야만 한다.

'임상사'는 우리가 죽음을 생각할 때 가장 많이 떠올리는 형태로,
기준은 심박과 호흡이 정지하는 것이다.

그다음으로 '생물학적인 죽음'이 있는데 A. S. 파크스 박사는 이에 대해 이렇게 정의하고 있다. "현재 알려진 방법으로 몸을 완전히 소생시키는 것은 불가능한 상태다."[2] 이것은 논리적으로는 매우 합당하지만, 매우 기이한 점도 있다. 냉동된 육체는 '죽은' 상태에서 오랜 기간을 누워 있다가, 누군가 소생의 수단을 발견하게 되면 육체적으로 어떠한 변화도 없이 일시에 살아날 수도 있기 때문이다.

'세포의 죽음'은 우리 몸의 작은 세포 하나하나가 되돌릴 수 없이 퇴화된 상태를 뜻한다. 그리고 법적인 죽음과 종교적인 죽음이 있는데, 이 문제는 이후에 차례로 다루게 될 것이다.

중요한 점은 사람은 채찍질 한 번에 죽는 것이 아니라, 조금씩 눈에 보이지 않게 점진적으로 죽어간다는 점이며, 인생의 어느 시점에서라도 죽음의 방향을 역행시키는 문제는 의술의 수준에 달려 있다는 점이다. 임상사는 종종 거꾸로 뒤집을 수 있다. 생물학적 죽음에 대한 기준은 끊임없이 바뀌고 있다. 심지어는 세포의 죽음도 정도의 문제가 되는데, 개개의 세포는 작고 회복이 가능한 손상에 의해서도 기능이 멈출 수 있다.

죽음 정지는 생물학적으로 죽었고 냉동되어 몹시 낮은 온도에서 보관되는 상태를 뜻한다. 저온에서 보관되면 퇴화는 진행되지 않을 것이다. 몸은 죽은 것으로 간주되지만, 완전히 죽은 것은 아니다. 현재 방법들로는 냉동된 시신이 되살아날 수가 없지만 세포 대부분의 상태는 살아 있을 때의 그것과 크게 다르지는 않을 수도 있다.

유예된 삶과 유예된 죽음 사이에는 흥미로운 매개물이 또 있는데, 그것은 다음에 다루기로 하자.

미래와 현재의 선택지

생명을 정지시키는 기술이 발전해 충분히 실행이 가능해지면, 보다 다양한 선택의 여지가 생길 것이다. 예를 들어 쇠약하고 늙은 사람과 불치의 질병에 걸린 사람이 삶을 정지시키고 치유책이 나올 날을 기다려볼 수도 있다. 그러나 현재는 많은 사람들이 여전히 자연적으로 죽고 난 다음에야 냉동되는 편을 택하고 있다. 하지만 생명을 정지하는 기술, 즉 임상사한 후이지만 생물학적인 죽음까지는 안 간 단계에서 적용된 기술은 대상자들의 상태가 정지된 생명의 조건에 여전히 들어맞는지 확실히 해야 한다. 살아 있는 사람에게 적용할 수 있는 기술이 임상사한 사람에게도 맞을지의 문제는 확실하지 않다. 하지만 그렇게 생각할 수 있는 근거를 나중에 거론해보겠다.

생명을 정지하는 문제에 관한 연구에서 주요한 가치는 새로운 냉동 기술, 냉동 과정에서 발생하는 손상을 피하는 방식으로 발전이 이어지게 되리라는 점이다. 이 일에 성공하면, 우리는 이제 막 죽은 몸을 노화나 질병에 따른 손상만 지닌 채 보존할 수 있게 된다. 조잡한 냉동 방법 때문에 추가적으로 상해를 입는 일 없이 말이다. 그리하여 빠른 소생의 가능성은 현저하게 높아진다.

생명을 정지시키는 행위에 관한 인기 있는 기사들을 보면 생명 정지 방법을 유용하게 쓸 수 있는 대상으로 장기간의 우주여행을 하는 우주비행사를 언급한다. 이 얼마나 어처구니없는 일인가! 이런 측면은 사소한 것이다. 생명을 정지시키는 일의 중요성은 몇 명되지도 않는 사람들이 별과 별 사이를 여행하는 것이 아니라, 많은 사람들이 미래를 여행할 수 있도록 하는 것이다. 이 방법은 우리 모두에게 '여름으로 향하는 문', 그곳으로 향하는 진정한 문을 열어줄 것이다.

냉동 기술에 관한 연구는 비록 지금까지는 비교적 소규모라고 해도 미국, 프랑스, 영국, 러시아 등의 나라에서 적극적으로 진행하고 있다. 일부 작은 동물과 인간 몸의 일부 조직이 깊이 냉각되었다가 성공적으로 생명을 되찾은 일도 있었다. 실제 전신을 얼리고 인간 생명을 정지하는 일을 일부 작업자들이 꽤 빠른 시일 내에 달성하리라고 예상할 수도 있다. 제임스 F. 코넬 주니어 박사는 1962년에 다음과 같이 말했다. "이 문제와 연관된 모든 의료 인력이 혼신의 노력을 함께 기울인다면, 5년 내에도 일을 낼 수 있을 것이다."[3]

연구 작업은 냉동 프로그램에 대한 요구가 충분하게 커지면 배가 되고 가속을 내게 될 것이다. 일이 이렇게만 된다면, 지금 살아 있는 우리 대부분은 진보된 기술로 냉동되는 이득을 누릴 것이며, 그리하여 지금 가능한 것보다 한층 더 좋은 환경에서 보존될 것이다.

그러므로 만약 가능하다면 다음 몇 년간은 살아 있도록 열심히 애를 써야 할 것인데, 이 기간 동안에 확률이 급격하게 높아질 것이기 때문이다.

현재로서는 죽음을 정지시키는 기본적인 프로그램에 의존할 수밖에 없다. 자연적인 죽음을 맞고 난 후에 시신을 냉동시켜 매우 낮은 온도(아마도 절대 영도, 가능한 최저의 온도)에서 보존을 하면 무한한 기간 동안에 몸에 더 이상의 손상은 일어나지 않을 것이라고 단순하게 말하는 사람들이 있다. 몸은 고령과 질병에 의해 손상이 되어 있을 것이며, 현재의 냉동 방법으로는 더 훼손이 될 것이다. (앞으로 살펴 보겠지만 일부 경우에는 아마 아주 많이 훼손되지는 않을 수도 있다.) 그러나 몸은 부패하지 않을 것이며, 어떤 변화에 의해서도 고통을 받지 않을 것이다. 당사자는 훗날 언젠가 과학자들이 생명과 건강과 원기를 되찾아주리라고 생각하는 것이다. 그것도 첫 번째 삶에서 즐겼던 것보다 더 큰 생명과 건강과 원기를 즐기면서 말이다. 이는 물론 무리한 주문이기도 지만 이 책에서 근거 있는 이론으로 보여주려는 주요한 목표 가운데 하나다.

순간의 잠을 자고 난 후에

임박한 일시적 사망을 병원에서 마취 상태에서 보내는 기간과 비교해볼 수 있다. 몇 세기가 흐를 수도 있지만, 그것도 그 사람에게는 꿈도 꾸지 않는 한순간의 잠에 지나지 않을 뿐이다.

잠에서 깨어난 후에 그는 무의식 상태에 있을 때 젊음을 되찾은 덕에 다시 젊고 한창 때처럼 생기에 넘칠 수도 있다. 아니면 깨어난 후에 처치를 통해서 점차적으로 쇄신을 도모할 수도 있다. 어찌 됐든지 간에, 그는 원한다면 찰스 아틀라스Charles Atlas(유명한 보디빌더-옮긴이)의 체격을 갖출 수도 있고, 여자의 경우에는 바란다면 미스 유니버스의 라이벌이 될 수도 있다. 훨씬 더 중요하게는 지력과 인성이 점차적으로 향상되리라는 점이다. 그들은 외롭고 어리둥절한 세상의 어리석은 이방인이 아니라, 교육하고 어울릴 수 있는 존재로 재탄생할 것이다.

만약 문명이 살아남고 황금시대가 구현된다면, 미래는 그야말로 근사한 세계를, 마음이 들뜨고 심장을 짜릿하게 만드는 광경을 드러낼 것이다. 당연히 그 세상은 현재보다 더 거대해지고 좋아질 것이다. 핵심적인 차이는 사람들에게 있다. 우리는 우리 가슴의 욕망에 더 가깝게 세상을 개조할 것이다. 그뿐만 아니라 우리 자신도 개조할 것이다. 그리고 '우리 자신'이라고 함은 후대뿐만 아니라 지금 여기에 살고 있는 사람들도 지칭하는 말이다. 당신과 나, 냉동 인간, 소생한 인간은 그저 되살아나고 완치되는 것뿐만이 아니라, 일과 놀이와 어쩌면 싸움을 위해 딱 맞추어 웅장한 규모와 스타일로 증강되고 개선되고 만들어질 것이다. 그러한 기대에 대한 구체적인 근거는 앞으로 제시할 것이다.

설령 미래의 과학이 얻게 될 능력에 의구심을 품는다고 해도, 냉동고는 여전히 무덤보다는 매력적이다. 운이 나쁘면 얼마나 나쁘겠는가. 냉동된 사람들은 무덤에서와 마찬가지로 단순히 죽어 있는 상태로 남아 있게 될 뿐이다. 그러나 운이 좋으면, 과학의 명백한 운명이 실현된다면, 소생한 자들은 수세기 후의 와인 맛을 볼 것이다. 상품이 너무나 어마어마해서, 아주 가느다란 확률이라도 움켜쥘 가치가 있다는 것이다.

문제와 부작용

불멸에 관한 전망이 아주 미약한 가능성과 흐릿한 추측 혹은 백일 몽의 영역에서 벗어나, 심정적인 확신과 일상적인 정책의 영역에 확실히 들어가도록 하기 위해서, 상당한 범위를 가정하고 뒷받침이 되는 세부 논리를 제공하는 것이 필수적이다. 주요한 논증의 골자 는 이미 나와 있다. 하지만 이 논의는 틈을 채우고 버팀목을 마련해 야 한다. 뻔하게 나올 숱한 반대자들을 설득해야 하고, 골치 아픈 의문에 대해 해답을 마련해야 한다.

냉동 기술은 실제로 얼마나 진전이 이루어졌는가? 냉동 과정의 손상에 대해서는 무엇이 있다고 알려져 있는가? 현재의 냉동 방법 으로 비롯되는 손상은 얼마나 심각한가, 막연한 낙관주의 외에 그 손상을 되돌릴 수 있다고 생각할 근거는 무엇이 있는가? 동상은 치 유될 수 있는가?

뇌는 보통 호흡이 멈추고 나서 몇 분 안에 기능이 저하되기 시작 한다. 그렇다면 그 기능이 저하되기 전에 몸을 얼리는 것은 어떻게 가능할까? 다양한 죽음의 상황을 감안할 때, 시신을 다루고 보관하 는 개척자들이 마주할 수 있는 다양한 실질적 문제는 어떻게 대처 할 수 있을 것인가?

당신은 친지를 얼려도 될 법적인 권한이 있는가? 냉동에 실패하 는 것은 살인이나 과실치사로 간주될 것인가? 안락사와 자살이 증 가할 것인가? 송장에 법적인 권리와 의무가 있는가? 송장에 투표권 을 줄 것인가?

가족끼리 함께 보관될 수 있을까? 첫 번째 생에서의 과부와 홀아비가 다시 결혼하는 것은 허용이 될까? 소생한 자가 두 명이나 그 이상의 전 남편 혹은 전 아내를 마주하는 상황에 대해서는 어떤 대책이 있는가? 냉동 보존 프로그램과 종교 사이에 갈등은 없는가, 혹은 냉동은 그저 생명을 구하고 연장하기 위한 장기간의 노력에서 최후의 시도로 여겨져야 하는가? 만약 기독교도가 냉동을 통해 생명을 연장할 기회를 거부한다면, 그것을 자살과 다름없는 것으로 여길 것인가?

죽는 일의 비용이 너무나 높아져서 감당할 수 없게 될까? 만약 모든 사람들을 얼려서 현재 인구만으로도 500만 톤쯤 되는 시신이 모이게 되었다고 하자. 돈은 어디서 충당할 것이며, 그들을 다 어디에다가 모아둘 수 있겠는가?

인구 문제는 어찌 되는가? 냉동 인간들이 되살아나는 때가 되면, 그 조상들의 무리는 어디서 생활권을 찾을 것인가? 우리는 후세에 의무를 부과할 권리가 있는가? 누구에게 우리가 필요한가? 냉동된 사람들은 이기적이고 비겁한 사람으로 여겨질까?

설사 미래가 우리를 환영하고 우리를 위해 자리를 내준다고 해도, 우리가 그 미래를 좋아할 것인가? 처음에는 마음에 들다가도 지루해지면 어찌겠는가? 하찮은 한 인간이 어떻게 수천 년의 생을 견디고 즐길 수 있을까? 그리고 인간이기를 멈추고 슈퍼 인간이 된다면, 우리는 여전히 우리 자신이라고 할 수 있는가? 인간이 자기 본질을 잃지 않고 변할 수 있는 한계는 어디까지인가?

철학의 가장 심오한 질문들이 실제적인 수준의 문제까지로 내몰린다. 인간이란 무엇인가? 죽음이란 무엇인가? 생의 목적이란 무엇인가?

이 질문들에 대한 답이 기존의 문제에 어떤 영향을 미칠 것인가? 냉동 프로그램은 개인들과 국가들 사이에 더 날카로운 경쟁을 야기할 것인가, 아니면 더 큰 협동을 불러일으킬 것인가? 핵전쟁은 이로써 일어날 가능성이 더 커질까, 적어질까? 풍파는 줄이고 황금률을 실천하는 쪽으로 더 끌어당기자는 목적이 있다면, 인간이 수천 년 살 것을 바라야 하는 게 맞을까?

앞으로 이 모든 어두운 구석에 빛을 던지는 시도를 해보겠다.

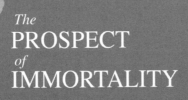

The
PROSPECT
of
IMMORTALITY

냉동과
냉각

동물의 세포나 장기 중 많은 개체가 냉동과 해동에도 살아남는다. 설령 오늘날의 조악한 기술로는 건강한 총체로서 기능을 재건해낼 수 없다고 해도 말이다. 만약 장기나 동물의 일부 세포들이 냉동과 해동에서 살아남는다면, 다른 많은 세포들도 온전한 형태로 냉동과 해동에서 살아남을 것이며, 혹은 냉동 단계에서만큼은 거의 살아남을지도 모른다. 하지만 해동 과정에서도 완전하게 살아남지는 못한다. 그리하여 우리의 임무는 법적인 죽음 후에 대상을 신속히 보존하는 것이 된다. 해동과 해동 후의 처치는 미래에 맡겨둔다. 미래의 기술은 냉동 과정에서 손상을 입은 세포의 상태에서 원래의 건강한 상태를 도출해내는 실질적인 능력을 갖추게 될 것이다.

만약 지금 당신이 마흔 살이라면, 당신이 숨을 거둘 30~40년 후에
는 당신의 건강보험으로 급여를 받는 내과의나 기술자들이 당신의
피를 보관하고, 내장을 관류灌流하고(적출한 생체 조직이나 기관을 살
아 있는 상태로 오랜 기간 보관하기 위하여 세포 내부에 인공액을 흘려보
내 원형질을 대체하는 것.-옮긴이), 당신을 쉬게 해줄 것이다. 그것은 영
원한 휴식이 아니라 일시적인 것이다. 그리고 차디찬 땅바닥이 아
니라 그보다 훨씬 차디찬 냉동고 안에서 쉬게 해줄 것이다. 몇 년
지나고 나서 당신의 아내를 당신 옆에 밀어 넣을지도 모를 일이다.

　많은 사람들이 생각할 때 이러한 개념은 그럴싸하지도 않으며,
약간은 불쾌하기까지 하다. 불쾌하게 생각하는 이유는 냉동고를 떠
올리면 죽은 고기가 연상되기 때문이리라. 그럴싸하지 않게 생각되
는 이유는 조각 낸 양고기 같은 것은 애초부터 생기라고는 없어 보

이는 데다가, 0도 이하의 냉동고에서도 어느 정도 시간이 지나면 부패한다는 것을 사람들이 알고 있기 때문이다.

심하게 동상에 걸린 발가락은 잘라내야 하는 일이 있다는 것도 사람들은 생각해낸다. 동상으로 손상된 발가락은 설령 몸의 나머지 부분이 살아 있다고 해도 되살릴 수 없다. 그런데 생명에 필수적인 부분까지 인간을 전부 얼리고서도 되살리기를 희망할 수 있겠는가? 그런 일이 가능하기나 할지 어떻게 확신을 할 수 있을 것인가?

일반화한 낙관주의만으로는 분명 설득력이 없다. 미래의 과학이 상상할 수 있는 것을 넘어설 것이라고 말하는 것은 좋다. 그러나 소고기 저민 요리를 냉동고에서 꺼내, 그것으로부터 수송아지를 재구성해낼 수 있을까? 우리는 단지 머릿속에서나 그려봄직한 것이 아니라 실현 가능할 만한 계획에 관심이 있다. 만약 우리에게 있는 가능성이 그 가상의 수송아지보다 나을 것이 없다면, 굳이 애쓰고 싶은 마음이 들지도 않을 것이다.

근거 있는 확신의 토대를 마련하기 위해서, 일부 두드러진 사실을 세심하게 조사하고 살아 있는 동물을 냉각하고 얼리는 일에 따르는 염려를 감정해보자.

장기 보관 시설

우리의 기본적인 논증은 한 가지 사실과 한 가지 가정에 기반을 두고 있다. 지금 당장 죽은 사람을 아무런 근본적인 손상 없이 무한한 시간으로 보존하는 것이 가능하다면, 이것은 분명한 사실이 된다.

절대 영도(영하 273.15도) 가까이에 기온이 도달하면 반응 속도는 대체로 무시할 수 있을 만큼 작다는 것이 화학의 잘 알려진 원리이다. 분자는 움직임이 없다고 해도 좋을 정도다. 이 극단의 환경에서 냉각된 모든 기관의 활동 과정은 측정할 수 없을 만큼 느려진다. 이는 곧 어떤 부패 과정도 일어나지 않는다는 의미다. 실제 관찰을 통해 이 이론상의 원리가 확실해진다.

이 분야를 선도하는 권위자인 미국 메릴랜드 주 베사다 미 국립 해군 의학센터의 해군 의학 연구소의 해럴드 T. 메리먼Harold Meryman 박사는 말한다. "어떤 환경 아래서라도, 영하 197도(질소는 섭씨 영하 196도에서 액화된다.-옮긴이)의 액체 질소에 보관한 것은 근본적으로 무한하게 변하지 않는다고 여길 수 있다."[1]

생물물리학의 저명한 전문가인 움베르토 페르난데스-모란 Humberto Fernández-Morán은 지적했다. "액체 질소의 온도에서는 감지할 수 있는 신진대사 활동이 전혀 없다고 알려져 있다." 하지만 그가 또 지적하기를, "유리기free radical"라고 불리는 단명의 분자 파편과 관련된 활동은 영하 197도에서도 일어날 수 있으며, 장기간의 보관은 액체 헬륨, 즉 절대 영도에서 몇 도 범위 안에 있는 상태에서 이루어져야 할 것이다. 액체 헬륨 온도에서의 반응 속도는 액화 질소에서 보관할 때보다 10조 배가 느리다는 계산이 있다.[2]

다른 많은 연구자들이 같은 결과를 적었다. 이론과 더불어 오랜 기간 관찰에 기반을 두고 가장 정통하게 합의된 의견에 따르면, 액체 질소로 냉각된 몸은 적어도 수십 년에서 어쩌면 수 세기 동안 실질적인 변화나 손상 없이 저장될 수 있다. 액체 헬륨에 냉각된 몸은 어느 모로 따져도 영원히 제 상태를 유지할 것이다.

그렇다면 보관 문제가 주요한 난제가 아님은 분명하다. 보관 온도에 도달했을 때 몸의 상태가 어떠했든지 간에, 필요할 때까지 몸이 그 상태를 유지하기 때문이다. 만약 몸이 살아 있다면, 살아 있는 것으로 남아 있게 된다. 만약 어딘가 손상이 있다면, 어딘가 손상이 된 채로 남아 있게 된다.

주요한 위험은 신체를 얼리고 해동하는 과정에 있다. 실제로 냉동한 표본과 그들의 생명을 활성화시키기 위한 복구에 대해 어떤 발전이 이루어졌는지를 알아보자.

동물과 조직 냉동의 성공

작고 단순한 유기체들 중에는 빙점보다 훨씬 낮은 온도에서 강하게 얼리고 생존한 사례가 많이 있다. 심지어는 온도 외에는 특별한 보호 장치를 하지 않았는데도 생존했고, 다른 보호 장치의 조력을 받는 경우도 있다.

베크렐은 탈수를 견뎌낼 수 있고, 말린 다음에 절대 영도에 가깝게 냉각했다가 다시 해동하고 수분 공급을 해서 온전히 소생시킬 수 있는 단순 동물, 원시 생물이 있다는 것을 발견했다.[3]

두 명의 일본 과학자 아사히나와 아오키는 노랑쐐기나방의 유충을 가지고 공동 작업을 했다. 그들은 고치에서 유충을 떼어내서 하루 동안 영하 30도에 보관했다가, 영하 180도의 액체 산소에 담갔다. 해동을 하고 나자 유충들의 심장이 다시 뛰었고, 일부는 다음 변태 단계까지 살았다. 하지만 완전한 성충으로의 변태를 끝마친 유충은 단 하나도 없었다.[4] 영하 30도에서 하루 동안 사전 냉각 단계를 거친 것이 세포의 안쪽이 아니라 바깥쪽에 얼음 결정체가 발달하도록 도와주었다고 과학자들은 생각했다. 다시 말해 세포 사이사이에 얼음 결정체가 형성되었다는 말이다.

연구자들은 냉동 과정에서 동물 조직에 일어나는 훼손을 줄이기 위해 많은 보호 약물 투여를 시도해왔다. 가장 성공적인 약물은 글리세롤glycerol이었다. 장 로스탕 교수가 개구리 정충 실험을 통해 최초의 증거를 제공했다. 영하 4~6도 사이에 보존된 정충이 여러 날 동안 운동성을 보이는 것이 관찰되었다.[5] (표준 기압에서 순수한 물의 어는점은 0도다.) 잇따라서 차갑고 딱딱한 일부 곤충은 몸 안에 태생적으로 글리세롤을 함유하고 있다는 것이 밝혀졌다.[6]

성공적으로 사용된 보호 물질이 또 한 가지 있다면, 에틸렌 글리세롤이다. B. J. 루예트 박사와 M. C. 하트링 박사가 초선충(묵은 식초 등에 생기는 작은 선충)을 얼리면서 사용한 용액이다. 초선충들은 급속하게 냉각과 해동을 진행하는 상태에서, 약 영하 190도의 액체 공기 속에 담겨서 살아남았다.[7] 에틸렌 글리세롤이 탈수를 야기하고, 세포들 안의 물을 결정 상태가 아니라 유리 같은 상태로 만든 것이 아닌지 두 과학자는 생각했다.

조류가 빠져나갈 때 0도에 한참 못 미치는 낮은 온도에 노출되는 북쪽 지방 해안에서는 일부 조개가 숨을 거둘 때까지 몇 주간이고 꽁꽁 얼었다가 해동되고는, 그러고도 살아남는 것처럼 보인다. 과학자들은 이런 유기체들이 자연적인 어떤 보호 물질을 은밀히 숨기고 있을지 모른다고 생각하며, 조사를 계속하고 있다.[8]

훨씬 크고 발달된 형태의 생명체로 주의를 돌려보자. 세포와 조직, 심지어는 장기를 얼리고 되살리는 작업이 성공적으로 이루어진 경우가 많다는 것을 알 수 있다. 대체로 보호 물질이 필요하기는 하지만, 모든 경우에 그런 것은 아니다.

황소의 정액을 글리세롤로 처치하고 영하 79도(고체 이산화탄소, 즉 '드라이아이스'가 되는 상태)에 7년 동안 보관했다가 해동했는데, 생존율이 높게 나타난 일이 있다. 하지만 이 기온에서마저 약간의 변질이 일어난다는 점은 흥미롭다. 온도가 낮을수록 결과는 향상된다.[9] 초선충에 대한 경험에서와 반대로, 너무 급속한 냉각은 해롭다는 것도 이 실험에서 관찰되었다.[10]

인간의 정자는 별도의 보호 장치 없이도 버텨낼 수 있음을 보여주고 있다. 세포와 세포에 따라, 기증자에 따라 저항성은 다양하게 갈린다. 한 연구에 따르면, 최고 10퍼센트에 이르는 정자 세포가 5분간의 노출에서 살아남았다. 활력은 기증자에 따라 다양하지만, 한 기증자의 정자는 영하 79도, 영하 196도, 영하 269도에서도 똑같이 살아남았다.[11]

깊이 냉동된 인간의 정자가 지닌 생존 능력을 보여주는 결정적 증거가 1963년 9월 6일자 《뉴욕타임스The New York Times》의 한 인용 기사에 실렸다. 액체 질소 온도로 두 달 간 보관된 정자로 인공수정을 했고, 두 명의 아기가 태어났다. 아칸소 대학의 제롬 K. 셔먼 박사는 이 온도에서 3년 반 동안 손실 없이 정액을 보관했다고 알려져 있다.

S. W. 제이콥 박사와 동료들은 인간의 결막 세포(눈꺼풀 아래에 있는 피막)와 정자를 절대 영도에 거의 가까운 온도(절대 영도의 1도 이내)에서 냉각했는데, 생존 능력이 유지되었다고 보고했다.[12]

배아 상태의 닭의 심장을 글리세롤 용액으로 처치한 후, 영하 190도에 냉각했다가 해동하자 다시 뛰기 시작한 일도 있다. 저온물리학 전문가인 오타와 대학교의 D. K. C. 맥도널드 박사는 이 결과를 통해 다음과 같이 썼다. "만약 원한다면, 1,000년쯤 액체 공기 안에서 '동면'을 하다가 그간에 세상이 어떻게 변했는지 보기 위해 다시 '깨어나도록' 조치를 취할 수 있는 날이 올지도 모른다."[13]

포유류의 경우에 냉동하고 보관하고 해동하며 소생시킨 표본은 아직 완벽하게 성공을 거두고 있지는 않다. 그러나 부분적인 성공은 많이 있었고, 연구 결과도 많이 있다.

가장 잘 알려진 실험은 런던의 밀힐Mill Hill에 있는 국립보건연구소의 오드리 U. 스미스Audrey Smith 박사가 골든 햄스터를 대상으로 진행한 실험이라 할 수 있다. 이 동물들은 반쯤 냉동된 후에 성공적으로 소생했다. 특히 뇌 속의 액체 중 반 이상이 얼음이 되었고, 몸은 강직이 된 터였다. 그런데도 이 동물들은 정상적으로 활동을 하는 것처럼 보일 만큼 회복이 되었다.[14] 이 실험은 매우 중요한데, 정신적인 능력이 냉동과 해동을 거치고서도 살아남을 수 있다는 부분적인 증거를 마련해주었기 때문이다.

스미스 박사의 실험 결과가 조잡한 수단을 가지고 이룬 일이라는 것도 눈에 띄는 점이다. 냉각은 차가운 물과 차가운 팩을 가지고 했으며, 소생의 도구는 단순한 인공호흡과 마이크로웨이브 투열 요법이었다. 보호 장치가 매우 중요하기는 하지만, 이 실험에서는 어떤 특별한 주입의 형태로도 국지적인 보호 방법이 동원되지 않았다.

앤듀스Radoslav Andjus와 러브로크J. E. Lovelock도 비슷한 작업을 했는데, 그들은 얼음처럼 꽁꽁 얼린 쥐들이 80퍼센트에서 100퍼센트까지 회복해서 장기간 생존했다고 보고했다.[15] J. R. 케년과 동료들은 개들을 심박과 혈액 순환을 완전히 멈춘 상태에서 대략 빙점까지 차갑게 식히고 난 다음에 완벽히 회복시켰다. 실험 후에도 그들은 몇 주간 생명을 유지했다. 신진대사의 일부 해로운 부산물이 쌓이는 것에 대항하기 위해 화학 물질 투여가 이루어지기도 했다.[16]

냉동 손상의 메커니즘에 대해서는 여전히 이해가 빈약하다. 여러 다른 종류의 세포 사이에 활력의 정도가 다양하게 나타나고, 심지어 같은 종류의 개개 세포 사이에서도 그것은 마찬가지다. 온도가 어떻게 범위를 달리하는지에 따라서도 그것대로의 고유한 문제가 양산된다.

새로운 이론과 새로운 보호 물질, 기술 향상을 위한 실험적 작업이 활발하지만, 비교적 작은 규모로 진행 중이다. 대중이 냉동 기술에 관심을 보이는 날이 오면, 발전은 한층 더 탄력을 받을 것이다. 돈을 많이 투자한다고 해서 과학의 진보에 박차를 가할 수 있는 것은 아니다. 하지만 이 경우에는 가능성이 존재하는 듯 보인다. 작업자들이 부족한 탓에 탐험해보지 않은 길이 많이 있는 듯 보이는 것이다. 무엇보다도 새로운 보호 물질에 대해 대규모의 체계적인 연구를 수행하는 것이 급선무이겠다.

현재의 비교적 느린 속도의 작업만으로도, 크나큰 낙관의 여지가 있다. 파커스 박사는 스미스 박사가 집필한 책의 서문에서 다음 10년(1961~1972년)에 "이식을 위해 (극한 냉동 상태로) 전체 장기를 보존하는 일이 가능해질 것이다"라고 말했다.[17]

뉴욕 레녹스 힐 병원Lenox Hill Hospital의 후안 네그린 주니어 박사는 1962년에 이렇게 말했다고 한다. "우리는 생명을 정지시키기 위해 전신 냉동을 이용하는 방법을 개발하고 있다. 다양한 동물들에게서 이러한 상태에 이르는 데 이미 성공을 거두었다."[18]

경험에 기반을 두고서 새로운 성공이 이루어질 것임은 의심할 여지도 없다. 그러나 미래의 전망과 현재의 가능성을 더 잘 알아보기 위해서, 냉동으로 인한 손상에 대해 현재 알려진 점을 간단하게 짚고 넘어가자.

냉동 손상의 메커니즘

매우 낮은 온도에서 냉각하고 보관하고 해동한 후에 동물의 세포와 조직이 생존에 빈번하게 실패하는 이유로 예상되는 몇 가지 원인이 있다.

냉동 손상의 원인을 열거하기 전에, '생존의 실패failure to survive'라는 말이 매우 모호하고 방향을 흐리는 표현임을 짚고 넘어가야겠다. 생존에 대한 일반적 척도는 전체 기관에 관한 문제에 대해서는 기능의 재개이고, 조직의 조각이 문제라면 배양이나 성공적인 이식, 혹은 자가 이식으로 인한 성장을 뜻한다(자가 이식은 조직을 기증한 생명체에 도로 이식하는 것을 뜻한다). 기능이 재개된 경계선 바로 아래의 조직은 '죽었다'는 판결을 받고, 낮은 비율의 세포만 살아남은 실험은 실패로 간주될 것이다. 그러나 사실은 성공에 가까운 것, 부분적인 성공도 낙관을 위한 상당한 발판이 될 수 있는데, 그것은 상대적으로 손상이 적게 일어난 것임을 시사하기 때문이다.

서로 관계가 전적으로 없는 것은 아니되, 냉동으로 발생할 수 있는 상해를 편의상 몇 가지 종류로 따로 떼어 구분해보겠다.

1. 얼음 결정으로 인해 역학적인 손상이 생길 수 있다.

물이 얼면서 형성된 얼음 결정으로 인해 세포막과 세포 몸체가 찔리고 으깨지고 터져버리는 부상이 발생할 가능성이 가장 명백하다고 할 수 있다. 그런데 참으로 희한하게도, 이런 종류의 손상은 실제로 어느 정도나 일어나는지는 모르지만 관찰되는 경우는 극히 미미하다(더 강직된 막을 대체해서 이식한 조직의 경우에는 이런 유類의 손상이 훨씬 더 쉽게 일어난다).

저속 냉동(가령 전형적으로 1분당 백분도씩 냉각 비율을 맞추는 냉동)에서 순수 얼음은 세포 안의 용액으로부터 점진적으로 분리가 되고, 얼음 결정은 세포 간 공간의 막 뒤에서 형성이 된다. 더 천천히 냉동을 할수록 크기에서 더 큰 결정이 생산되고, 그러므로 물론 수는 더 적어진다. 냉동을 빨리 할수록 결과는 반대가 된다. 소위 공융 온도(최저 온도에서 융해하는 것.-옮긴이)에 도달하면, 얼음 결정과 다양한 소금 결정, 소금의 화합물 안에 남아 있던 용액이 얼어버린다.

비록 물은 얼면서 부피가 확장되는 성질이 있다고 해도, 그러한 얼음 결정의 형성이 꼭 치명적이지만은 않다는 증거는 차고 넘친다. 메리먼은 말한다. "실험적인 동상 연구에 따르면, 개의 다리는 깊은 조직을 15분에서 30분까지 빙점 이하의 온도에 보관해도 견뎌낸다는 증거가 있다. …… 얼음 결정이 형성되면서도 한편으로 조직이 살아남는다는 데는 의문의 여지가 없다. …… 거의 의문의 여지가 없는 듯하지만, 동물의 왕국에서 마주치는 부드러운 조직 안에서 얼음 결정이 세포들 사이에 끼어들어서도 세포의 생존 능력을 해치지 않으면서 세포를 완벽하게 무너뜨릴 가능성이 있다."[19]

급속 냉동을 하면 결정은 훨씬 더 작아지고, 바로 그 이유 때문에 역학적으로 덜 위험할 가능성이 높다. 얼음의 전체 부피를 따지자면, 빠르게 냉동하나 느리게 냉동하나 상관없이 같다고 해도 그렇다. 그러나 빠르게 냉동을 하면 세포에서 물이 떨어져 나갈 수가 없으며, 세포 속에 작은 얼음 결정, 심지어는 핵 속에도 작은 얼음 결정이 형성될 수 있다. 그것에 대해서는 알려진 사실이 빈약하지만, 잠재적으로 위험할 가능성은 있다. 예컨대 세포핵을 둘러싼 막이 상할 수도 있다.

2. 전해질의 위험한 응축 현상이 일어날 수 있다.

냉동이란 용제에서 얼음을 분리시키는 것인 만큼, 탈수의 과정이기도 하다. 세포 안에 남겨진 유체流體는 소금과 함께 소금 비슷한 '전해질'이라는 물질을 높은 농도로 응축한다. 전해질에는 특수한 전기적이고 화학적인 특성이 있다. 이렇게 철저하게 바뀐 내부적

환경은 세포에 치명적일 수 있다.[20]

이 원인으로 비롯된 세포의 손상은 전해질의 농축 정도, 농축된 전해질에 노출된 시간, 그리고 온도에 달려 있다고 생각되고 있다. 온도가 낮을수록 세포와 조직의 반응이 그만큼 더 느려진다. 전해질 농축은 대략 0도에서 영하 35도 사이에서 세포의 종류와 다른 요소들에 따라 위험한 수준으로 높아질 수도 있다. 따라서 이 온도 범위에서의 냉각은 가능하다면 보호 물질의 주입 없이 상대적으로 빨리 이루어져야 한다.

러브로크 박사는 리포 단백질이 변성에 특히 민감하거나, 농축 때문에 그 화학적 성질을 잃게 된다고 생각했다. "살아 있는 복합 세포의 피막은 반드시 그런 것은 아니지만 많은 경우에 리포 단백질 복합체다. …… 그것은 단순한 단백질 원자를 연결해주는 비교적 강한 공유 결합의 접착제가 아닌 비누 거품을 지탱하는 것과 비슷한 약한 결합의 힘으로 한데 합쳐져 있다. …… 이 복합체들은 생래적으로 불안정하며, 끊임없는 합성으로 살아 있는 세포들 안에서 유지가 된다고 하겠다. …… 냉동은 세포 가운데에서도 더 민감한 리포 단백질 복합체들에서 원래의 본성을 앗아가기 십상이다."

"지방질과 단백질 합성물이 냉동의 역행적인 효과에 몹시 민감하다는 사실로 제1 세포막뿐만 아니라 세포의 덜 중요한 피막들도 냉동 중에 회복될 수 없는 손상을 겪게 될 수 있음을 짐작할 수 있다. 냉동을 하는 와중에 세포의 환경에 일어나는 심대한 변화는 세포의 좀 더 안정적인 구성체까지 손상을 입힐 수 있다."[21]

그런 사실에 대면한다고 해서 지나치게 두려워할 일은 아니다.

러브로크 박사가 다음과 같이 말한 점도 주목해야 한다. "이렇게 만만치 않은 위험성이 있음에도 …… 살아 있는 많은 세포와 조직이 냉동 상태로 성공적으로 보관되었다."

또 '회복될 수 없는 손상'이라는 말도 과다하게 사용되고 있다는 것도, 실제로는 '지금까지 채용한 방법으로는 뒤집기가 가능하지 않다는 것'을 뜻할 뿐임을 되새겨야 한다.

3. 신진대사의 불균형이 있을 수 있다.

파리 고등사범학교의 저명한 연구가인 L. R. 레이 박사는 섬세하게 균형을 이루고 있는 생명의 작용 과정에서 똑같이 작용하지 않는 냉기의 영향으로 세포의 상태가 나빠질 수 있다고 믿었다. "다양한 효소를 같은 방식으로 억제할 수는 없다. …… 보통 때면 잠깐 생겼다가 사라지는 매개적 대사 물질이 비정상적으로 쌓여, 독성이 발생하거나 신진대사를 다른 방향으로 이끌고 가는 결과로 이어질 수도 있다."[22]

하지만 이는 오히려 희망적이라고 할 수 있는데, 일단 그것이 무엇인지 이해하고 수단을 손에 넣기만 하면 불균형을 교정할 수 있을 것 같기 때문이다.

레이브 크레이버그Leiv Kreyberg 박사도 비슷한 발언을 했다. "유기적 조직의 영역이 제자리에 있으면, 냉동 후에 세포 중 일부의 생존에 대한 한계는 개개 세포의 내성이 아니라 세포의 사회적 삶을 해체하는 데 대한 집단적인 반응에 따라 결정된다."[23] 개개의 세포와 그 부속물들 안에 펼쳐지는 상태에 대해서도 비슷한 이론을 적용해볼 수 있다고 생각한다.

4. 열과 삼투압에 의한 충격이 발생할 수 있다.

급속하게 냉동하는 것은 많은 세포에 치명적이지만 그 이유에 대해서는 아직까지 밝혀지지 않았다. '열에 의한 충격'에 관한 한 가지 가설이 있는데, 세포 안에 들어 있는 다양한 물질과 세포막이 온도가 내려가면서 다양한 비율로 줄어들고, 파괴적인 기계적 응력이 작용한다는 것이다. '삼투압에 의한 충격'은 일부 피막과 접촉하면서 용질이 응축하는 가운데 갑작스러운 변화가 일어나고, 그 변화가 바람직하지 않은 결과를 낼 때 일어난다.

5. 보관 중에 손상이 일어날 수 있다.

세포는 냉각 과정에서 많은 요소에 따라 다양한 부침과 마주하게 된다. 각각의 요소는 온도의 여러 범위 안에서 발생한다. 그리고 마침내 보관 온도에 도달했을 때도 골칫거리는 발생할 수 있다. 이미 지적했듯이, 설령 절대 영도에 가깝다고 해도, 결국에 가서는 눈에 띄는 변화가 일어난다는 증거가 있다. 비록 그 변화가 매우 느리다고는 해도 말이다.

페르난데스-모란이 유리기 활동은 영하 196도에서 일어날 수 있고, 장기간의 보관은 액체 헬륨의 온도(절대 영도)에서 이루어져야 한다는 점을 시사하기는 했지만, 그럼에도 대부분의 저술가들은 질소의 끓는점(영하 196도)에서 보관을 해도 안전할 가능성이 높다는 데 동의를 하는 것 같다.

어찌 됐든지 간에, '부패'라는 단어는 저온에서 일어날 수도 있는 변화를 묘사하기에는 잘못 선택된 단어라고 할 수 있다. 저온에서 일어나는 변화는 일반적인 부식이나 부패 혹은 정상적인 신진대사가 천천히 진행되는 것이 아니라, 무한한 기간 동안 안정성을 유지하기 위해 몇 가지 민감한 과정이 본질적으로는 완성으로 향하는 것이라 할 수 있다. 만약 이 말이 맞는다면, 드라이아이스로 오랜 기간을 냉각하는 것도 액체 헬륨으로 냉각하는 것만큼이나 안전할 수 있다. 다만 최초의 사소한 손상은 제외하고 말이다. 하지만 이에 관해서는 인용할 수 있는 권위자의 말이 없다. 그리고 많은 의문이 남겨져 있다.

6. 해동 시에 손상이 일어날 수 있다.

냉동보다는 해동을 하면서 더 많은 손상이 일어날 수 있다는 증거는 쌓여 있다. 특히 해동은 더디고 주입할 보호 물질이 없다는 점에서 그렇다. 손상의 메커니즘은 얼음이 이동하며 재결정되는 것(작은 결정이 더 큰 결정으로 병합되면서 메커니즘적인 혼란을 불러일으킬 수 있다)과, 다른 여러 문제 중에서도 가스 거품이 형성되는 것을 들 수 있다. 이 현상은 낮게는 영하 40도에서도 일어날 수 있다.

한동안은 열 교환에 문제가 없는 몸이 작은 종을 제외하고는 빠른 해동의 어려움이 극도로 심각하게 받아들여졌다. 하지만 지금은 마이크로웨이브 투열 요법과 유도 방법이 몸 전체를 어느 정도 단일한 비율로 빨리 해동을 하는 데 도움이 될 듯 보인다. 이것은 심지어 커다란 표본들에도 해당되는 얘기다. 이 방법은 초단파 무선을 이용하여 자기장을 바꾸거나 전기장을 뒤바꾸는 방법이다. 전자는 평범한 적외선 등과 유사하고, 후자는 전기 오븐과 비슷하다. 러브로크가 바로 그런 장치에 대해 설명했다.[24] 이 장치를 사용하여, 토끼는 단 몇 초 만에 해동이 될 수 있다.[25]

7. 사소한 부작용이 있을 수 있다.

냉동 시 손상의 복잡한 문제에 또 다른 가능성을 덧붙일 만한 작은 증거와 추측이 다양하게 있다. 몸의 정상적인 용질과 더불어서 약물과 항생 물질이 치명적인 수준으로 응축될 수 있다. 글리세롤을 이용한 드라이아이스 온도(영하 79도)라면 냉동이 불완전할 수 있으며, 글리세롤 안에서 소금이 약간 용해성이 있다는 점도 손상을 불러일으킬 수 있다. 극도로 낮은 온도에서 얼음과 더불어 수분을 완벽하게 제거한다는 것은 단백질의 통일성에 필수적인 물 분자까지 제거한다는 것을 뜻한다.

즉, 보호제 역할을 하는 화학 물질을 관류하지 않고 냉동되는 사람에게 일어날 만한 주요한 위험이 무엇이냐고 한다면, 단백질 분자의 변성, 즉 농축된 소금 용해질에 노출된 결과라는 게 전문가들의 일치된 의견이다. 이것은 반대로 냉동이 너무 천천히 이루어진 결과이기도 하다. 보호 물질을 사용하거나, 냉동 속도를 높이는 것으로 이 위험을 피할 가능성은 추후에 더 다루겠다.

동상

동상 걸린 발가락조차 치유할 방법이 없는 상황에서, 신체 전부를 얼렸다가 소생시키는 일이 아예 가능성이나 있는지 의심하는 회의론자들이 있다.

우선 임상과 연구소의 경험 양쪽 모두에서 보여주는 바, 동상은 종종 완치가 된다. 어떤 경우에 치유가 되고 어떤 경우에 되지 않는지를 조사해보면, 냉동 손상의 메커니즘에 관한 더 예전에 진행되었던 논의에서 근사한 일치점을 발견하게 된다.

인간이나 동물이나 할 것 없이, 조직에 얼음 결정이 형성되면서도 회복 불가능한 상해가 전혀 없이 냉동을 할 수 있다는 것은 사실로 밝혀졌다.[26] 손상은 온도가 너무 낮아서, 그래서 너무 많은 얼음이 분리되면서 조직의 유동체에서 용질을 심하게 농축시키게 될 때 일어나거나, 아니면 냉동 과정을 너무 오래 끌어서, 결과적으로 농축된 용질에 세포가 너무 오랜 시간 동안 노출될 때 일어난다. 또는 해동이 너무 느리게 진행되어서 어느 정도 농축된 용질에 고온인 상태에서 세포가 노출되었을 때도 나타난다. 또한 얼리는 동안에 신체 기관에 구부림이나 마찰이 가해져서 조직이 회복이 불가능한 손상을 입을 수도 있다. 혹은 해동을 하는데, 차가워지고 기능을 발휘하지 못하는 혈관이 해동된 부분에 피를 공급하지 못할 때도 일어난다.

의학 자료에 따르면 해동은 신속히 이루어져야 하며, 눈이나 혹은 그 어떤 것으로도 마찰은 피해야 한다.[27]

한마디로, 현재 치유할 수 없는 동상은 단순히 상황이 좋지 않은 상태의 경우라고 할 수 있다. 다른 경우에 동상은 치유될 수 있다. 사실 인간의 피부를 드라이아이스 온도까지 급격하게 얼려서 이식에 사용하는 데 성공을 한 사례도 있다.[28] 글리세롤로 선 조치를 취한 후에 드라이아이스 온도로 4년간 보관한 토끼의 피부가 상하지 않고 멀쩡했던 경우도 있었다.[29]

사람의 전신을 급속히 냉동하는 법 혹은 글리세롤로 처방할 수 있는 방법은 명확하지가 않지만, 이 문제는 후에 의논하겠다. 여기에서 요점은 그저 동상에 대해서 그만큼은 알려져 있다는 것이며, 동상은 경우에 따라 치유할 수 있는 병이라는 점이다. 물론 오늘날 치유 불가능하다고 여겨지는 일부 질병도 미래에는 치유할 수 있게 될 것이다.

보호 물질의 작용

냉동 손상을 막거나 줄이는 보호 주입물로서 유용하다고 알려진 물질과 그것이 작용하는 이론을 간단하게 평가해보면, 그 분야에서 현재 좋은 출발을 보이고 있으며 심지어 자원이 없지 않다는 것을 알 수 있다.

이상적인 보호 물질은 세포에 쉽게 침투하고 온갖 종류의 냉동 손상을 막아주되, 그 자체로는 독성이 없고, 해동 후에 쉽게 제거할 수 있는 물질이다. 모든 종류의 조직에 대해 이 조건을 완전하게 충족시키는 물질은 현재까지는 아무것도 없다. 가장 근접하고 가장 만족스러운 물질은 글리세롤과 다이메틸설폭시화물dimethylsulfoxide 인 듯 보인다.

특히 글리세롤은 광범위하게 시험되었고 시험되고 있다. 비록 항상 완벽하게 성공적이지는 않았을지언정, 포유류의 신장과 뼈, 폐, 정액, 피부, 심장, 난소와 고환 조직 그리고 가장 중요하게는 신경 조직까지 포함하여 다양한 기관과 조직에 사용되어 두드러진 결과를 낳은 것이다.[30]

대부분의 경우에 글리세롤은 전해질 용액을 완화하는 것이 주요하게 유익한 작용이라고 여겨진다. 즉, 글리세롤이 용해된 물질의 화학 작용을 막거나 감소시킨다는 것이다. 이 작용은 글리세롤의 '물을 응고시키는 능력' 그리고 소금의 일부를 용해시키면서 글리세롤 자체가 응고된다는 점과 연결해 생각해볼 수 있다. 글리세롤은 또한 생리학적인 환경 안에서 급격하게 공융이 일어나는 것을 억제한다. 갑작스러운 결정화가 일어나지만 않는다면 세포는 삼투압에 의한 충격을 피할 수 있을 것이다.[31] 다른 보호 방식도 있을 수 있는데, 다양한 방식의 중요성은 조직의 성질에 따라 상대적으로 다르게 나타날 것이다.

특히 여러 당분과 알코올을 비롯하여 다른 물질들도 다양한 수준의 성공을 거두었다.

가령 칼슘과 칼륨 관류에 사용되는 용액을 다른 종류로 구성해서 맞춘 결과로서, 글리세롤을 견뎌내도록 조직을 유도하는 근사한 실험이 많이 보고되었다. 글리세롤을 제거하는 기발한 방법을 고안한 실험도 있다. 하지만 풀리지 않은 문제가 아주 많이 있다는 것을 눈여겨둘 필요가 있다. 오늘날 그 문제란 주로 해동 단계와 글리세롤 제거의 문제가 아닌가 한다. 이 말인즉슨 몸은 상당히 좋은 상태로 냉동되고 보관될 수 있으며, 그리하여 미래의 기술자들은 그저 해동하고 보호 물질을 제거하는 방법만 완벽히 숙달하면 냉동 손상을 돌이키기 위해 과도하게 궁금해할 필요는 없어지리라는 뜻이다.

기억의 지속성

그리 오래전도 아니었던 때의 일이지만 일부 과학자들은 설사 몸을 얼린 채 보관했다가 활성화하도록 복구를 할 수 있다손 쳐도, 뇌에는 기억이 말끔하게 지워져 일종의 갓난아기나 바보가 되고 마는 것이 아닐지 두려워했다. 과연 그런 일이 벌어지지 않도록 확실히 단속하는 것이 지상과제임은 명백하다.

모든 것은 기억이 역동적이냐, 정지해 있느냐에 달려 있다. 컴퓨터는 기억을 저장하는 두 가지 일반적인 방식이 있다. 전원을 끄면 죽어버릴 진동과 관련된 역학상의 방법이 있고, 다른 하나는 자기테이프를 이용하는 정적인 방법이다. 이때 정보는 심지어 전력을 내린다고 해도 여전히 남아 있다. 이 두 가지 가능성은 뇌에도 마찬가지로 존재한다.

1960년 맥길 대학교의 윌리엄 파인델 교수가 적었다. "신경 세포들은 친세포의 몸체 끝까지 가는 숱한 가지를 일부 가지고 있어서,

그들 소유의 밖으로 발송하는 메시지의 견본을 실제로 받는다. …… 이 자기 재여자self-re-exciting 하는 신경 올가미는 특정 세포의 '기억'으로 하여금 끊임없이 순환하는 충동을 유지해줄 것이다."[32] 하지만 그는 또한 기억이 뇌 속의 모든 세포를 덮는 단추 같은 수백 개의 조그만 끄트머리 부분에서 물리적, 화학적, 혹은 전기적 변화와 연관점이 있을 수 있다는 점도 지적했다.

하지만 로체스터 대학교 두뇌연구센터의 소장인 E. 로이 존E. Roy John 교수는 최근에 다음과 같이 썼다. "기억의 두 단계 과정에 대한 증거는 수없이 많다. …… (1) 약 30분에서 1시간에 이르는 초기의 통합 시기로, 그 반사적인 전기적 활동은 경험의 상징을 유지시켜줄 수도 있다. (2) 오랫동안 살아남는 안정적인 단계로, 경험은 일종의 구조적으로 변형된 형태로 저장된다."[33]

바꿔 말하면, 아주 최근의 기억은 동적이다. 이것은 가령 특정한 충격이나 트라우마를 겪은 후에 퇴행성 기억상실증이 발생하기도 하는 이유를 설명해준다. 그러나 기억의 대부분을 차지하는 장기간에 쌓인 기억은 정적이다. 아닌 게 아니라, 그 기억은 뇌세포 안에서 단백질 분자에 일어난 변화에 내재된다고 알려져 있다.[34]

많은 실험적 테스트가 이루어졌다. 예를 들어 스미스 박사는 보고한다. "동물 심리학자들과의 공동 작업을 통해, 우리는 미로 속에서 음식을 발견하도록 훈련을 받은 쥐들이 일반적으로 냉동되는 정도보다 약간 높은 온도에서 냉각시켰을 때 기억의 손실이 특별히 없었다는 점을 발견했다. …… 뇌파도에 근거해서 판단해보면, 대뇌피질 활동이 쥐에게는 약 18도에서 멈추었다. 그러므로 실험한 모든 동물들에게서 두뇌의 활동이 1~2시간 동안은 저지되었던 것이 틀림없다는 얘기다. 그럼에도 다시 활동을 할 수 있게 되자, 쥐들은 이전에 훈련한 대로 이동하는 능력을 잃지 않고 있었다. 이 결과는 뇌 속에 뉴런을 적극적으로 대사시키는 방법을 통해서 신경 충격을 지속적으로 변통하는 데 기억이 좌지우지된다는 이론과는 일치하지 않았다."[35]

기억과 관련해서 큰 의미를 지니는 핵심적 사실이 두 가지 더 있다. 하나는 각각의 모든 기억이 뇌 속의 따로 분리된 구역에 저장되는 것처럼 보인다는 것이다. 즉 광범위하게 퍼진 손상에 세포가 견뎌낼 수 있다는 얘기다. 그리고 둘째는 유전적이고 면역적인 정보를 기록하는 흔적과 비슷한 화학적 코딩coding, 부호화을 구성하고 있는 것이다. 그러므로 손상에 맞서 굳건하며, 저항력이 강할 수 있다.

MIT 교수 한스-루카스는 이렇게 기록했다. "대뇌를 대량으로 절제(뇌의 일부를 제거)하거나 피질을 여러 겹 가로로 절개(피질의 횡단)하는 실험은 '기억 심상'(세포 안에 형성된다고 생각되는 기억의 흔적을 말한다.-옮긴이)이 회복력이 대단하다는 점을 보여주었다. ……동면, 전신마취, 발작 후에도 오래전에 세워진 흔적이 생존한다는 것은 상실에 대항해 뇌의 메커니즘이 면역 반응과 비슷한 방식으로 보호받는다는 것을 뜻할 수 있다. 말하자면 비교적 작은 흔적들이 증식한다는 점과 그 흔적이 대뇌 전반에 엄청나게 분산되어 있는 점에 힘입어서 …… (일부 실험이 드러낼 수 있겠거니와) 생물학적인 흔적의 진행 과정은 근본적으로는 같은 종류다. 유전학적인 과정이건, 발아기적 감응이건, 배움이건, 면역 반응이건 간에 근본적으로 같다."**36**

　얼마만큼의 냉동 손상이 감당해낼 정도인지에 질문을 던져봄으로써, 이러한 관점의 중요성을 볼 수 있겠다.

냉동 손상의 범위

지금 채택하는 방법을 통해 조잡한 전신 냉동 후에 완전한 회복이 이루어졌다는 포유류의 사례는 없다. 하지만 냉동 손상, 특히 뇌에 대한 손상이 과도한 정도는 아니라는 점을 반드시 강조해야 한다.

　덩치가 큰 동물을 냉동하는 작업에는 여러 난점이 있다. 보호 물질을 도포하는 것도 쉽지는 않은 일이며, 체내 깊숙한 조직을 빠르게 냉동하는 것은 가망 없는 일로 여겨져 왔다. 뒤이어 소금 농축 탓에 뇌 속의 단백질 분자가 변성되리라는 생각이 따라온다. 또 이 생각은 한층 더 어두운 그림자를 낳는다.

　여기에서는 냉동 손상의 주요한 부분이 실상은 피할 수 있는 것임을 확인하려고 한다. 즉, 냉동 손상이 아무리 심각하게 보여도, 낙관주의에 대한 합리적인 근거는 여전히 남아 있다는 것이다.

　우선, 단백질 변성을 뒤집는 일반적인 방법이라는 게 생각하기에 따라 어렵게 느껴질 수도 있다. 하지만 어떤 면으로 보아도 그것이 냉동 인간 이야기의 종말은 아니라는 점이다. 한 가지만 보자고 해도 이렇다. 비록 지금은 품을 능력이 되지 않지만, 미래의 독창적인 사람들과 경이적인 기계들은 그 방법을 고안하고도 남으리라는 것이다. 어쨌거나 지난 19세기의 공학자들은 불가능하다던 비행 기계를 마음속에 품지 않았던가. 그리고 서머가 우레아제를 분리해냈던 1926년 전에는 효소가 단백질이라는 것조차 확실하지 않았을 때였다.[37] 더군다나 앞으로 보겠거니와, 변성의 본성과 변성이 영향을 미치는 범위는 단일하지 않을뿐더러, 어떤 경우에는 따질 가치조차 없을 만큼 사소할 수도 있다. 그리고 그 공격이란 것이 꼭 '일반적으로 다 통해'야 할 필요도 없다.

하물며 조악한 냉동 방법이라도 모든 세포가 다 죽는 것은 아니라는 것을 반드시 강조해야겠다. 그리고 '죽임 당한' 죽은 세포들도 손상의 정도를 다양하게 드러낸다는 점도 말이다. 단 하나의 조직에 주의를 고정한다고 해도 그것은 사실이다. 또한 세포들의 가장 중요한 부분들이 가장 견고한 부분일 수도 있다.

대부분의 세포가 죽었을 때에도 일부 세포는 냉동에서 살아남는다는 것을 레이의 작업으로부터 알 수 있다. 레이는 배아 상태 닭의 심장 조직을 냉각하는 실험을 했다. "글리세롤이 없는 상태에서 배양했을 때는 성장이 전혀 없었다. 다만 두세 개의 이주해온 세포만을 빼놓고는 말이다. …… 액체 질소에 노출되고 살아남은 일부 유별난 세포들이 그랬다. …… 조직의 주요한 부분은 왜 액체 질소 속에서 급격하게 냉각될 때 죽어버리고 마는 걸까? …… 이러한 변수가 해동 과정에서 일어나는 것이 아닐까 싶다."[38]

설령 닭은 사람이 아닌 데다가 심장은 뇌가 아니라고 해도, 중요한 것은 일부 세포가 살아남는다는 점이다. 다른 많은 세포는 거의 살아남았다고 논리적으로 결론지어볼 수 있다. 그리고 해동 전이든 후든 간에 개선된 방법으로 미래의 과학자들에게 구원을 받을 수도 있다.

비유를 해보자. 종대로 늘어선 부대에 기총소사를 퍼붓는 장면을 (공중에서) 바라보고 있다고 상상해보라. 만약 총격 후 아무도 일어서지 않으면, 아마도 군사들은 전부 죽을 것이다. 그러나 설령 한 명이나 두 명만이라도 일어선다고 하면, 다른 많은 병사가 다치는 데서 그치고 죽지는 않을 가능성이 매우 높다. 왜냐하면 그들이 다른 위독한 동료를 돌볼 수 있기 때문이다.

다시, 크레이버그의 말이다. "극심한 냉기에 노출되는 방법을 통해 많은 세포, 때로는 대부분의 세포가 손상을 입는 것은 분명하다. 그런데 난소 세포에 대한 실험을 통해 증명되었듯이, 때로는 단일 세포들이 살아남고, 때로는 세포들의 작은 무리가 살아남으면 배양물을 다시 늘여나갈 수 있게 되며, 심지어는 꽤 복잡한 이식을 실행할 수 있기도 하다."[39]

포유류의 신경 조직과 관련해서도 일견 비슷한 사례가 있다. 신경 조직이야말로 결정적인 관심사가 아닌가. 쥐의 신경절ganglia로 작업을 하던 파스코는 실험 대상 하나는 결과가 대체로 부정적으로 나왔지만, "다른 하나는 (글리세롤 없이) 영하 15도에 밤새 보관했다가 따뜻하게 했더니 후신경절post-ganglionic 신경이 직접 자극을 주자 약간의 잠재적인 움직임을 보였음"을 발견했다.[40]

이 실험은 그다지 적절하지 않은 냉동 방법뿐 아니라 그런 이론 아래서도 일부 세포는 살아남는다는 것을 암시한다. 냉동의 행위는 아주 다양한 환경적 상황과 다양한 신진대사의 순환 단계에서 다양한 세포를 붙잡아둘 것이다. 그 세포들 중 일부는 거의 확실하게 살아남는 행운을 누린다.

냉동이 뇌에 미치는 손상은 그저 고만고만한 수준일 뿐이라는 증거를 뉴욕 신경학 재단의 H. L. 로소모프 박사의 작업이 더 제시해주고 있지 않나 싶다. 그는 황동으로 만든 관에 액체 질소를 담아 개들의 경뇌막(뇌의 외피)에 8분 동안 접촉시켜서 병변을 유발했다. 후에 정상 체온을 유지시켰을 때, 개들은 예외 없이 죽었다. 그리고 현미경으로 검사해보니, "특히 뉴런을 비롯해서 세포 성분에 광범위한 파괴가 일어났다. 세포 구조의 흔적이 완벽하게 상실된 것이다." 그러나 다시 데워주기 전에 열여덟 시간 동안 25도 이하로 유지시켜준(병변을 유발하고 난 후) 개 일곱 마리 중에 두 마리는 살아남았고, 다른 개들은 저체온을 유지시켜주지 않은 개들보다는 다섯 배 오랜 시간을 살았다. 더 나아가서 이 병변 실험은 다음과 같은 결과를 보여주었다. "피질의 구조가 더 잘 보존되었고, 세포 성분에는 상해의 증거가 더 적게 나타났다. 다만 현실적으로 회복시킬 수 있는 퇴행적 변화가 분명히 나타나기는 했지만 말이다."

이 실험은 위와 같이 냉동 손상을 연구하려는 의도는 아니었고, 어떤 종류의 뇌 병변이건 간에 일어난 후의 처치 과정에서 저체온 요법(체온을 낮추는 것)을 쓰는 것이 얼마나 효과적인지를 조사하려는 실험이었다. 그럼에도 병변 지역 세포에 일어난 손상은 추측컨대, 냉동으로 인해 일어난 것이었다. 이 실험은 그러한 냉동에 뒤따르는 가장 심각한 손상은 해동 중간이나 후에 일어난 해부학적이고 생리학적인 결과일 수도 있음을 보여준다. 그리고 냉동 상태 동안에 세포는 상대적으로 좋은 상태에 있었다. 이미 지적했듯이, 이 점은 매우 중요하다. 우리에게 필요한 것은 오로지 최소한의 손상으로 몸을 보존하는 것이기 때문이다. 만약 불가피하다면, 해동 중과 후의 적절한 처치에 관한 문제는 후대에 남겨둘 수 있다.

글리세롤로 선처치를 한 신경 조직의 경우에서 주요한 난제는 냉동과 보관이 아니라 글리세롤의 제거에 있다는 증거는 또 있다. 스미스 박사는 쥐의 몸 전체에 글리세롤 용액을 도포하는 작업을 마친 후에, 쥐의 신경 조직을 연구했던 파스코의 작업에 대해 이렇게 말했다. "신경 조직의 손상은 글리세롤을 뒤집어쓰고 냉각된 다음 매우 낮은 온도에서부터 해동되는 동물을 온전하게 소생시키는 시도를 제한하는 요인이 되지 못할 것이다."[41]

조악한 냉동 방법이 모든 세포를 죽이지 않을 수도 있다는 점, 그리고 심지어 '비생존자들' 중에서도 많은 수가 어쩌면 적은 손상에 의한 희생일지도 모른다는 사실을 보여주느라 상당한 노고를 들이고 난 참에, 우리는 이제 한층 명료한 결론을 내릴 준비가 되어 있다.

후속 장들에서 뒷받침이 될 만한 설명을 하겠지만 독자가 다음의 두 가지 제안을 조심스럽게 받아들여준다면 도움이 되겠다.

첫째, 유전적 세포와 체세포 양쪽 모두의 성장과 발전, 차별화, 혹은 전문화에 정통하게 될 날이 이제 가시권 안으로 들어오고 있다. 배양을 통해 몸의 대체 부속(세포와 조직과 장기 등을 이른다.─옮긴이)을 기르는 방법 혹은 잃은 부속을 몸이 스스로 재생해서 고치는 방법이 실현 가능해질 것이다(물론 뇌의 경우에는 완벽한 대체나 재생은 있을 수 없다. 왜냐하면, 뇌의 대체는 새로운 한 인간을 배양하는 것과 다를 바가 없기 때문이다).

둘째, 미래의 부와 자원은 양적인 부분과 더불어 질적으로도 증대할 것이다. 특히 타이타닉 규모의 작업에만 소용되는 것이 아니라, 극도로 높은 수준의 '사고'와 현미경처럼 미세한 수준에서의 조작도 가능하게 해주는 근사한 기계가 탄생할 것이다.

이제, 기억은 뇌의 많은 부분에서 각 자취마다 다중의 위치를 가지면서 뇌세포 안에서 단백질 분자가 변화하는 대로 저장이 된다는 점을 떠올려보자(그리고 기억의 기록은 유전적 정보의 부호화와 화학적으로 비슷하다고 여겨지고, 유전적 정보는 액체 헬륨의 온도에서도 견뎌낼 수 있다고 알려져 있기 때문에, 기억도 그만큼 내구력이 강할 수도 있다. 하지만 우리로서는 그 점에 대해서는 기대지 않으려고 한다). 성격이라는 또 다른 요소도 비슷한 방식으로 나타나거나, 혹은 신경 세포들 사이의 섬유 연결에서처럼 더 커다란 규모의 회로 안에 내재되어 있을 수도 있다.

냉동을 하고 난 후에도 초분자 회로를 읽어낼 가능성은 차고 넘쳐 보인다. 따라서 뇌세포의 아주 일부만 손상을 거의 입지 않은 채 보존되면 된다는 것도 충분히 말이 된다. 새롭게 생성시킨 조직과 함께 뇌를 충분하고도 안정적으로 재건하는 데는 이 정도면 족할 수 있다.

지금으로서는 고작 장님 문고리 잡듯 암시할 수밖에 없는 기술을 미래의 로봇 외과의는 지니게 될 것이다. 하지만 세포 외과 수술에서 이미 이 기술은 사용되었다. 예를 들어 탈핵된 아메바에게 세포핵들을 이식하는 등, 개개의 세포를 수술하는 데 성공한 것이다. 심지어 종간 이식도 해냈다.[42] 그러니, 만약 주먹구구식 방법이 불가피하다면, 집도를 하는 거대한 기계, 수십 년 혹은 심지어 수 세기 동안 하루 24시간 내내 일하는 기계가 나타나서 얼린 뇌의 세포 하나하나를, 중요한 부분에서는 심지어 분자 하나하나를 매끄럽게 재건할 날이 올 것이라고 생각지 못할 일은 아니다.

그 모든 가능성을 안고 사용될 방법은 훨씬 더 우아하겠지만, 그러면서도 내다볼 수 없다는 점을 서둘러 덧붙여야겠다. 위대한 화학자인 라이너스 폴링Linus Carl Pauling은 오래지 않은 과거에 상식적인 의미에서 다음과 같이 말한 적이 있다. "현재와 다른 세계를 만들 미래의 위대한 발견은 아직까지 아무도 생각하지 못했다. ……나로서는 상상할 수조차 없는 그런 발견이 이루어질 것이다. 그리고 나는 호기심과 열광에 휩싸인 채로 그때를 기다리고 있다."[43]

또한 지금으로부터 매우 가까운 시일 내에 냉동된 사람들은 심각하게 손상을 입을 수도 있다는 점도 염두에 두어야만 하겠다. 오래지 않아 연구에 가속이 붙을 것이며, 많은 해가 지나가기 전에 손상을 일으키지 않는 냉동 보존 기술이 가능해질 것이다. 다음 항목에서 보겠거니와, 인간은 과연 비교적 적은 부상을 입고 지금 당장이라도 냉동될 수 있다.

급속 냉동과 관류의 가능성

인간만큼 덩치가 큰 동물을 빠른 속도로 냉동하는 것은 정말로 얼토당토않은 말일까? 그리고 글리세롤 같은 보호 물질로 완전히 관류할 수 있는 가능성은 어떻게 될까?

보호 물질을 투여하지 않고 냉동할 경우 뇌(그리고 몸)는 신속하게 얼려야 할 것 같다. 신속하게 얼린다고 해서 손상을 전부 막을 수는 없겠지만, 단백질 변성이라는 주요한 위험을 줄일 수 있을 것이다. 얼마나 빨리 냉동을 해낼 수 있을까?

머리나 몸 혹은 노출된 뇌를 액체 질소 같은 것에 무작정 차갑게 담그는 것만으로는 표면의 모습만 유지될 뿐이지, 그밖에는 아무런 소용이 없을 것이다. 그리고 단순 전도 기구보다 나은 열 이동 방법이 있기는 하지만, 지금으로서는 몸을 냉각하는 데 적용해볼 만한 것으로는 보이지 않는다. 현재로서 가장 그럴 듯한 수단은 뇌의 좀 더 넓은 표면을 냉각제에 접촉시키는 것이다.

가장 명백한 방법은 뇌혈관을 통해 차가운 용액을 순환시키는 것이다. 실제로 개복 심장 수술에서 이루어진 일이 있지만, 그때도 온도는 어느점 이상에 두고 이루어진 일이었다. 지금까지 내가 아는 바로, 0도 아래의 온도에서 어떤 일이라도 해낼 수 있는지는 해결이 나지 않은 질문, 조사가 필요한 질문이다. 혈관이란 불안정하고 막히고 수축되기 쉬운 경향이 있다는 것을 감안하면 어려운 일이지만, 그렇다고 해서 절대로 불가능한 일만은 아니다.

일부 대담한 수단이 제안되기도 한다. 예를 들면 뇌가 더 빨리 냉각될 수 있도록 더 작은 부분으로 나누는 것이다. 아니면 속이 비어 있어서 냉각제를 담을 수 있는 바늘을 마치 바늘방석에 꽂듯 뇌에 삽입해볼 수도 있다. 각 부분에 있는 상동 조직을 파괴하는 것을 피하기 위해, 뇌를 반으로 나누었을 때 각 부분의 다른 구역에 관통시키도록 조치를 해야 할 것이다. 또는 냉각 후 구획을 나누어 뇌를 잘라내는 것으로 재빠른 냉동을 도모해볼 수도 있다. 비록 현재의 기준으로는 난망한 일이기는 하지만, 그 물리적인 손상이 느린 냉동에 의해 일어나는 손상보다는 그래도 손상이 적고 더 쉽게 치유할 수 있다는 이론에 근거한 방법이다.

그러나 오늘날의 사람들이 선택하는 방법은 글리세롤 용액을 투여하고 나서 무난한 정도의 속도로 천천히 냉동하는 것이다.

보호 물질을 전신에 투여하는 시도는 거의 이루어지지 않은 듯싶다. 스미스 박사는 말한다. "지금까지는 포유류의 몸 전체나 신체 기관을 각각 글리세롤로 관류하고 나서 글리세롤을 손상 없이 제거하는 기술은 개발되지 않았다. 만약 이 일을 해낼 수 있다면, 포유류를 최저 영하 70도에서 얼렸다가 고스란히 소생시키는 일이 가능할 것이다. 그렇게 되면 냉동 포유류의 장기적 보관도 고려해볼 수 있겠다. 하지만 가까운 미래에 그 일을 성취해낼 전망은 없다는 점을 꼭 강조해야 할 것이다."[44]

하지만 아주 신나는 일은 가까운 미래에 꼭 해내야 할 필요는 없다는 점이다! 앞서서 짚어보았듯이, 쥐의 전신에 용액을 투여한 적이 있고, 아마도 그것은 인간에게도 시도할 수 있을 것이다. 손상 없이 글리세롤을 제거하는 문제는 글리세롤이 미치지 못했거나 글리세롤의 보호를 불완전하게 받은 탓에 손상된 부분을 복구하는 문제와 더불어 좀 더 먼 미래에 맡겨둘 수 있다. 지금 죽어가고 있는 사람들은 이 문제에 100퍼센트 정통하게 될 때까지 기다릴 수도 없거니와, 그럴 필요도 없다.

처치 지연의 한계

만약 죽어가는 친지가 있다면, 몸에 보호 물질을 투여하고 신체 냉동을 대비하기 위해 미리 앞서서 계획하고 솜씨 좋은 의료진의 도움을 얻는 것으로 환자에게 최선의 기회를 줄 수 있다. 살아 있는 사람에 대한 신체 냉동을 신뢰할 수 없고 법적으로 문제가 된다면 한층 절박한 수단이 필요하다. 바로 신속한 사후 냉동이다.

많은 비전문가들, 심지어는 많은 의사들조차 '소생의 기회를 얻고자 한다면 임상사 몇 분 이내에 몸을 얼려야 한다'는 생각을 가지고 있다. 하지만 이것은 오해다.

산소 공급이 끊겼을 때의 뇌가 보통 3분에서 8분 안에 손상을 입는다는 것은 맞는 얘기다. 하지만 언뜻 간명해 보이는 이 진술은 매우 기만적이다. '보통'과 '손상'이라는 단어는 둘 다 의미가 명확해질 필요가 있다.

만약 죽음이 예기치 않게 찾아왔거나 예비 없이 찾아왔다면, 뇌가 '돌이킬 수 없는' 손상을 입을 수 있다는 것은 분명하다. 혈액 순환이 멈추면, 산소와 포도당의 전달과 노폐물 제거가 더 이상 이루어지지 않는다. 울프K. B. Wolfe에 따르면, 손상의 직접적인 원인 중에는 세포 내부나 세포 사이에서는 체액이 증가하고 모세혈관에서는 체액의 대부분을 잃는 것도 포함된다. 혈관을 따라 늘어서 있는 조

직의 침투성이 증가해 체액의 균형을 교란하고 유산을 응축시키는 것이다.[45]

손상이 얼마나 빨리 일어나기 시작하는지에 대해서는 정확하게 알려진 것은 없다. 사후 3분이 지나면 완전 순환 정지에 이른다고 여겨지며, 뇌가 산소가 없는 상태로 견딜 수 있는 시간은 5분쯤이라는 것이 가장 흔한 설이다. 그러나 개로 실험을 벌인 브로크먼과 주드는 10분 동안 산소가 결핍된 상태에서도 개에게는 해로운 영향이 전혀 없었다고 밝혔다. 정상 체온에서 14분 정도라면 치명적이었지만 말이다. 그들은 시간상에서 더 짧은 추정치가 나온 것은 산소 결핍 후에 순환을 억압하는 방법을 사용한 것 때문이라고 믿는다. 추가적인 손상을 낳고 실험이 잘못 해석되는 원인 제공을 하면서 말이다.[46]

물론 온도와 개인적인 차이에 따라 수많은 부분이 달라질 수 있다. 다음 장에서 물속에 22분 동안 잠겨 있었고, 2시간 30분 동안 임상사했다가 완전하게 회복한 한 소년의 이야기를 다시 하겠다.

모든 세포 중에서 뇌세포가 가장 빨리 '죽는' 것은 맞지만, 그렇다고 절대로 성급하게 비관적인 결론을 내려서는 안 된다. 이미 밝혔듯이, 이 세포들의 가장 중요한 부분과 기능은 전체로서의 세포만큼 그렇게 섬세하지 않을 수도 있다.

물론 너무 비약해서는 안 되겠지만, 이렇게 비유해보자. 자전거와 거대한 눈덩이가 비탈길을 굴러 내려가고 있는 광경을 생각해보라. 자전거는 눈덩이에 비해 구조가 훨씬 복잡한데 자전거 바퀴에 막대기 하나만 찔러 넣는 것으로도 그 움직임을 멈출 수 있는 반면,

눈덩이를 멈추려면 훨씬 더 큰 힘이 든다. 이와 꼭 마찬가지로, 자전거는 전체적으로 눈덩이보다 훨씬 견고하며, 막대기를 빼내면 바퀴가 다시 굴러갈 것이다.

그렇다면 체세포의 그 어떤 측면이라도 생명을 드러내는 한 희망을 포기하지 말아야 한다고 말하는 것도 무리는 아니다. 예컨대 만약 피부가 여전히 살아 있다면, 설령 손상되었을지언정 뇌세포 역시 살아 있을 가능성이 어느 정도는 있다. 미래 과학의 발달된 기술에 힘입어, 과도한 유산을 제거하고 체액 균형을 조절하는 등의 작업을 시행하면 새 것처럼 건강한 세포가 되살아날 수도 있다.

몸의 모든 세포가 죽기 전까지의 시간은 적어도 몇 시간, 어쩌면 며칠이 간다고 측정이 된다. 릴레하이Richard Lillehei와 그 동료들에 따르면, 위장은 심지어 냉각도 시키지 않았는데도 살아 있고 몸의 바깥으로 적출해도 적어도 두 시간은 건강하게 남아 있다고 한다.[47] 그레섬은 페리V. P. Perry의 출간되지 않은 연구를 거론하면서 말한다. "사후 최고 48시간이 지나고 나서 시신에서 떼어낸 조직은 대부분의 경우에 조직 배양을 해보면 세포가 생장하는 것을 보여준다. 비록 이 사실로 세포의 변질 가능성이 제거되지는 않지만, 죽음 후에도 많은 조직이 비교적 오랫동안 기능을 하며, 사후의 조직도 만족스럽게 이식을 할 수 있을지 모른다는 점을 시사한다."[48]

위의 언급들을 대략적으로 요약해보면, 당신 자신이 결정을 내려야 하는 상황에서, 만약 망자에게 가능성이 적으나마 희망을 주기를 원한다고 치자. 만약 세상을 떠난 다음에 발견했다면 몸을 얼려야 한다는 주장이 떠오를 수 있다는 것이다. 만약 몸이 차가운 날씨에 노출되어 있었다면, 이틀 후조차 가능성이 있을지도 모른다.

의료진의 협조가 함께하는 병원에서라면 얘기는 달라지는 데다가 희망은 훨씬 더 크게 보이게 된다. 이제 그 문제에 대해서는 추가적으로 언급을 하고 넘어가야겠다.

시간 지연의 한계점

사후의 시신 관리는 세 단계로 구분지어 볼 수 있다. 냉각을 위한 사전 준비, 시신 냉동시키기, 냉동된 상태로 보존하기가 그것이다.

다양한 이유로 해서, 냉각 장비가 준비되기 전에 대상자가 세상을 뜰 수도 있다. 그동안에 신체의 손상을 막는 수단을 살펴보면서 흥미로운 가능성을 발견하게 된다. 어떤 경우는 특수한 장비와 인력이 바로 옆에 있어야 하지만, 어떤 수단은 거의 모든 사람이 사용할 수 있기 때문이다.

장기 이식을 꾀하려고 하지만 곧바로는 시행할 수 없을 때, 장기를 건강한 상태로 유지시키려는 목적으로 이제 막 숨을 거둔 시신을 좋은 환경에 유지시키기 위한 방법들은 이미 있다. 산소를 나르는 피를 몸에 계속 공급하기 위해 인공 심폐 장치를 사후 열여덟 시간 정도까지 사용하고, 그러고 나서 몸에서 간이나 기타 장기를 떼어내어 이식에 사용하는 것이다(《디트로이트 프리 프레스Detroit Free Press》1963년 10월 31일).

응급 시에는 두말할 필요 없는 의존 수단이 인공호흡과 외부 심장 마사지다(동시에 얼음 팩으로 몸을 차게 하거나 차가운 공기에 노출을 시킬 수도 있다). 누구라도 이런 기술을 익힐 수 있으며, 인공호흡의 경우에는 실제로 입이 접촉하지 않도록 사용할 수 있는 튜브도 있다. 효과는 사인死因과 시신의 상태에 크게 좌우되지만, 어떤 경우에는 이렇게 단순한 도구들만으로도 충분한 효과를 발휘할 수 있다. 이러한 방법이 효과가 없을 때는 다른 방법을 강구해야 한다. 응고를 막는 주사 등이 이에 해당한다.

특정한 가슴 부상에 대해서는 닐리와 그 동료들이 개발한 기술에서 도움을 구해볼 수 있다. 그들은 피 대신에 완충 글루코스buffered glucose 용액을 개들에게 관류해 넣고는 다음과 같은 사실을 발견했다. "개들은 산소가 없는 상태에서 30분을 버텼으며, 생존한 개들에게서 심각한 뇌 손상은 보이지 않았다."[49]

만약 장비를 얻을 수 있다면, 네덜란드 암스테르담 대학교의 I. 보에르마I. Boerema 박사의 작업을 제안한다. 그는 기압이 높은 케이슨Caisson(상자 형태로 제작된 콘크리트 구조물로 교량의 기초, 방파제, 안벽 등 본체용 구조물로 사용된다.-편집자) 안의 환자들을 치료하면서 놀라운 결과를 얻었다. 외과의와 의사들은 3기압에서 호흡했고, 환자는 같은 기압 상태에서 순수 산소를 호흡했다. 혈액 순환은 보통 때보다 두 배쯤으로 길게 해를 입지 않고도 정지해 있을 수 있음이 발견되었다. 14.5도씨에서 개들은 체외 순환 없이도 30분 이상을 버틸 수 있다. 동물은 실제로 피 없이 생존할 수 있다. 돼지의 경우에는 헤모글로빈 수치가 사실상 0으로 감소되어도 15분 동안 살아 있을 수 있다. 용해된 산소가 적혈구가 나르는 산소의 자리를 대신하는 덕분이다.

"동물 혹은 환자가 순수 산소를 3기압에서 호흡하면, 몸의 모든 조직에서 물리적인 산소 용액이 엄청나게 증가한다. 유체와 반유체 양쪽 모두 그렇다. …… 물리적으로 용해된 산소로 온몸이 극도로 포화 상태가 되어, 세포는 정상보다 훨씬 높은 산소량을 비축하게 된다. …… 그리하여 용액 속에 증가된 산소가 조직에 영향을 줄 수 있을 만큼 비축되고, 결과적으로 조직 세포는 더 오랜 기간 동안에 순환이 지연되더라도 버텨낼 수 있다고 가정해볼 수 있다."[50]

만약 시한부 환자가 그런 환경에 계속 있을 수 있다면, 그가 죽었을 때 안전장치의 여지가 더 넓어지는 셈이다. 아니면 지금 막 세상을 떠난 망자를 그런 방에 넣을 수 있다면, 인공호흡과 심장 마사지가 훨씬 효율적으로 통할 것이다.

완벽하게 적절히 준비하고 장비와 인력을 갖춘다면, 냉각 단계는 대부분의 경우에 문제를 거의 드러내지 않을 듯 보인다. 인공 심폐 장치와 열교환기는 많은 병원에서 사용이 가능하다. 심장외과 수술에서 피와 체온을 정상적인 약 36.5도에서 20도까지 낮추어 시행하는 심폐바이패스(개심술을 안전하고 효율적으로 시행하기 위해 수술 중 심장과 폐의 기능을 기계 장치로 일시적으로 우회시키는 수술 방법)는 흔한 처치다. 때로는 20도 이하로 낮추기도 한다. 이 기술은 예를 들면 실리와 동료들이 묘사한 것이기도 하다.[51] 이것은 사인이나 준비할 수 있는 기회에 따라서, 뇌에 손상을 가하는 일 없이 방금 죽은 몸을 빠르고도 안전하게 냉각시키는 데 사용될 수도 있을 듯 보인다.

마지막으로, 몸을 식히고 냉동에 들어가기 전에 어느 정도까지 그냥 두어도 안전한지 알아보자.

만약 환자가 인공 심폐 장치를 사용해왔고, 계속 사용을 한다면, 이 경우에는 어느 정도 무한하다고도 할 수 있다.

만약 뇌가 예를 들어 인공 심폐 장치를 사용하는 것으로 섭씨 10도 근처까지 도달했다면 심폐 장치는 연결을 끊어야 한다. 뇌는 혈액의 순환 없이도 길게는 한 시간까지 버틸 수 있다. 비록 저분자 덱스트런dextran을 경동맥에 주입해서 이 방법을 사용한다면, 비교적 사소한 손상이 있을 수 있지만 말이다. 이 이론은 에드먼즈와 동료들이 살아 있는 개들을 데리고 수행한 실험에 기반을 두고 있다.[52]

마찬가지로 저체온 개심 수술을 받고 있던 환자들을 상대로 에거턴과 동료들이 겪은 경험을 따라도, 12도 이하의 체온에서 45분 이상을 보내면 뇌 손상이 일부 일어난다는 사실이 드러난다. 하지만 대부분의 환자는 4개월 안에 완벽하게 회복을 한다.[53] 다른 작업도 체온이 물의 어는점인 0도 근처에 도달하면, 설령 혈액이 여전히 순환을 하고 있다고 해도 뇌 손상이 약간 생긴다는 것을 보여준다.

따라서 1시간 정도 이내에 냉동 장비가 준비되기 전까지는 몸을 10도 아래로 식히는 처치는 아마도 해서는 안 될 것이다.

최적의 보관 온도

보관 온도에 대해서는 네 가지 주요한 선택지가 있는데, 각각의 이론적이고 실제적인 이점과 단점을 반드시 고려해야 한다. 북극과 남극에서 나타나는 자연적인 저온, 드라이아이스, 액체 질소, 액체 헬륨의 온도가 그 네 가지 선택지이다.

전반적인 소개를 위하여 오드리 U. 스미스 박사는 말한다. "살아 있는 세포를 저장할 때 기본적인 문제는 노화와 조직의 변질을 막는 것이다. 살아 있는 세포를 냉각하면, 호흡과 신진대사 그리고 세포질과 그 환경 사이의 다른 모든 상호작용과 관련한 생화학적 과정이 느려진다. 이산화탄소와 다른 가스들이 고체화하거나 액화하는 영하 79도 이하 범위의 온도까지 세포가 냉각되면, 모든 화학 물질의 변화는 보통 속도보다 굉장히 느린 속도로 이루어지거나 아니면 완전히 멈추어야 한다. 노화는 일어나서는 안 되고, 이 온도 범위에서는 무한하게 오랜 시간 동안에 세포를 보존하는 것이 가능해야 마땅하다."[54]

물론 '무한하게 오랜 시간'이란 말은 약간은 과장이거니와, 일부 종류의 세포는 영하 79도인 드라이아이스 온도에서도 변화를 보인다는 점을 우리는 알고 있다. 다른 종류의 세포들은 수년이 지나가는 동안에 감지할 만한 퇴화를 보이지 않지만, 살아 있는(되살릴 수 있는) 세포들의 몇 퍼센트는 시간이 지남에 따라, 심지어는 하루하루가 지남에 따라 줄어드는 것이다. 예를 들어 메리먼은 이렇게 얘기했다. "글리세롤 없이 냉동된 피의 경우에 의미를 지닐 만한 부패는 영하 70도에서는 며칠 만에, 영하 80도에서는 몇 주 만에, 영화 90도에서는 몇 달 만에, 영하 100도에서는 몇 년 만에 일어난다."[55]

그렇디고 해시 비교적 높은 온도를 뭉뚱그려 전부 희망이 없다는 것은 아니다. 변화가 약간 일어날 수는 있지만, 그 변화의 범위와 뒤집을 가능성에 대해서는 알려진 것이 거의 없다. 현재의 테스트에서는 '치명적'이라고 하는 그 변화도 사소하고 제한적이며 언젠가는 치유가 가능할지도 모른다. 느리기는 할지라도 전체적으로 부패하는 과정을 변경할 수 없다는 것이 문제는 아니다. 그보다는 어떤 종류의 작용은 완전하게 억제되지는 않으며, 통찰력 있게 바라보았을 때 사소하게만 보이는 어떤 변화가 일어난 후에야 안정화가 이루어질 수도 있다는 것이 문제다.

그리하여 동결선(겨울철에 땅이 어는 최대 깊이) 아래의 온도에서 자연적 냉동 보관소에 저장된 북극 지역의 시신들에 대한 얘기를 그냥 넘어갈 수가 없다. 북극에 저장하는 것은 값비싼 투자와 관리, 전쟁의 위험에 취약하게 노출되는 사태를 줄인다는 점에서 명백한 이점이 있다. 하지만 그곳의 자연적인 온도는 가장 추울 때도 드라이아이스보다 한참 높을뿐더러, 그것도 아마도 너무 높다고 해야 할 것이다. 성공 확률이 현저히 낮은 것이다.

대단히 장기간 보관을 하는 경우, 거의 보편적으로 이루어진 합의가 있는데, 영하 270도 근처의 액체 헬륨 온도가 가장 안전하다는 것이다.

액체 헬륨 온도론의 반대자 중의 한 명이 R. B. 그레셤R. B. Gresham 박사다. 그는 말한다. "대상이 냉동된 다음에 영하 196도 혹은 액체 질소 기온으로 떨어질 때까지는 열역학적 활동이 지속적으로 일어난다고 알려져 있다. 그 지점에 도달해서는 운동이 멈추는데, 그러고는 영하 269도 혹은 액체 헬륨 온도에 가면 다시 운동이 눈에 띈다. …… 살아 있는 세포를 장기간 보관하는 동안 일어나는 열역학

작용의 영향은 비록 알려져 있지 않지만, 보관 시간이 수년, 수십 년이 되면 이론상으로 영하 196도를 유지하는 것이 바람직하다."**56**

이 주장은 대단히 인상적인 것 같지는 않다. '열역학 작용'과 '운동'은 온도가 낮아지면서 일어나는 열기 상실의 비율에 따라 어떤 변칙성이 일어난다는 것만을 뜻할 뿐이고, 분자 구조 혹은 대상의 물리적 상태의 변화, 주로 수분의 변화를 보여줄 뿐이다. 내가 알 수 있는 한에서는, 일반적으로 고정된 온도에 불안정한 성질이 있다고 생각할 만한 특별한 이유가 없다. 대부분의 저술가들은 그레섬의 의문에 대해서는 그다지 걱정을 하지 않는 것 같다.

가장 낮은 온도를 이용하자는 제안에 대한 더 진지한 반론은 "저장 온도에 도달한 후에는 별다른 문제가 일어나지 않지만, 저장 온도까지 내려가는 도중에 변화가 일어날 수 있다"는 것이다. 바꿔 말하면, 불필요하게 낮은 온도는 지양해야 한다는 의미인데, 엉뚱한 문제를 자초할 수 있기 때문이다. 어느 모로 보나 더 심한 냉각은 더한 변화를 뜻하고, 불필요한 변화는 피해야 한다.

현실적으로 액체 헬륨은 비교적 유지 비용이 많이 들고 다루기도 까다롭다.

그러면 이제 다음과 같은 얘기가 부상하지 않을까 싶다. 현재로서는 선택할 온도가 액체 질소라는 것이다. 영구적인 시설이 만들어지는 때가 오면, 액체 헬륨이 사용될 가능성이 높다. 응급 상황이나 내핍할 필요가 있을 상황에서는 저렴하고 다루기 쉬운 드라이아이스를 사용할 수도 있겠다.

방사선의 위험

냉동 저장고에 보관되어 있는 몸이 부패되는 것은 피할 수 있지만 자연 방사선의 공격에 의해 점진적으로 '피해를' 입게 되는 것은 아닐까?

자연 방사선은 우리 주변에 온통 널려 있다. 우주선cosmic rays이 하늘로부터 우리에게 쏟아져 내린다. 바위와 흙, 콘크리트와 벽돌 안의 우라늄, 토륨, 라듐은 엑스레이와 비슷하게 침투해서 발산되는 성질이 있다. 그리고 우리 자신의 몸에 들어 있는 특정한 방사능 원자(방사성 동위원소)도 천천히 중독이 된다(이 '있는 듯 없는 듯'한 자연 방사능에 덧붙여서 핵무기 실험으로 인한 방사능 낙진도 있다. 하지만 이것은 아직까지는 어느 정도 무시할 수 있는 수준이다).

이 방사능은 강도가 약하기 때문에, '만성적인 선량線量'만을 배출해낸다. 때문에 거의 알아챌 수가 없는데, 기능을 제대로 하고 있는 몸은 방사능이 들어오자마자 대부분의 피해를 복구할 수 있기 때문이다. 그러나 냉동 저장고에서 몸에 흡수된 방사능은 양에 상관없이 중대한 사안으로 간주해야만 한다. 수세기 동안에 냉동된 신체에 누적되는 손상은 심각해질 가능성이 있음을 반드시 고려해야 하는 것이다.

누적 방사능이 문제가 되긴 하지만 아주 가공할 만한 것은 아니다(가령 미국 원자력 에너지 위원회가 1962년에 간행한 《핵무기의 영향 The Effects of Nuclear Weapons》에서 적절한 정보를 얻을 수 있다).

방사능 노출량을 측정하는 데 보통 사용되는 단위는 '렘(remroentgen equivalent mammal or man)'이라고 한다. 엄밀한 정의는 필요하지 않겠지만, 대략 노출량이 100렘이라고 한다면 두드러진 병증을 내보일 가능성이 적고, 600렘이라면 심각한 방사능 질병을 불러일으켜 입원과 함께 치료가 필요하다. 1,000렘 이상이라면 현대 의학의 기술로는 어찌할 도리 없이 치사에 이른다.

자연 방사능은 지역에 따라 상당하게 차이가 나지만, 대략 평균적으로 사람의 경우 50년 동안 10렘쯤 노출된다. 그렇다면 저장된 몸은 '임상적' 혹은 증상을 나타내는 100렘 정도 노출되기까지 500년이 걸리고, 현재로서 위험하다고 측정하는 수준인 600렘에 노출되기까지 3,000년이 걸린다. 혹시 핵전쟁이나 극단적인 무기 시험으로 엄청난 낙진이 발생한다면 이 시간이 줄어들 수도 있다. 하지만 그 경우에도 무난한 비용에 가능한 예방책으로 그 기간을 훨씬 더 늘일 수 있다.

만약 몸을 저방사능 재료로 만든 보관실 안에 담아 지하에 보관한다면, 외부의 자연 방사능 대부분으로부터 엄폐가 되고 내부적 방사 물질만 걱정하면 된다. 이것도 주로는 몸의 부드러운 조직에서 발견되는 포타슘 원소(방사성 동위원소 포타슘-40)의 형태로 체내에 축적이 이루어진다.

포타슘-40으로 인한 섭취량은 해마다 약 20밀리렘(0.020렘) 정도다. 이 과정은 근본적으로는 무한하게 계속된다. 왜냐하면 반감기 혹은 부패하는 포타슘-40이 소진되면서 선량률이 반으로 줄어드는 데 걸리는 시간은 10억 년이 넘기 때문이다. 그러나 100렘의 방사능이 축적되려면 5,000년이 걸리고, 600렘이 되려면 3만 년을 기다려야 한다.

그럼에도 방사능 손상은 의심할 여지도 없이, 심지어 조잡한 냉동 방법에 의한 손상(가장 초창기에 얼려진 몸들에 대해)보다 상당히 덜하다. 그러므로 방사능 손상이 심각해지기까지는 적어도 10만 년은 흘러가야 한다고 추측하는 것이 맞다. 이 시간을 100만 년 이상까지 연장하는 수단을 연구해볼 수도 있다. 하지만 주지하다시피 그것은 공연한 수고가 될 것이다.

우리 대부분은 향후 10년이나 20년 내에 개발한 진보된 방법으로 냉동될 것이며, 주로 노화 문제에 대한 해결책을 기다리면서 냉동 보관소에서 누워 있게 될 것이다. 과학 발전의 폭발적인 가속의 빛을 받는다고 했을 때, 이 과업이 5,000년 이상 걸린다면 터무니없는 일이 될 것이다. 이런 관점을 취하면, 몸에 미치는 방사능 손상의 영향은 무시할 수 있다.

하지만 방사능의 유전적 영향에 대해 걱정하는 사람들에 대해서는 재차 안심을 시켜주기 위해 첨언을 하고 넘어가는 것도 필요하겠다. 100~300렘의 방사능에 노출되면 여느 세대의 여느 사람들에게 영향을 미칠 것이며, 그리하여 아무 조치도 취하지 않다가는 종을 위협하면서 결국에 가서는 유전적으로 너무나 많은 돌연변이와 기형아들을 양산해낼 수 있다는 것도 사실이다. 그러나 언젠가는 유전자, 세포에 새겨진 유전의 설계도를 조절하고 맞춰갈 수 있게 될 것임을 기대한다. 그리고 어느 경우가 됐든지 간에 부활한 냉동 인간이 전체 인구를 차지할 일은 일어날 리가 만무하지 않은가. 개별적으로 보았을 때도 염려할 이유는 없다. 500렘에 노출된 인간은 자식 또는 후손에게 기형을 물려줄 가능성이 무시할 수 있는 수준에 있다. 《방사선 생물학Radiation Biology》(맥그로힐, 1954년)에 실린 뮐러 교수의 글이 이 문제에 많은 참고가 될 것이다.

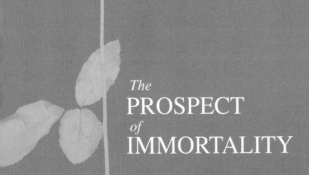

The
PROSPECT
of
IMMORTALITY

3

복구와
회복

몇 분 동안 임상사한 사람들이 생명을 되찾는 일이 많이 있었다. 심지어 오늘날 우리의 조악한 기술을 사용하고서도, 몇 분, 몇 십 분 동안 임상적으로 사망했다가 되살아난 사람들이 있다. 소생, 이식, 냉동, 해동, 복구와 관련한 우리의 생물의학과 기술은 가까운 장래에는 좀 더 발전할 것이며, 아주 먼 미래에는 훨씬 많이 좋아질 것이다.

3
복구와 회복

우리는 이제까지, 죽은 지 얼마 안 된 몸을 얼려서 저온에서 오랜 시간 동안 보관했다가 치명적인 손상 없이 다시 해동할 수 있다는 제안에 대해 조사해보았다. 하지만 이 일이 이루어지고 나서도 시신은 여전히 죽은 지 얼마 안 된 몸(설령 수백 년이 되었다고 해도)일 뿐, 더 많은 일을 해내야 한다. 몸이 되살아날 수 있는지 확실히 해야 하는 것뿐만이 아니다. 우리는 병에 걸려 죽는다면, 소생할 때는 건강한 상태로 만들어지기를 원한다. 다쳐서 죽었다면 육신이 멀쩡한 상태가 되기를 원한다. 늙어서 죽었다면, 젊어지기를 원한다.

실제로 우리는 새것처럼 좋게 만들어지는 것뿐만 아니라 결국에는 새것보다 훨씬 더 좋게 만들어지기를 희망한다. 하지만 이 논의에 관한 부분은 후에 후속 장을 위해 대부분 남겨두겠다.

미래의 과학이 어떤 능력을 보유하게 될지, 물론 절대적이고 엄밀한 증거는 내놓을 수는 없다. 예를 들어 미래에 저렴하고, 안전하고, 신뢰할 만한 가족용 헬리콥터를 제조하는 일이 영영 가능하기나 할지 증명할 수 있는 공학자는 오늘날 아무도 없다. 해낼 수 있는지 증명할 수 없는 것은 정확하게 어떻게 해야 할지 알 길이 없기 때문이다. 그럼에도 불구하고 많은, 아마도 대부분의 엔지니어들은 가능하다고 자신 있게 예측할 수 있을 것이다. 현재의 연구 조사에 유망한 단서가 있고, 역사 전체가 이 방향을 향해 명백히 진행해온 것이다.

미래의 기술자들이 우리를 복구하고 회복시켜줄 수 있을지는 증명할 수 없는 문제다. 하지만 동시에 하나같이 설득력 있게 요점을 잡아볼 수는 있다. 간단하게 현대 의학과 생물학, 특히 복구와 회복에 관련이 있는 멋진 성취와 전망 몇 가지를 간단하게 평가해보자.

임상사 후의 소생

임상사 후, 즉 심박과 호흡이 멈춘 지 수십 분이 지나고 나서 되살아난 사람들이 많다는 사실은 아주 잘 알려져 있다. 그들 중 대부분은 심장 문제나 쇼크, 질식, 익사 등의 원인으로 죽었다. 그들은 인공호흡과 수혈, 심장 마사지, 약물이나 전류에 의한 자극 등 꽤 단순한 수단으로 부활했다.[1]

이 원시적인 시대에조차 어떤 일이 벌어질 수 있는지, 놀라운 예를 1962년에 차량 사고로 고통을 겪은 러시아의 유명 물리학자 레프 란다우Lev Davidovich Landau 교수에게서 볼 수 있다. 그는 두개골 골절에, 뇌 좌상, 심각한 쇼크, 갈비뼈 아홉 개 골절, 가슴 관통, 골반 골절, 방광 파열, 왼쪽 팔 불수, 오른쪽 팔과 양 다리 부분 불수, 호흡과 혈액순환 부전을 겪었다고 한다. 사고 후 14개월 동안 그는 네 번 죽었고, 네 번 소생했다. 1963년 봄 현재 그는 여전히 살아 있었고, 보기에는 상태가 호전되는 것 같았다.[2]

냉동고의 사람들(여러분과 나)은 대부분 질병이나 노령으로 죽게 될 것이다. 직접적인 사인은 대개 필수적인 장기가 부전을 일으켜서다. 미래 의학은 어쩌면 다음과 같은 과정으로 진행할 것이다. 우선 호흡과 혈액이 잘 순환되도록 복구한다. 다음으로는 가장 근접한 사인이 된, 결함 있는 장기를 고치거나 교체한다. 다음으로 심각한 질병은 모두 치유하고 다른 모든 긴급한 부분을 수선한다. 마지막으로 숨을 돌리고 나서는 전반적인 정밀 검사와 회복을 꾀한다.

첫 번째 단계에서 생물학적인 치료가 이루어지고 있는데, 생명의 복구와 뒷받침은 기계적인 장치, 일부는 지금부터도 이미 알려진 장비를 사용해야 할 것이다.

기계의 도움과 인공 기관

생물학적인 기능을 수행하기 위한 발명품 리스트는 현재로서도 이상적이다. 호흡을 놉기 위해서는 다양한 종류의 인공호흡 장치, 산소마스크, 여압실, 철제 호흡 보조기(철의 폐) 등이 있으며 결함 있는 심장을 위해서는 제대로 된 박자로 뛰게 해주는 전기 '페이스메이커'가 있다. 순환 시스템에 연결되어 심장이 제 할 일을 하도록 만들어주는 펌프들도 있다. 심지어는 피를 펌프질함과 더불어 공급하는 기계, 심장과 폐 양쪽에 모두 달 수 있는 기계까지 있다. 이것은 모두 이제 상식의 영역이 되었다.

조금 더 새로운 게 있다면 인공 장기의 사용이다. 예를 들어 워싱턴 대학교의 벨딩 H. 스크리브너 박사는 환자들에게 일주일에 한두 번씩 이 장치로 치료하는 것으로 알려져 있다. 장치를 통해 피를 흐르게 하는(동맥에서 빼내어 정맥에 다시 집어넣는) 것인데, 그로써 대개는 신장이 담당하는 노폐물이 제거된다. 단 몇 년 전만 해도 운이 좋아 성공적으로 신장 이식이나 받으면 모를까, 죽음에 처해질 운명의 환자들이 이제는 신장이 없어도 한없이 생을 이어나갈 수 있을 것처럼 보인다.[3]

페이스메이커 혹은 전자 자극 장치는 심장뿐만 아니라, (복부 수술 후에) 장이 마비가 되었거나 개의 경우에는 방광이 마비되었을 때도 사용한다.[4]

인공 장기에 대한 미래의 조망은 한층 더 인상적이다. 로체스터 대학교 생화학공학과 교수인 리 B. 러스테드 박사는 50년 내에 가령 심장, 신장, 위, 심지어는 간까지 전기로 조절하는 시스템이 내장된 야무진 인공 장기가 몸의 거의 모든 장기를 대체할 수 있으리라고 생각한다.[5] (기름지고 매운 음식에 무제한적으로 유린을 당하면서도 견뎌내며 궤양을 키울 생각은 꿈에도 하지 않는 인공 위를 상상해보라! 과음에도 끄떡없는 간을 상상해보라! 그 모든 은총과 마찬가지로 이 은총도 의심할 여지없이 장단점이 뒤섞인 것이다.)

인공 수족은 필수적인 장기들보다는 덜 중요하기는 해도, 만약 어마어마하게 진보한 팔과 다리가 필요하다면 상점에서 구할 수 있게 될 것이다. 모스크바에 있는 인공 장기 중앙과학연구재단의 러시아인들은 생각 조정기로 작동하는 인공 손을 만들었다고 벌써부터 주장하고 나서는 참이다! 팔에 묶인 금속 브라켓이 의지의 노력으로 생성되는 생체전위(전기 신경 충격)를 잡아낼 수 있게 되어 있다는 것이다. 다시 말해, 그들은 몸의 신경이 근육 대신에 금속을 조정하는 데 쓰인다고 주장하고 있다. 더 나아가 촉감을 느끼는 인공 손을 생산하기 위한 연구를 진행 중이라고 말한다.6

러시아로부터는 나중에 과장되었거나 시기상조였다고 드러난 센세이셔널한 발표가 많이 나왔었기 때문에, 이 경우에는 건전한 회의론을 견지하는 것이 옳겠다. 그럼에도 그들의 원칙은 타당하다. 언제가 됐든지 간에 하드웨어는 마련이 될 것이다. 기계 수족과 그 조종은 아직까지는 조잡하고 덩치가 커서 다루기 힘들고 비효율적이지만, 조종기와 동력 장치 모두에 대해 꾸준히 소형화가 이루어지고 있다. 소형화의 견지에서 볼 때는 동력 자원만이 꾸물거리며 뒤처져 있다. 조종을 위해 사용되는 초소형 컴퓨터가 앞으로 어떻게 발전할지에 대해 알아보려면, 그저 페르난데스-모란 박사가 했던 말만을 주의해 들어보면 된다. "현재로서는 …… 초소형화에 대한 진보된 테크닉은 분자적인 수준에서 정보 저장과 통합돼 전기 회로를 현실화하는 데 그 어느 때보다도 가까이 다가가고 있다."7 분자적인 단위에서 기능하는 연산 기계는 소형으로 압축된 면에서는 인간의 뇌에 필적한다고 할 만하다! 또 기계가 얼마나 작아질 수 있는지 이해해보려거든, 1961년에 지름이 0.06인치인 전기 모터를 만들어서 1,000달러의 상금을 타낸 한 젊은 엔지니어를 주목해보면 되겠다.[8]

인공 장기와 인공 수족은 자연적인 치료가 불가능하거나 대체물을 손에 넣을 수 없을 때 사용될 것이다. 그리고 더 먼 미래에는 너무나 효율성이 좋아져서 생물학적인 장기와 수족보다 더 선호되면서 사용될 것이다. 자연 장기와 사지를 고치고 대체하는 능력은 빠른 속도로 성장하고 있고, 아주 오랫동안 유력한 주제가 될 것이다.

이식

이식 혹은 몸의 어떤 장기라도 접붙이기를 일상적으로 하는 것은 아직까지는 불가능하다. '면역 반응'이 숙주가 되는 몸으로 하여금 '이물질'을 거부하도록 만들기 때문이다. 그러나 장 로스탕 박사 같은 선구적인 생물학자들은 이 장벽이 극복될 것이라고 자신한다.[9] 사실 이미 부분적으로는 극복이 되었고, 또한 실현에 필요한 외과 수술의 기술에서도 매우 인상적인 진보가 이루어져왔다.

매우 어려우면서도 활발한 분야 중 하나가 폐 이식이다. 최초의 성공적인 폐 재이식(같은 동물에게 들어가는)은 1951년에 어느 개에게서 떼어 낸 폐의 경우였다. 1963년에 S. L. 나이그로 박사와 동료들은 이 기술이 이제 완벽해졌으며, 개들은 폐를 이식한 것만으로 1

년 반을 더 생존했다고 보고했다.[10] 이 분야를 주도하는 학자이자 미시시피 대학에서 일하는 J. D. 하디는 1963년에 한 개에게서 허파를 떼어내 다른 개에게 이식하는 데 일시적으로 성공했다고 보고했다. 일부 경우에는 사용하기 전에 허파들을 냉각 저장고에서 2~6시간 동안 보관해놓기도 했다. 하지만 면역 시스템이 충분히 제압되지 않아 이식한 허파들은 결국 죽고 말았다.[11]

하디 박사는 또 1963년에 인간을 상대로 한 최초의 폐 이식을 했다고도 알려져 있다. 애연가인 쉰다섯 살의 남자가 오른쪽 폐의 감손과 더불어 왼쪽 폐에 암이 걸렸다. 기증자는 비슷한 나이였는데 사후 즉시 그의 폐를 떼어냈다. 수술 후에 이식받은 환자는 양호하게 지냈다고 한다.[12] 하지만 이 보고에서는 면역 반응을 억제하기 위해 새로운 방법을 썼는지, 혹은 그 성공이 일시적이지는 않았는지가 분명하게 나타나 있지 않다.

다른 주요 장기인 신장은 성공적으로 이식된 사례가 많다. 초창기에는 기증자가 환자의 쌍둥이가 아니고서야 성공 확률이 거의 없었다. 쌍둥이의 경우에 그들은 같은 유전적 유산을 공유하고 있고, 새 신장이 이를테면 암호를 알고 있는 셈이어서 거부 반응을 일으키지 않는다. 하지만 최근에는 면역 반응을 억제하기 위해서 특정한 약물과 엑스레이 처치를 사용해서 더 먼 친척이나 혹은 생판 남에게서도 성공적으로 이식을 받는 일이 많아졌다.

이외에도 다른 여러 예가 있다. 획기적인 것은 아니지만 최근 워싱턴 D. C.의 마이클로스 체레프팔비Miklos Cserepfalvi 박사가 했다는 치아 이식도 무척 흥미롭다. 그는 1956년 이래로 146개의 치아 이식을 행했고, 그중 140개가 영구적으로 기능을 하는 치아로 남았다. 그 이전에 했던 시도에서는 1년 이내에 새 치아가 거부되는 결과가 나왔다. 체레프팔비는 치아를 여덟 살에서 열두 살 사이에 치열 교정을 하는 아이들에게서 뽑았다. 그 치아들은 잇몸 전체를 통해 아직 다 나 있지가 않았고, 그 주변을 둘러싼 낭과 함께 완전하게 제거되었다. 체레프팔비는 다음과 같이 말했다. "오늘날 이 나라에 사는 사람들은 인조 치아를 하거나 치아가 빠진 채 살아갈 이유가 전혀 없다."[13]

전반적인 전망은 대체적으로 순조롭다. 1963년에 콜로라도 대학교의 로버트 브리튼 박사와 미네소타 대학교의 리처드 릴레하이 박사는 미국 의사학회가 주최한 한 컨벤션에서 단 몇 년 안에 중추신경계에 있는 것만을 제외하고 모든 인간의 기관을 성공적으로 이식할 수 있게 될 것이라고 말했다.[14]

비록 숙달에는 시간이 더 걸리겠지만, 중추신경계조차도 이 새로운 기술로서는 접근 불가능한 것이 아니다. 그리고 우리는 뇌에 대해 오직 복구에만 관심이 있는 것이지, 교체에 관심이 있는 것이 아니다. 당시 유고슬라비아의 연구가인 미라 파블로비치는 배아 단계 병아리의 뇌에서 상당한 부분을 다른 병아리에게 이식하는 데 성공했다. 이 대상들의 일부는 부화해서 길게는 두 달까지도 살았다.[15]

이미 제안을 했듯이, 이식을 위한 기관들은 냉동 보존 은행에서 곧잘 구할 수 있게 될 것이다. 릴레하이 박사는 블로크와 롱거빔 박사와 더불어 가까운 미래에 신장과 비장, 폐와 다른 기관들을 저장하기 위한 냉동이 가능하게 될 것을 기대하고 있다. 그들은 이미 기관들을 급속 냉동해서 드라이아이스 온도에 2주까지 보관했다가 극초단파 투열용법으로 급속히 해동해서 LMD(low molecular weight dextran, 저분자 덱스트런)라고 불리는 물질로 처치해 재이식한 적이 있다.[16]

하지만 이제 한 가지 질문이 떠오른다. 만약 모든 사람이 냉동이 된다면, 처분해야 할 시신들이 없을 것이다. 그럼 여분의 장기는 어디에서 나오겠는가? 다행스럽게도 답은 지척에 있다.

비교적 근접한 미래에, 그리고 역사의 어떤 특정한 지점에서 우리는 하등한 동물들로부터 기관을 가져다가 쓸 수 있게 될지도 모른다. 심지어 '이종식피異種植皮' 혹은 다른 종간에 이루어지는 이식의 경우에도 '면역 반응'을 억제하는 데 성공한 사례가 있었다.

1963년 12월 22일에 미국 전역에 걸쳐서 많은 신문이 제퍼슨 데이비스의 놀라운 사연을 기사로 다루었다. 그는 뉴올리언스의 항만 노동자로, 그의 병든 신장이 90파운드짜리 침팬지의 신장으로 대체된 것이었다. 이 역사적인 수술은 키스 림츠마를 수장으로 한 수술팀이 집도했다고 보도되었다. 수술 후 며칠이 지났을 때, 물론 예후는 확실하지 않았다고 해도, 이식된 신장들은 만족스럽게 기능을 하는 듯했다.

이 개척적인 노력이 완벽하게 성공을 거둘 가능성은 크지 않아 보인다. 외부 조직을 견뎌내기 위해 숙주의 몸을 구슬리는 수단은 지금으로서는 대체로 불완전하다. 약품 같은 것을 엄청난 양으로 투여해서 부작용이 심각해지는 위험을 감수하지 않고는 말이다. 방사선이나 현재 알려진 약물들은 그 자체로 독성을 지니고 있다. 더

군다나 그런 수단은 면역 반응을 억누름과 더불어, 감염과 싸워 물리치는 몸의 능력까지 억누르면서 합병증의 길을 열어놓고 만다. 그러나 과학자들이 정력적으로 연구를 밀어붙이고 있고, 하등 동물들이 신장, 심장, 간, 비장, 위 혹은 췌장 같은 기관의 대체물을 우리에게 공급해줄 수 있는 날까지는 많은 세월이 걸리지 않을지도 모른다.

기관 배양과 재생

더 먼 미래에 어디서 여분의 신체 기관이 나올 것인지에 대한 질문을 하자면, 단순하면서도 명확한 답이 있다. 바로 우리 자신으로부터 나온다는 것이다!

우리는 우리의 재생산 기관에서 생산되는 생식 세포(정자와 난자)가 유전적 정보 혹은 설계도를 담은 염색체를 포함하고 있다는 사실을 알고 있다. 그리고 생식 세포는 다른 성의 생식 세포와 결합을 하고 나서는 완벽하게 인간으로서 발전할 수 있게 된다는 사실도 안다. 비전문가들 사이에서는 정자나 난자 어느 한쪽만으로도 사람으로 발전할 수 있다고 여겨지기도 한다. 거의 이루어지지 않는 일이기는 하지만 말이다.[17] 그런 데다가 역시 염색체를 담고 있는 보통의 몸이나 체세포가 잠재적으로 '전능성全能性'을 품고 있을지도 모른다는 가능성도 있다. 비록 차별화되고 특수화된다고 해도, 그 전능성의 발전은 뒤집어보고 일반화시켜볼 가능성이 있다. 그리고 사실 그런 경우는 실제로 일어난 적이 있다. 보통의 체세포(생명의 더 하등한 형태 안에 있는)가 생식 세포의 자리를 차지하고 완벽한 한 개체로 성장을 이끌었던 것이다.[18]

그렇다면 가능성은 명백하다. 성장과 발전을 인도하는 것이 무엇인지 충분하게 알게 되자마자, 생식 세포 혹은 평범한 체세포, 심지어 피부로부터 나온 체세포조차 소생한 사람의 몸에서 떼어서 그로부터 자라나고 꼭 완벽한 개체까지는 아니라고 해도 복구에 필요한 기관이나 기관들로라도 자라게 할 수 있다는 가능성이다. 이식을 할 때 면역 반응을 억누르는 것이 반드시 필요한 일은 아니게 될 것이다. 왜냐하면 자기 자신의 조직을 쓰면 되기 때문이다. 즉 동종 이식homograft에 의한 것이 아니라 자가 이식autograft이 되리라는 뜻이다. 예를 들어 당신은 원래의 것과 정확하게 똑같은 당신 자신의 새로운 심장을 얻을 수 있다. 더군다나 젊고 강하며, 100년을 더 충실하게 봉사할 준비가 된 심장 말이다.

이런 날이 도래하리라고 정말로 확신할 수 있을까? 이것은 성장과 발육에 관해서 너무 복잡하게 꼬이고 어려운 예측인 것은 아닌가? 평소대로 답은 이 문제가 과연 복잡하기는 하나 전문가들 사이에는 상당히 낙관적 전망이 자리 잡고 있고 일각에서는 이미 성공적인 출발도 보이고 있다는 점이다.

시험관이나 다른 인공적인 환경에서 세포를 성장시키는 조직 배양은 물론 이제 더 이상 신기한 사건이 아니다. 저 유명한 카렐 박사는 "병아리 배아 세포들을 이 방식으로 배아가 자라나서 닭이 되기까지의 수명보다 훨씬 긴 시간인 30년 이상 보존했다. …… 이 세포들의 계통이 카렐의 '불멸의' 계통이라고 불리게 된 이유는 당연하다. 그것은 제2차 세계대전 중에 방치되어 죽었다."[19] 동물의 몸 바깥으로 꺼낸 장기들도 여러 시간대에 걸쳐 보존된 적이 있었으니, 시험관에서 자라는 장기들은 굳이 멀리까지 상상력을 뻗쳐볼 필요도 없지 않은가.

록펠러재단 의학 연구소의 필립 시케비츠 박사는 약간은 다른 의미로 다음과 같이 말했다. "만일 우리 생애에서 일상적으로, 때로는 특별하게, 몸이 성장을 조절하는 시기를 우리 자신이 정하게 되는 날이 온다고 해도 그리 놀라운 일은 아니다. 그리고 안다는 것은 곧 영향력을 발휘한다는 것이다."[20]

우리는 영구적인 냉동고 안에서, 만약 필요하다면 수백, 수천 년 동안이라도 기다릴 수 있다. 하지만 충분히 모든 것을 통제할 수준에 이르는 기간은 그리 멀지 않았을 수도 있다. 이론적으로 완벽한 이해에 기반을 둘 필요도 없을뿐더러, 경험적으로 확장해 생각해보면 될 일일 수도 있다. 예를 들어 기발한 추측에 기대어 행한 실험들이 있는데, 특정 단계에서 배아 피부에 비타민 A 처치를 했더니 탱탱해지더라는 것이다. 반면에 비타민 A를 투여하지 않았을 경우에는 평범한 수준의 피부를 형성했다고 한다.[21] 또 다른 매혹적인 뉴스거리는 친칠라(chinchilla, 다람쥐과에 속하는 작은 짐승) 번식에서 단순한 환경 변화만으로 재생산과 발육에 영향을 미칠 수 있다는 것이다. 평범한 형광등 불빛 아래서 번식된 개체들은 모두 수컷을 낳았다. 푸르스름한 주광 형광등 불빛 아래서는 거의 모든 새끼가 암컷이었다. 주간의 자연광 아래서는 수컷, 암컷의 수가 똑같았다.[22] 이 특별한 실험에는 회의론이 따라 붙기는 하지만, 누가 또 알겠는가?

지금까지 조직의 작은 조각이나 단 하나의 세포에서부터 시작해서 그것을 몸에 심는 것, 실험실에서 장기를 키우는 것에 관한 내용을 다루었다. 하지만 이것은 단지 가능성에 그치지 않는다. 몸의 일부분은 본래처럼 다시 자랄 수 있을지도 모른다.

장기 재생에 대해서는 하등 동물들이 전도유망한 출발선을 끊었다. 코넬 대학교의 마커스 싱어 교수는 신경 조직을 조작하는 것으로 다 자란 개구리들의 절단한 다리를 다시 자라게 만들었다. 보통은 개구리의 잘린 다리는 다시 자랄 수가 없다. 싱어 박사는 말한다. "현재로서는 해낼 수 없지만 인간도 언젠가는 조직과 장기를 다시 자라게 할 수 있으리라는 가능성은 실용적으로 흥미로운 점이 분명히 있다."[23]

성인 인간은 많은 조직을(비록 사실상 장기는 아무것도 없지만) 재생할 수 있다. 피부가 그 하나다. 놀랍기도 하고 희망적이기도 한 또 다른 하나는 신경 조직, 적어도 특정한 종류의 신경 조직의 재생이다. 1962년 화물 열차 사고로 오른팔 어깨 아래 부분을 잘라냈던 소년의 유명한 사례가 있다. 매사추세츠 종합병원의 로널드 몰트 박사와 동료들이 접합 수술을 시행했고, 소년의 팔에 신경 세포가 되돌아왔다. 1963년 봄 기준으로 완치는 아니었지만, 세포들은 한 달에 약 1인치씩의 비율로 성장하고 있음을 보여주고 있다.[24]

인간의 신경 절단을 복구하기 위해 뉴욕 대학교에서 진행한 진취적인 실험도 있다. 고인이 된 기증자들에게서 빼낸 신경 이식체가 이 실험에 사용되었다. 면역 반응을 최소화하기 위해 이 이식체들에 방사선을 쪼기도 했다. 이식물 자체는 가장 긴 것이 3년까지 기능을 하면서, 근육 기능과 감각을 재건해주었다고 한다. 결국 이식된 신경은 죽고 말았지만, 그 와중에 새로운 신경 섬유가 재생되면서 이식된 신경의 자리를 점차적으로 대체했다.[25]

그렇게 번뜩이는 출발과 더불어, 활기찬 연구 속도, 전문가들의 낙관적인 전망 등은 언젠가는 뇌까지도 고칠 수 있을 것이라는 기대가 과하지 않다는 것을 보여준다. 비록 원래 뇌에 기억과 개성을 보존할 만큼 충분한 부분이 반드시 남아 있어야 하기는 하지만 말이다.

그렇다면 추호의 의심도 없이 일어날 일은 실험실에서 배양하든, 몸에서 점진적으로 재생이 이루어지든 간에, 한층 긴급한 복구는 소생할 사람이 여전히 의식이 없는 동안에 이루어지리라는 점이다. 이 일이 이루어지고 난 다음에야 냉동 인간은 되살아나게 될 것이다. 죽기 전보다 한층 좋아진 건강 상태로 말이다. 하지만 그 사람은 여전히 노화된 상태일 것이다.

노화 치료하기

이제까지의 논의에서는 알려진 성과를 단단한 기반으로 삼아서 추론을 해왔다. 하지만 노화를 치료하거나 개선할 수 있는 것이라고 주장할 때는, 앞선 논의보다는 좀 더 불안정한 토대 위에 서 있는 셈이라고 할 수 있다. 어쨌거나 영아 사망률 감소와 질병 정복에 기반을 둔 통계적인 성공을 제외하고는, 지금까지 노화를 막거나 인간의 수명을 연장하는 데 획기적인 성공을 거두지 못한 것처럼 보이기 때문이다.

그럼에도 전문가의 의견이 다시 희망의 발판을 제공해준다. 비유를 해보자면, 가족용 헬리콥터에 대한 예측과 성간 우주선에 대한 예측을 비교해볼 수 있겠다. 헬리콥터 예측은 보수적이다. 헬리콥터는 이미 존재하는 물건이다. 헬리콥터가 더 안전하고, 더 저렴해지는 날이 올 것이라고 예언하는 데는 과감함이 필요하지 않다. 반면에 항성간 우주선은 만들어진 적이 없다. 설령 그렇다고 해도 성간 여행이 불가능하리라는 법은 없다. 만약 필요하다면 화학 연료와 현재까지 알려진 기술로도 달성할 수 있는 일이다. 만약 우리에게 한없는 인내심과 충분한 자금이 있다면, 지난날의 발견에 광을 내는 작업과 더불어 새로운 발견에도 의지할 수 있다는 것을 아는 인내심을 가진다면 달성할 수 있다. 성간 여행은 이론적으로는 전적으로 가능하며, 실제적인 난관은 의심할 여지도 없이 극복될 것이다. 생물학적인 불멸도 그와 꼭 마찬가지다.

억지스러운 점이 없지는 않지만, 뉴스에서 때때로 튀어 오르듯이 일종의 '젊음의 영약' 같은 것의 효과를 입어서 수명 연장 혹은 영구적인 생명을 생각해보지 못할 일은 아니다. 1963년에 스위스의 폴 니한스 박사는 사산된 양의 세포로 만든 장액으로 부유한 노 환자를 치료했다고 한다. 한 번 투여에 13,000달러가 드는 치료였다.[26]

가능한 '젊음의 영약'에 대해서는 다른 보고가 많이 있다. 일부는 여전히 조사가 진행 중이다. 예를 들면 1963년에 미국 국립의학협회는 티록신thyroxine으로 노인들의 활기가 회복되었다는 범상치 않은 결과를 접하였다. 티록신은 갑상선 호르몬을 말한다. 그 티록신이 순환계, 신경계, 소화계를 비롯하여 몸의 모든 시스템에 이로운 영향을 끼쳤다는 것이다. 이 연구는 환자 치료의 경험이 풍부한 매사추세츠 주 케임브리지 시의 찰스 A. 브러시 박사와 뉴욕 도관연구재단의 머레이 이스라엘 박사가 주도했다고 알려져 있다. 그들은 심지어는 비교적 다량을 투여해도 해로운 부작용은 없었으며, 설령 평범한 테스트(기초 대사와 단백 결합 요오드)에서 갑상선 기능이 정상이라고 나온다고 해도 나이가 많은 경우에는 신진대사에 가외의 자극이 필요하다고 주장했다(《디트로이트 프리 프레스》, 1963년 8월 20일자에서 예를 보라).

놀랄 만한 보고가 또 있는데, 뉴욕 브루클린 감리교 병원의 산부인과 의사인 로버트 A. 윌슨으로부터 1963년 9월에 나온 것이다. 그는 수백 명의 환자를 치료하고 보니, 특별한 식단과 비타민, 미네랄, 운동을 통해 여자의 두 가지 성호르몬(에스트로겐과 프로게스테론)을 적절하게 증대하고 보충시켜주면 나이 많은 여성에게 크게 이롭다고 말한 것으로 알려져 있다. 이로웠다는 것은 다음과 같다. 폐경기의 부가적 영향이 제거되고, 심장 질환과 아테롬성 동맥경화증이 감소된다. 또한 유방과 생식기의 암이 발생할 확률이 거의 없어지며, 살결과 혈색이 좋아지고, 뼈가 약해져 부서지기 쉬울 만큼 골다공증이 악화되지도 않는다.

어떤 벌레들에는 '유충 호르몬juvenile hormone'이라는 호르몬이 특정하게 있어서, 그것을 주사하면 무한하게 젊음을 유지할 수 있다는 이야기도 있다. 비록 포유류에서는 그런 종류의 호르몬은 발견된 것이 아무것도 없지만, 생각해보면 없으리라는 법도 없다.

발전은 이론과 경험이 뒤섞인 기반 위에서 서서히 다가올 가능성이 막대하게 높다. 이론은 조심스럽게 이제 막 펼쳐지려는 참이다. 왜냐하면 지금까지로서는 이론적으로나 실험적으로나 거의 접근이 불가능한 막연하고 작은 규모의 현상에 토대를 두고 있기 때문이다.

전자현미경, 디지털 컴퓨터, 양자화학의 공식, 실험적이고 이론적인 도구들 덕분에 이제는 세포보다 미세한 수준에 대한 연구와 생명 과정의 내부적 작동에 대한 조사도 할 수 있게 되었다. 생화학과 생물리학은 온갖 방향(내가 생각하기에는 후퇴하는 방향으로도 말이다)으로 난폭하게 돌진하고 있다.

B. L. 발리와 E. C. 왜커 박사는 최근에 발표한 논문에서 이렇게 주장했다. "세포 생물학에 대해 느닷없이 폭발 중인 분자생물학은 (한 세대 전에 원자물리학에 대해서 핵물리학이 그랬던 것처럼) 10년 전이라면 실험적으로 불가능하다고 생각되었던 것의 해결책, 즉 삶의 과정에서는 병에 걸리는 게 당연하다는 문제에 대한 해결책에 원대한 도전과 희망을 가져다주었다."[27]

초미세한 작업이 어떻게 진행되고 있는지 알아보려면, 페르난데스-모란이 최근에 쓴 논문에서 한 단편을 인용해볼 수 있다. "조절된 생산과 수분을 공급한 생물학적 시스템에서 미리 선별한 고분자 시역에 대한 직접적인 관찰을 가능하게 해주는 강력한 도구로서 이제 전자현미경을 사용할 수 있게 되었다. …… 강화된 콘트라스트와 6에서 8Å에 이르는 고해상도로 바이러스 입자, 리보솜, 고립된 세포의 구성 요소를 직접적으로 연구하면서 달성되는 일이다."[28] Å를 약어로 하는 옹스트롬Angstrom 단위는 1천만 분의 1 밀리미터다. 그러저러한 기술을 사용하면서, 페르난데스-모란 박사는 지름이 80~100Å밖에 되지 않는 소립자를 발견했다. 그는 그것을 미토콘드리아 기능의 궁극적인 단위로 생각했다. 미토콘드리아란 세포질이나 세포의 바깥 부분에 위치한 작디작은 미립체를 뜻한다.[29]

노화의 구체적인 문제와 관련해서는 의미 있는 연구가 많이 이루어졌다. 보스턴 대학교 의학대학원의 생화학과 학과장인 F. M. 시넥스 박사는 다음과 같이 말할 만큼 알아냈다. "생화학과 생물학이 현재 이룬 발전에 기대어 질문해볼 수 있다. '우리는 왜 늙는가?'라는 질문은 가까운 미래에 답이 나올지도 모른다. …… 예방책이 가능하다고 가정하는 노화에 대한 가설도 있다."[30]

예방 다음의 단계는 치료다. 하물며 늙은 뇌 속에 더 이상 노화가 일어나는 것을 방지하는 것만으로도 충분히 좋지 않은지 지적해볼 수 있다. 우리 대부분은 육체적 사망이 다가왔을 때 정신적인 능력은 여전히 상당히 좋은 상태에 있다. 하지만 모든 가능성을 보아도, 뇌와 몸의 노화 과정은 뒤집을 수 있다고 판명이 날 것이다.

생물학적인 노화의 원인과 관련해서는 많은 이론이 있는데, 그중 몇 가지를 살펴보려고 한다. 그저 이것저것 늘어놓으면서, 체계적으로 정리하려는 시도는 하지 않겠다.

노화와 관련해서 보통 가장 주요하거나 부차적인 사인은 아테롬성 동맥경화다. 이는 종종 '동맥이 굳는 것'이라고 간주되며, 배관

파이프에 불순물이 부착되고 녹스는 것으로 비교되는 현상이다. 근년에는 동맥경화증의 증가가 식단에 포화지방이 과잉 유입되기 때문이 아닌가 하는 의구심이 일고 있다. 지방은 피에 콜레스테롤이 나타나게 한다. 하지만 대다수의 과학자들은 이 견해를 더 이상 견지하지 않는 것처럼 보인다.[31]

사실 위험한 것은 불포화지방일지도 모른다는 점을 눈여겨보면 아주 흥미롭다. 미국 국립심장재단의 버나드 L. 스트렐러 박사에 따르면 이렇다. "불포화지방은 교차 반응(두 가지 항원抗原이 각각의 항혈청抗血淸과 서로 반응하는 것.-옮긴이)과 연관에 취약하다. 그것은 페인트와 바니시 업계에서라면 유용하기 그지없을 사실이지만, 장기적으로 볼 때 생물학적 시스템에는 매우 해롭다. 다양한 세포 속의 구조에 바니시가 점진적으로 층층이 축적된다는 것은 유쾌하지 않은 장면이다. 일본 사람들에게서 심장 리포푸신(lipofuscin, 심근에 생리적으로 존재하는 황갈색 색소)의 축적 비율이 더 높음을 관찰할 수 있다. 불포화지방을 많이 섭취하게 되는 일본의 식단은 시사하는 바가 있다."[32]

비교적 오래된 이론이 또 있는데, 노화가 방사능이나 다른 원인으로 생긴 체강벽 변이의 결과라는 것이다. 우주선cosmic rays이나 다른 자연 방사능(아니면 핵무기 낙진)에 의해 체세포의 유전적 구조 안에 때때로 변화가 일어난다는 얘기다. 변이 혹은 변화는 거의 언제나 더 나쁜 쪽으로 진행되기 때문에 결함 있는 세포 양의 비율은 증가한다. 이 이론은 일부 매력적인 구석이 있다. 특히 방사능에 크게 노출된 동물들이 노화 가속화의 증상을 보이는 사실을 보면 말이다. 그럼에도 뮐러[33]와 다른 사람들이 이 이론에 대해서는 실컷 박살을 내주었다.

현재 주목을 받을 만한 이론 중 하나가 시넥스 박사의 것인 듯싶다. 박사는 노화가 콜라겐 안에 있는 단백질의 교체 불가능한 분자들이 변하거나 파손되는 것과 관련이 있다고 생각했다. 단백질 분자는 결합 조직의 주요한 유기체적 구성 요소다. 많은 사람이 견지하는 개념과는 반대로, 우리 몸의 모든 재료가 끊임없이 대체되고 갱신된다는 것은 사실이 아니다. 세포에 대해서도 사실이 아니고, 분자에 대해서도 사실이 아니다. 뇌에서는 같은 세포들이 일생을 통해 계속 지속되는 것이고, 적어도 쥐들의 경우에는 콜라겐은 같은 분자들이 일생을 통해 지속된다. 혹은 제한된 교체만을 누릴 수 있다. 만약 이 세포와 분자들이 화학적, 기계적, 혹은 열에 의한 사고로 손상을 입으면, 내리막길이다.[34]

다른 의견은 나이가 듦에 따라 '자가 면역 반응'이 일어난다는 것이다. 대략적으로 설명하자면, 우리가 우리 스스로를 더 이상 지탱하지 못한다는 뜻이다. 의견은 또 있는데, 몸의 다양한 하부 조직이 온전하게 회복할 능력을 잃어버리는 일이 때때로 생긴다는 것이다. 이해하기 쉽게 말하자면 그러한 모든 부분이 공을 땅에 튀기었을 때 두 번째, 세 번째 튀는 공은 이전만 못한 높이로 튀어 오르며 결국에는 튀어 오르지 않게 되는 이치와 같다는 것이다.

핵심적인 문제에 대해서는 알게 된 것이 많고, 전망 밝은 질문이 많이 줄을 잇고 있는 중이다. 조지프 W. 스틸 박사가 "의학적 경험을 통해, 화학적인 문제에 대해 완전하게 이해를 하면 화학적인 문제를 조종하고 바꾸거나 수정할 수 있음을 알게 되었다. 이러한 이유로, 우리는 '우리가 영원히 살 수 없다'는 가정에 대해서도 회의를 품을 수 있다!"고 말했듯이 말이다.[35]

노인학 전문가인 스트렐러 박사는 노화를 무력화시킬 실제적인 가능성에 대해서는 비관적(상대적으로 따져서 가까운 미래에 대해서는)이지만, 다음과 같이 단언했다. "내재적인 모순, 세포 혹은 후생동물(인간을 포함한 다세포 동물)의 타고난 영역은 나로서는 없는 것처럼 보인다. 즉 영구적으로 기능하고 자가 공급하는 개별체를 저지할 만한 절대적인 것은 없는 것 같다는 말이다."[36]

더 나은 이론이 알려진 게 없다면, 회춘의 억지 기법을 사용해볼 수 있다. 즉 실험실에서 뇌세포를 배양하고, 뇌세포에 적절한 정보를 '입력시키고', 그러고는 노화된 세포를 외과 수술로 교체한다는 것이다. 물론 이 과정은 시간을 두고 점진적으로 이루어져야 할 것이며, 심지어 그런 경우에도 까다로운 철학적 문제가 부상할 수 있다. 이 문제에 관해서는 다음의 한 장에서 다루도록 하겠다. 이 문제는 확장시켜 다룰 만한 가치가 있기 때문이다.

그러나 다시, 모든 공산을 따져볼 때 억지 기법은 필요하지 않을 것이다. 좀 더 우아한 방법이 거의 확실하게 발견될 테니까 말이다. 우리가 그 과정에서 너무 심하게 허송세월만 하지 않으면 그렇다.

최근 《뉴잉글랜드 의학저널New England Journal of Medicine》에 실린 기사에 웃자고 쓴 다음과 같은 말이 있다. "만약 나이만이 퇴화로 인한 필멸의 궁극적인 원인이라고 공표가 된다면, 어마어마한 연방정부의 보조금을 받으며 노화를 철폐하려는 협회들이 의심할 나위도 없이 결성될 것이다."[37] 우스갯소리 중에 진실인 말이 꽤 있다. 자금이 주로 공적인 것이 될지, 사비가 될지 확신할 수는 없어도, 어쨌거나 그것이 바로 정확하게 앞으로 일어날 일이다. 스트렐러 박사는 미국 국립 노인학 재단 같은 단체와 함께 노화의 생물학적 문제에 대한 장기적인 연구 프로그램 등을 후원해야 한다고 이미 탄원했다.[38]

이런 흐름에 대해서 심각한 문제는 있을 수 없다. 소생자로서 여러분과 나는 여전히 늙은 상태에서 깨어날 수는 있겠지만, 오랜 시간이 흐르기 전에 활기차게 뛰어다닐 수 있을 것이다.

4

현재의
선택

고작 인간의 몸에 담겨 단 한 세기 정도를 사는 것이 시작이겠지만, 그것은 당신이 될 수 있는 초인 혹은 강력하게 강화된 불멸의 인간과 비교해보면 아무것도 아니다. "냉동 후에는 마음을 바꿀 수 있지만, 땅에 묻히고 나서는 바꿀 수 없다." 법적인 문서와 사전 조치, 생명보험 정책을 통해 당신과 당신이 사랑하는 사람들이 법적인 죽음에 임해 냉동으로 동면에 들어가도록 준비해 놓는 것이 좋으리라.

4
현재의 선택

전체적으로 보아 냉동 보존 프로그램과 관련해서 세 가지 커다란 질문을 다루어볼 수 있다. 첫째는 냉동 보존 프로그램은 기술적으로 견실한가, 그래서 냉동 인간이 다시 소생하고 젊어질 가능성이 충분히 있는가에 대한 질문이고, 둘째는 현실적인 수준에서 실현 가능한지, 극복할 수 없는 새로운 문제를 일으키지는 않을 것인지에 대한 질문이다. 그리고 세 번째는 개인과 사회 양쪽에 다 바람직한가에 대한 질문이다.

이 문제들은 어떤 면에서는 얽히고설켜 있다. 사실 너무나도 얽히고 꼬여서 완벽하게 논리적인 순서로 제시할 방법이 없다. 왜냐하면 거의 모든 단계에서 논증은 전에 이루어진 일뿐만 아니라 아직 이루어지지 않은 일에도 연결되어 있고, 그림이 아주 분명한 초점을 갖추지 못할 수도 있기 때문이다. 그러나 끝을 맺기 위해서는 반드시 시작을 해야 한다. 그리고 이야기를 차근차근 가지런히 정리해야 한다. 훗날이 되었을 때, 우리는 커뮤니케이션에 대해서 더 나은 방법을 분명히 익히게 될 것이다.

이제까지는 주로 첫 번째 질문에 대해 다루었다. 이후의 장들에서는 주로 나머지 두 개의 질문을 고려하겠다. 현재의 단계에서, 이 모든 질문에 대해 다소 단언적인 답을 가정해주실 것을 독자들에게 부탁드린다. 그리고 이러한 토대에서 지금 실현시킬 만한 기회가 독자 개인으로서 제시받는 의무를 고려해보려고 한다.

현재로서 우리 자신을 위한 기회를 늘리려면, 할 수 있는 일은 무엇일까? 죽어가는 가족에게 어떤 방법으로 최선의 기회를 줄 것인가? 우리에게 발전된 준비가 없고 자원은 한정되어 있는데 가족이 죽는다면, 무슨 일을 할 수 있을까? 도의적으로 볼 때 우리는 어느 정도까지 노력을 해야만 할까?

낙관주의의 한계

세부적으로 들어가기 전에 뒤로 멀찌감치 물러서서 가장 넓은 윤곽을 살펴보자. 낙관주의를 가장 끝까지 밀어붙인 한계가 두 가지 질문에 기대고 있음을 알게 된다. (1)어떤 환경아래서 개인의 본질 혹은 정체성(그런 게 정말 있기라도 한다면)이 절대적이고 영원히 사라질 것인가? (2)인류는 기술적인 발전과 우주를 조작하는 능력에 대해 어떤 한계(만약 있기라도 한다면)와 마주치게 될 것인가?

첫 번째 질문에 대해 절대 불굴의 낙관적 답변을 하자면 다음과 같다. 결정론적인 우주에서는 어떤 정보라고 해도 회수할 수 없을 만큼 사라지는 법은 없다는 것이다. 왜냐하면 모든 미세한 역사는 현재에 내재되어 있기 때문이다. 그리하여 과거와 현재 행성들의 위치를 현재의 시점에서 계산해낼 수 있는 것과 마찬가지로, 원칙적으로는 인간의 목숨과 기억, 성격의 가장 사소한 세부까지도 전부 찾아내는 일은 언제가 되었든지 가능하다. 기술적 수완이 아주 훌륭한 수준에 도달한다면 말이다. 적어도 우주가 넓이 면에서 유한할 것이라는 가능성을 무시하고, 또 '사라지는 은하수들'과 함께 팽창 우주론이 강제하는 한계를 무시하고 본다면 사실인 듯 보인다.

그리하여 결정론자는 적어도 원칙적으로는 문명이 한껏 진보하면 세상을 살았던 사람에 대해 필요한 정보를 필요한 만큼 추론해낼 수 있다고 믿는다. 그리고 그 사람의 원래 원자가 됐든지, 대체물이 됐든지 간에 취합한 후에 그를 복원을 할 것인지, 복제를 할 것인지 알아낼 수 있다는 것이다. 중간 단계 되는 경우로서, 이집트 미라는 다시 소생시킬 수 있다(관련된 '철학적인' 문제의 일부는 후에 한 장을 할애해 논의하겠다).

물론 만장일치는 아니지만 현재 물리학자들 사이에 합의가 된 점에 따르면, 우주가 아주 완전하게 결정론적인 것은 아니며, 과거든, 현재든, 미래이든, 우주에서 벌어지는 일의 윤곽은 일반적으로 받아들인다는 의미에서는 항상 다소 흐릿한 채로 남아 있을 수밖에 없다. 또 개개의 원자에는 영구적인 정체성은 없다는 것도 합의된 부분이다. 이러한 관점에서는 정확성이라는 측면에서 실용적인 한계와 더불어 이론적인 한계가 발생하게 된다. 한 인간에 대한 추론과 그 사람을 재건하거나 복제할 수 있는 데로 이끌어주는 정확성에 문제가 생긴다는 뜻이다. 그러나 이 한계가 정말로는 무엇인지에 대해서 현재로서는 알려져 있지 않다. 왜냐하면 우리는 미생물학에 관해서는 아는 것이 아직 충분하지 않기 때문이다.

두 번째 질문에 대해서는 원칙적으로 가능한 발전 중에 얼마만큼이 현실에서 실현될 것인지 아무도 장담을 할 수가 없다. 만약 어떤 시신이 본질적으로 무제한적인 시간 동안 분발하여 어떤 흠도 없이 냉동고에 누워 있을 수 있다면, 우리는 미래가 가지게 될 능력에 대해서 임의적인 한계를 지을 수 없게 된다. 그러나 다음 몇 세기 정도에 대해서는 우리의 추측과 명확한 기술적인 발전이 이미 가리키고 있는 방향에 한계를 두는 편이 더 좋겠다.

자신의 견본 보존하기

전신 냉동에서 손상을 전혀 입히지 않는 방법이 알려지기 전, 냉동 보존술의 초반기에 우리가 죽었을 경우, 신체의 손상을 줄일 방법이 한 가지 있다. 그것은 건강할 때 우리 몸의 작은 조각들을 수술로 떼어내어 보호 화학 물질 투여하여 저온에 저장하는 것이다. 이렇게 더 잘 보존된 샘플은 손상당한 몸을 고치는 데 쓰기 위해서 미래의 기술자들이 배양을 통해 확대시킬 수 있다.

만약 필요하다면 냉동된 몸 자체에서 견본을 뽑아 배양하는 것에 관해서는 앞장에서 말했거니와, 이 일은 의심할 여지도 없이 가능하다. 왜냐하면 세포들 중 일정한 비율이 알맞게 좋은 상태에 있을 가능성이 높기 때문이다. 더불어 미리 앞서 건강한 몸의 샘플을 따로 모아 얼려둔다면 안전장치에 여분이 추가된다.

미래에는 조직이나 장기 등 필요한 것은 무엇이든지 생식 세포에서 발전시킬 가능성이 분명히 있다. 그리고 머지않아 모든 성인들이 냉동 저장 은행에 세포를 맡겨두는 것이 통상적인 일이 될 것이다. 그러한 세포 저장 은행은 이미 존재하고 있는 정자 은행의 절차처럼 조금만 더 연구가 진행된다면 여자에게도 가능한 비슷한 절차를 마련할 수 있다.[1]

진보된 생물학적 기술은 사실 단 하나의 체세포로부터도 어떤 종류의 조직이나 장기도 생성시킬 수 있어야 마땅하다. 세포는 살갖에서 단 한 번 긁어낸 것만으로도 충분할 수 있다. 다른 한편으로, 역사의 어떤 단계에 이르면 몸의 많은 기관으로부터 많은 종류의 조직 샘플을 보유해두는 것이 유용할 수 있다.

뇌의 많은 지역에서 아주 작은 샘플을 뽑아놓는 일 역시 바람직하다. 물론 어디에서 뽑은 것인지 되도록 정확하게 기록을 해두어야 한다. 앞에서도 언급을 했듯이, 기억의 자취는 뇌의 다양한 영역에서 증식하면서 복제된다고 사람들은 생각한다. 그러므로 많은 부분으로 이루어진 기억의 모든 부분은 뇌에도 남겨질 수 있고 동시에 별도의 샘플 금고에 저장될 수도 있다. 기억의 상당한 수가 이 방법으로 보호를 받을 수 있는지는 다양한 견해가 있을 수 있다.

절차는 해롭지 않은 듯 보인다. 왜냐하면 뇌의 다양한 영역에서 아주 작은 견본을 채취한다고 해서 손상을 입는 일은 대체적으로 없기 때문이다. 예를 들어 홀데인Haldane은 래슐리Lashley의 작업을 거론하면서 말했다. "쥐는 대뇌피질의 폭넓은 부분을 제거하자 미로를 통과하는 법을 배울 능력이 없어진 반면에, 어느 부분이든 작은 영역에 이와 같은 규모로 가한 손상은 거의, 혹은 전혀 영향을 미치지 않았다. 인간 뇌의 부상에 관한 사실도 비슷한 결론을 배출한다."[2] 바꾸어 말하면, 우리는 일간지가 쏟아내는 헤드라인에도 불구하고 필요한 것보다 머리가 더 좋다.

하지만 이러한 시대가 확실히 올 것인지도 명확하지 않을뿐더러 이런 조치가 전면적으로 적용될 날이 곧 다가올 것이 아님은 뻔하다. 뇌 전문 외과의도 충분하지 않고 뇌수술을 받고 싶어 안달난 사람들도 없다.

절충안으로서, 가까운 미래에는 어떤 외과적 시술이든 도중에 은행에 보관하기 위한 용도로 여기에서 조금, 저기에서 조금씩 떼어내는 일이 관행화될지도 모른다. 유사한 방법으로, 희귀 혈액형을 가진 사람들을 위해 응급 상황에 사용하기 위한 냉동 은행은 이미 유용해졌다.

정보 보존하기

우리는 보통 몸에 관한 정보가 몸 안에 보존되는 것으로 생각한다. 하지만 그것만이 유일한 가능성은 아니다. 평범한 문자 기록, 사진,

CD 등도 냉동된 뇌에서 없어지거나 손상된 부분을 채울 만한 충분한 단서를 줄 수 있다는 것도 생각해봄직하다.

기억을 코드화하는 뇌의 방법을 철저하게 이해하고, 신경 조직으로부터 메시지를 직접 '읽어낼' 수 있게 되고, 신경 조직에 읽힐 수 있게 되면 그날은 확실히 올 것이다. 그 상관관계가 단순하거나, 혹은 심지어 모든 뇌마다 정확하게 같을 가능성은 거의 없다. 그럼에도 그 얼린 것에 정보의 어떤 항목이 있다는 것을 앎으로써 뇌의 특정 부분과 뇌의 세포와 분자들의 성격에 관해 유용한 결론을 추론해낼 수 있을지도 모른다.

이와 비슷하게, 그 사람이 무엇을 했는지에 관한 세부적 정보도 미래의 진보된 생리학적 심리학자들이 그가 어떤 사람이었는지에 대한 중요한 추론을 이끌어내는 데 도움이 될 것이다. 뇌 구조 안의 틈을 채울 기회를 한 번 더 제공해주는 것이다.

그에 뒤따라서 우리는 우리가 살면서 보고, 듣고, 느끼고, 생각하고, 말하고, 쓰고 했던 것과 관련해서 다양한 데이터를 얻고 보존하기 위해 상당한 노력을 기울여야 한다. 이 과정은 아마도 종합적인 심리학 테스트를 포함해야 할 것이다. 뇌 촬영도 역시 유용하겠다.

다른 어떤 문제와도 마찬가지로, 이 개념 역시 너무 멀리까지 나갈 수도 있다. 이런 식의 추론을 극단까지 밀고 나가면, 유전적 내용물을 얻기 위해 몸에서 단 한 개의 세포만을 보존하면 되지 않겠느냐고 생각할 수 있다. 단 하나의 세포에서부터 그 사람이 다시 자라고, 그 기록으로부터 원래의 성격과 기억이 복원되고, 적어도 조잡하게라도 이식될 수 있다는 것이다. 그러나 이런 식의 논리적 맥

현재의 선택

124
125

락은 대부분의 사람들에게는 너무 어렵기도 하거니와, 너무 빈약하고 불만족스럽다. 그러면서도 너무 오래 걸리지 않아 우리의 특성 목록에 '기록 마니아'가 추가되고 비전문가들이 온갖 종류의 희한한 기록 장치와 서비스를 팔고 다니게 될 것임에 대해서는 여전히 확신할 수 있다. 대가를 치르지 않는 발전이란 없다.

조직과 조직들

사망 시에 냉동을 확실히 하기 위해 취할 수 있는 실용적인 단계는 무엇이 있을까? 여기에는 명백한 과정이 숱하게 존재한다.

가장 단순한 단계의 하나는 반드시 냉동이 되고 싶다고 유언장에 구체적으로 명시하는 것이다(많은 수의 사람들이 이미 그렇게 했다. 나는 이 글을 쓰고 있는 동안에도, 미시간, 컬럼비아 특별구(워싱턴 D.C.를 말함.-옮긴이), 뉴욕, 뉴저지, 캘리포니아 그리고 일본에 있는 사람들을 포함해서 많은 사람이 유언장에 냉동에 대한 소망을 피력한다는 얘기를 들었다). 그러한 요구가 효력을 발휘하기 위해서는 당연히 여러 사전 대책을 알아보아야 한다.

첫째, 유언장은 자격 있는 법조인과 함께 반드시 작성해야 한다. 둘째, 세부 사항은 최대한 명확해야 하며, 그러므로 유언장은 주기적으로 갱신을 해야 한다. 셋째, 당신보다 오래 살 가능성이 높은 혈육에게 협조하겠다는 약속을 얻어낸다. 글로 적어서 기록으로 남기는 것이 바람직하다. 넷째, 당신의 소망에 동조하고 열의가 있으며 단호하게 행동에 나설 수 있는 실행자를 선택해야 한다. 반드시 가까운 인척일 필요는 없다. 다섯째, 목적 달성을 위해 자금을 마련해야 한다. 특별한 보험에 직접적이거나 간접적으로 투자하는 형태가 가능하다.

돈의 문제에 대해서는, 만약 당신이 사람들 대부분이 그런 것처럼 버는 돈은 다 쓰고 살거나 소득에 맞추어 살기도 빠듯한 처지라면, 방법을 고쳐 검약을 실천해야 한다. 보험을 비롯한 자산은 냉동 시설을 구입하는 것과 당신 자신을 위한 신탁기금에 덧붙여서 부수적으로 필요한 것도 무엇이 됐든지 간에 감당할 수 있어야 한다. 현명하고 무난하게 균형을 맞추고 살아도 온갖 일에 부딪치게 될 것이다. 하지만 돈을 많이 모아둘수록 더 많은 것을 당신과 함께 가져갈 수 있다. 그러는 동안에 더 큰 영향력을 행사할 수 있게 된다.

또 분명한 방법 하나는 사망할 경우에 협조하겠다는 약속을 주치의에게서 얻어내는 것이다. 당장 내일이라도 냉동시키는 것을 도와주지 않는다면 의사를 바꾸겠다며 최후통첩을 해야 한다는 뜻이 아니다. 현재로서는 대부분의 의사들이 이 주제에 대해 용기를 내지 못할 것이다. 그러나 의사와 상의를 하고, 당신의 의견을 분명히 하고 의사에게 이 주제에 관한 정보를 얻으라고 하는 등 분별 있게 압력을 넣어야 한다. 다른 발전과 함께, 이런 식의 조치를 통해 너무 긴 시간이 흐르기 전에 협조적인 의사들에 대한 광범위한 선택지가 확실히 마련될 것이다. 의사들이 부정적으로 반응하거나 무지하거나 코를 잡혀 끌려다니거나 한다는 뜻이 아니다. 하지만 의사들은 본성적으로 보수적인 경향이 있고, 전문화된 기술적 발전과 환자의 의견에 눈을 뜰 필요가 있다.

분명 꽤 가까운 장래에 온갖 단체들이 생겨날 것이다. 냉동 보존 프로그램과 관련하여 다양한 서비스, 아니면 전방위적 범위의 서비스를 제공하는 단체가 설립되어 일부는 장의사들이 만들거나, 기존의 시신 안치 회사들이 변경을 꾀하면서 사업에 뛰어들 것이다. 하지만 상업적인 단체들이 등장하기 전까지 사람들은 힘을 합쳐 스스로 길을 찾아야 할 것이다.

손을 모으면 힘이 생긴다. 예를 들어 친목 단체 같은 기존의 단체들이 회원들을 보살피기 위해 매장 공동체의 서열 같은 것을 조직하면서 위원회와 하위 조직을 결성해보는 것도 가능하다. 이런 연합은 도덕적이고 재정적이며 행정적인 지원을 해줄 것이다. 모든 준비는 사전에 해야 하며, 최대와 최선의 상태를 형성하는 가운데 구성원이 사망했거나 사망이 임박했을 적에 단체가 행동에 나서면 된다.

만약 일부 경우에 기존의 조직에서 일을 도모하는 것이 만만치 않다면, 이 특정한 목적에 대해서 상호 조력 단체들을 만들어볼 수 있다. 대개는 법적인 사전조치를 취한다.

마지막으로, 개인이 사회 일반의 동력을 도울 수 있는 또 한 가지 길은 냉동 보험에 관해 질의하면서 생명보험사와 계약하는 것이다. 많은 회사들이 특수한 목적의 보험 상품을 판매하고 있다. 예를 들어 모기지를 갚기 위해 특별히 만든 상품이 있다. 논리적으로는 물론 조금 바보스럽게 보일지도 모른다. 왜냐하면 수혜자가 그저 냉동 보존 프로그램에 등록하기 위한 추가적인 자금을 가지고 있을지도 모르기 때문이다. 하지만 심리학적으로 볼 때 회사들은 보험 같은 장치가 유용하다는 것을 안다. 그리고 생명보험 회사들이 물리적인 냉동 시설에 직접 손을 대기를 원하는지, 혹은 그렇게 하는 것이 법적으로 가능한지는 분명하지 않다. 그러나 핵심은 생명보험을 위한 새로운 시장이 거대하게 있다는 것이며, 사람들이 그 사실을 깨닫게 되면 생명보험 회사들은 직접적으로나 간접적으로나 주저 없이 막대한 영향력을 행사할 것이다.

응급 냉동과 임시 냉동

가까운 미래에 죽음을 둘러싼 다양한 상황이 혈육에게 고통스럽고 감당하기 힘든 문젯거리를 짐으로 지울 것이다. 상당한 자금이 부족할 수도 있다. 의료 회사와 병원 시설이 부족할 수도 있다. 예기치 않게 세상을 떠날 수도 있고, 시신을 즉각적으로 발견하지 못할 수도 있다. 그러한 경우에는 무슨 일을 할 수 있고, 여러 가능성을 참작할 때 얼마만큼 희망을 품어볼 수 있는가?

두 번째 질문은 이미 논의했다. 최악의 경우에 대부분의 과학자는 의심할 것도 없이 가망성이 적거나 거의 있으나 마나 하다고 볼 것이다. 하지만 이런 평가는 계산이 아니라 느낌에 기반을 두고 있다.

평가는 세 가지 요소에 기댄다고 간주해볼 수 있다. 첫째는 변질이 원리적으로 정말 돌이킬 수 없는가 하는 점이다. 둘째, 무한한 미래를 내다보면서 기술적인 실행 가능성이 이론적인 가능성에 가까이 갈 것인가? 셋째, 역사적인 발전이 처치 테크놀로지가 제공해줄 수 있는 것을 냉동 인간에게 부정할 가능성은 어떻게 되는가?

현재로서는 처음 두 질문에 대해서는 심지어 합리적인 추측조차할 수 없는 것처럼 보인다. 반면에 세 번째 질문은 후속 장들의 논의에 기초해서 가장 희망적인 답을 지니고 있다. 만약 이 추론이 맞는다면, '적거나' 혹은 '거의 없는'이라고 가능성을 평가한다는 것은 많은 과학자들이 눈에 보이는 어려움에 위압 당해서 떠오른 막연하고 일반화한 비관주의라고 할 수 있다.

설령 그렇다고는 해도, 아주 당장의 미래로 말하자면 냉동 문제를 혼자 힘으로 떠맡고 나가자면, 강철의 신경과 더불어 유별나게 강인하고 지략이 뛰어난 사람이어야 할 것이다. 하지만 만약 단체를 결성한다거나 혹은 결속력 강한 가족만 함께 해도, 일을 내볼 수 있을 것이다. 그리고 몇 가지 실용적인 제안을 해보겠다.

이 제안이 의학적 조언을 포함하고 있지 않으며, 어떤 식의 장담도 하지 않고, 현재 세간의 합의된 의견을 대표한다고도 주장하지는 않겠다. 오로지 이 글을 쓰는 내가 받은 인상만을 나타낼 뿐이다. 독자는 이 제안만큼 최근의 권위적인 다른 의견도 구해보시기를 바란다.

첫째, 누구든지 현재 죽게 됐거나 죽은 지 얼마 지나지 않았을 때, 인공호흡과 외부 심장 마사지를 통해 부패의 정도를 낮춰보려고 시도해야 한다(실제적인 접촉 없이 구강 대 구강 인공호흡에 쓸 수 있는 튜브가 있다. 이 기술에 관한 정보는 의사나 약제사들로부터 얻을 수 있다).

사망 선고를 내리기 위해 가능한 한 빨리 의사를 불러야 한다. 그러고는 최선의 수단을 통해 냉각과 냉동을 해야 한다. 손 쓸 수 있는 것이 아무것도 없을 때면 우선 얼음을 써볼 수 있고, 혹은 겨울에는 추운 방에다 몸을 놔둘 수도 있다. 모든 도시에서 상점들의 영업시간에 구할 수 있는 드라이아이스를 그 다음 수단으로 써볼 수도 있다. 드라이아이스는 저렴한 가격에 구할 수 있다. 계속 접촉을 유지하고 열기를 차단하기 위해서 담요에 드라이아이스를 싸서 몸을 감쌀 수도 있다. 아니면 액체 화학품을 드라이아이스와 다양하게 섞어서 일종의 슬러시를 만든 다음에 이를 통해서 더 빠른 냉각을 도모해볼 수 있다.

주의할 사항 몇 마디를 덧붙여야겠다. 전염성 질병은 당연히 특별한 사전 대책이 필요하다. 물은 체강에 들어가서는 안 된다. 드라이아이스는 몹시 조심스럽게 다루거나, 장갑을 끼고 다루어야 한다. 이산화탄소는 독을 함유하고 있지는 않지만, 협소한 공간에 너무 많이 있으면 산소 결핍을 불러올 수 있다.

만약 강직이 시작되고 나서야 시신을 발견했다면, 인공호흡과 심장 마사지는 소용이 없을 가능성이 높다. 왜냐하면 강직된다는 것은 혈관이 막힌다는 뜻이다. 그리하여 조치의 이 부분은 생략될 것이다.

몸을 어디에 보관할 것인가 하는 문제는 개인과 가족, 특정 가입 단체가 풀어야 할 문제다. 저장실과 비용, 관리의 문제는 제7장에서 다루겠다.

의료적 협조로 냉동하기

만약 의료적 도움과 병원 시설을 사용할 수 있다면 전망은 한층 밝아진다. 다양한 가능성을 제3장에서 언급했다. 특히 몸을 액체 질소에 얼리기 전에 글리세롤 용액으로 몸 전체를 처치하는 것이 있다. 이것이 현재로서는 부상을 최소화하는 최선의 길일 것이다. 비록 어떤 방법으로도 부상을 완전하게 제거하지는 못한다고 해도 말이다.

협조적인 의사와 세심하게 조치한 사전 준비를 통해 확률은 상당이 높아질 것임이 명백하다. 의사가 나서서 몸에 대해 처리하는 것을 꺼려한다면, 최소한 준비를 감독해주고, 환자가 사망한 사실을 매우 조속히 발견하기 위해서 자신이나 동료가 대기하도록 조치할 수도 있다. 그리고 숙련된 장의사가 사후에 실제적인 일을 하도록 조치할 수도 있다. 물론 장의사도 아주 빠른 시간에 일을 해낼 수 있어야 한다. 냉동 조치의 속도는 사용하는 방법에 따라 달라질 수 있다. 다시 3장에서 언급한 것을 반복하면, 최첨단의 기술은 끊임없이 향상될 것이며, 새롭고 더 좋은 방법이 계속해서 나타날 것이다.

의사들은 여러 이유로 냉동에 협조하기를 꺼릴 수 있다. 비판에 대한 두려움, 기술적인 면에서 능력이 결여되었다는 두려움, 죽어가는 모든 환자들이 냉동을 요구할 것이라는 두려움 때문이다. 그럼에도 일부 의사들은 환자가 회생의 가망이 전혀 없는 상황에서 절박하고 실험적인 수단을 시도할 의지를 가지고 있다면 그 빛에 의지해서 치료를 해볼 수 있다. 즉 환자가 병원에 있고 죽음이 가까이에 있다면, 의사는 치료에 바탕에 둔 가운데 의료적 도움을 주는 것이라고 설득을 당할 수도 있다.

'생명 정지'가 손상이 없는 상태에서 하는 냉동을 의미한다고 보통 받아들여진다는 점을 상기해보자. 그리하여 죽은 사람은 여전히 살아 있으며 새로운 발전을 기다리지 않고도 어느 때라도 소생될 수 있다고 간주해보자. 기술적으로는 아직 완성되지 않았다. 하지만 또한 쥐의 전신에 화학품 살포를 행한 실험, 그리고 차가운 글리세롤 용액을 순환 시스템에 집어넣어 사람을 냉각시키고 비교적 좋은 환경에서, 저온에 보관할 수 있다는 제안을 상기해보자. 비록 현재로서는 안전하게 해동할 수 없고, 보호 물질을 제거할 수단이 전무하다고는 해도 말이다. 확실하지는 않지만, 냉동이 아니라 해동 과정에서 손상이 더 크게 일어날 수 있다. 따라서 냉동하고 난 후의 이 환자들은 확실하게 죽었다고 여길 필요가 있으며, 그들의 상태는 '생명 정지'라고 부를 수 있다.

만약 환자와 가족이 설득을 한다면, 일부 용기 있는 의사는 자연사하기 전에 대상을 냉동하는 데 동의할 수도 있다. 용의주도한 준비와 더 좋은 상태의 몸이라는 이점을 모두 누리는 것이다. 목적은 치유책을 찾는 동안 신진대사를 낮추고 생명을 보존하는 것이다. 사망증명서는 발급되지 않으며, 시신이 아니라 환자로 남아 있게 된다.

이 생각에서 조금 변화를 주면 이런 방법도 가능하다. 환자가 숨을 거두고 나서 한 의사가 사망을 확증해주고 두 번째 의사가 즉각 냉동을 위해 몸을 준비시키는 방법이다. 나중에 그의 소견으로 환자가 죽지 않았을 수도 있다고 선고하는 것이다. 온전하게 살아 있는 몸을 치료하는 것에 대해 생물학적으로 주된 이점은 확실히 사라지고 말겠지만, 의사를 설득하기 위해서는 필수적인 일일 수도 있다. 비록 가장 초창기의 시도는 지지부진한 소송 사건으로 얼룩지겠지만, 환자의 죽음에 대한 이 의사의 의구심은 곧 법적인 생명의 문제로 옮겨갈 수 있기에, 사망 증명서는 두 번째 의사를 보호하는 데 도움이 될 것이다.

죽어가는 아이들을 위한 결정

많은 미국인과 유럽인, 그 외 다른 지역의 사람들이 매우 빠른 시간 내에 생과 사의 결정을 내려야 하는 기로에 놓이게 될 것이다. 어쩌면 일부는 당신이 이 글을 읽고 있는 바로 오늘, 그러한 결정과 마주하고 있을지도 모른다.

먼저 가장 민감하고 피할 길이 없는 예를 살펴보자. 죽음을 목전에 둔 아이가 그것이다.

미국에서만 해도 19세 이하의 어린이가 매년 15만 명씩 죽는다. 가끔은 불치병으로 인한 죽음으로 미리 징후를 알 수 있는 경우도 있다. 1959년에는 암으로만 1만 명이 넘게 사망했다.[3]

지금까지는 부모들이 종교적 위안만 구하고, 가지고 있는 자원에다가 마음을 맞추었다. 현재로서는 종교적 위안을 찾는 것이 더 나을 수도, 혹은 나쁠 수도 있다. 종교적 위안이 낫다고 생각하는 경우는 그것이 희망을 주기 때문이며, 더 나쁘다고 생각하는 경우는 그 희망이 문제와 동요, 실패의 가능성을 암시하기 때문이다.

만약 어른이 죽어간다면, 냉동에 관해 제 스스로 결정을 내리는 것이 허용되어야 한다고 주장할 수 있다. 그리고 만약 고령이라면, '벌써 살 만큼 살았다'는 합리화로 무위를 정당화해볼 수 있다. 그러나 죽어가는 아이의 경우에는 부모가 책임에 대한 은신처를 쉽게 찾을 수 없다.

그렇지 않아도 비탄에 빠진 부모들에게 어려운 결정과 죄책감이라는 짐으로 인한 고통을 지우는 것이 잔인하다는 점을 아주 잘 깨닫고 있다. 많은 사람들이 무엇이 옳은지에 대해 분명한 생각을 갖고 있지 않을 것이다. 다른 한편으로, 만약 아이를 냉동한다면 치료될 수 있다는 희망을 확인할 길이 없게 되며, 무시무시하고 무익하며 고통스럽고 값비싼 신성 모독에 참여한다는 기분이 들 터이다. 다른 한편으로, 만약 아이를 묻기로 했는데 냉동 프로그램이 용인을 받는다면 자기 자신을 용서하기가 어렵다는 것을 발견하게 될지도 모른다. 물론 냉동 프로그램이 일반화될 것이며, 성공적으로 입증이 될 것이며, 돈으로 치르는 대가와 감정적 상처에 대한 대가의 차이가 크지는 않을 것이라는 점이 나의 의견이다.

결정은 불가피하게 개인적인 차원에서 이루어질 수밖에 없다. 그 결정에 임하는 것은 가능성, 의사와 성직자들의 조언, 냉동 프로그램의 전반적인 위치, 가족의 재정적이고 감정적인 상황의 평가 등으로 여겨질 것이다.

부모들이 아이를 냉동시키고 결국에 가서는 아이가 영구적인 안식처를 찾는 것을 바란다면, 매우 거슬리는 질문에 대해 숙고해볼 시간이 생길 것이다. 아이는 언제 다시 볼 수 있게 될까? 내가 늙어 죽으면, 나의 소생은 아이의 소생보다 더 어려울 것이 아닌가, 따라서 훗날 내가 깨어났을 때는 아이가 나보다 더 나이 들었고 지혜로울 것이 아닌가? 부모와 아이의 관계가 사실상 뒤바뀔 것인가? 아니면 나는 더 진보된 방법으로 냉동될 것이고, 그러므로 육체적으로 젊은 성인으로서 먼저 소생이 되고, 다음에는 아이가 아이로서 소생을 할 것인가?

사회가 그러한 문제를 현명하게 다루기 위해 일반화된 절차를 점진적으로 진화시켜나갈 것이며, 관련된 개인들의 소망과 사회 공동체의 복지 둘 다를 참작할 것이라고 가정해볼 수밖에 없다.

부모를 위한 선택

만약 당신의 남편이나 아내가 죽어간다면 그것은 다른 문제다. 만약 죽어가는 배우자가 냉동을 원한다면, 물론 그 뜻에 따라야 한다. 설령 재정적으로 상당한 희생이 따른다고 해도 그렇다(감세나 냉동 보험 상품을 구입할 기회가 없었던 가족, 먼저 냉동된 가족에 대한 보조금이 훗날에 가서 생길 수 있다는 희망을 품어볼 수 있다).

만약 남편이나 아내가 정신적으로 멀쩡한 상태에서 냉동에 반대한다면, 까다로운 도덕적 문제가 부상한다. 쉬운 탈출구는 본인의 뜻에 따르고 땅에 묻는 것이지만, 오랜 시간 동안 양심의 가책을 안고 살아야 할 것이다. 내가 보기에 핵심적인 고려 사항은 매장은 끝장이지만, 반면에 냉동은 또 다른 기회를 약속해준다는 점이다. 주장만이 문제라면 손을 뗄 시간은 언제나 있다. 냉동 후에는 마음을 바꿀 수 있지만, 묻히고 나서는 바꿀 수 없다.

나이 든 부모나 조부모의 경우에는 기력도 떨어져 있고 아마도 이해가 제한되어 있기 때문에 역시 반갑지 않은 책임감이 들 수 있다. 어른의 결정에 따를 것인가, 아니면 당신의 판단이 중요한가? 부모의 경우에는 많은 상황이 발생할 것이다. 덧붙여서, 동의하지 않을지도 모를 여러 형제들 사이에 책임이 갈릴 수도 있으며, 양심이 요구하는 것에 얼마나 많은 노력이 드는지를 판가름 내려야만한다. 하지만 '이미 살 만큼 살았다'는 합리화는 타당하지 않다. 긴 관점에서 보자면, 80년이나 90년은 살 만큼 산 것이 아니다. 단지 시작일 뿐이다.

심지어 통상적으로 인가가 나기 전부터도, 나는 충분히 많은 사람들이 끝보다는 시작을 선호하리라고 믿는다.

The
PROSPECT
of
IMMORTALITY

냉동 인간과 종교

종교를 믿는 사람이나 믿지 않는 사람이나 수 분, 수십 분이 지난 후에 살아난 이야기의 과학적인 진술과 두 시간의 임상사 끝에 살아난 이야기를 어렵지 않게 받아들인다. 최근의 과학적, 기술적 진보의 속도를 감안할 때, 대부분의 사람들은 수 분이 수년이 되고, 두 시간이 2천 년이 되는 것이 종교적 혹은 철학적인 면에서 결코 안 될 일이라는 법은 없다고 본다. 그런 의미에서 냉동 동면에서 소생이 가능하리라는 전망은 종교적이거나 철학적인 문제가 아닌 과학적인 문제다. 마찬가지로, 건강하게 수명을 연장하는 문제는 50년에서 5만 년까지 갈 수도 있다.

5
냉동 인간과 종교

종교적 신앙을 가진 많은 사람들이 냉동 보존 프로그램에 거부감을 느끼며, 참여하기를 거부하고, 냉동 프로그램이 비도덕적이라고 규탄할 것이라고 생각하기 쉽다. 성급하고 피상적으로 보면, 이 냉동 프로그램이란 것은 종교와 양립할 수 없어 보이는 여러 가지 명백한 지점이 있는 것이다.

우선 죽음은 절대적이고 최종적인 것이 아니라 정도와 돌이킬 수 있는지에 관한 문제라는 생각은 대부분의 종교에서 중요한 '영혼'의 개념에, 육체와 정신의 이원성에 중대한 위해를 가하는 것처럼 보인다. 냉동 인간이 소생한다면 그를 영혼이 없는 괴물, 혹은 좀비라고 단언할 수 있을까? 아니면 시신을 소생시키는 것, 그리하여 안식처에서 영혼을 소환하는 것은 신성 모독의 행위일까?

둘째, 냉동 보존 프로그램은 현대의 인간은 발전과 개발의 최고

정점에 있는 것이 아니라 진화라는 사다리의 가로장에 지나지 않는다는 관점을 암시한다. 그러니까 우리는 생명의 저급한 형태에서 진화할 뿐만 아니라 계속 올라가리라는 의미다. 다방면의 생물학적, 그리고 생체공학적 기술을 통해서 민족적으로, 개인적으로 둘 다, 자연 바깥쪽으로, 안쪽으로 모두 심대하게 변화가 따르리라는 것이다. 이것은 인간이 신의 모습을 본떠 창조되었다는 생각에 통렬한 오점을 남기는 것은 아니겠는가? 특히 기독교도라면 인간의 형태를 한 예수가 발전의 정점을 대표하는 것이 아니라는 개념을 어떻게 받아들일 수 있겠는가?

셋째, 일부 신도들은 세속의 씨앗이 스멀스멀 위협적으로 모습을 키워간다고 생각할 것이다. 육체적인 생명의 무한함이 가시권 안에 들어오는 와중에, 군중은 영적인 불멸성에 관해 망각하고 말 것인가? 사람들이 떼로 물질주의로 몸을 돌릴 것인가? 오로지 금송아지만을 숭배할 것인가?

여러 가지 부수적이고 연관적인 질문이 더 있다.

무시무시해 보이기는 하지만, 이 질문들은 재빨리 증발하며 오랫동안 그저 빙빙 맴돌기를 계속할 안개 몇 조각만을 남겨놓을 것이라고 나는 믿는다.

죽은 이를 살려내는 것

수많은 사람들이 죽어 있는 동안에, 또 죽고 난 후에 영혼의 거처가 어디였는지에 대한 소동이나 의문을 치르지도 않고도 죽었다가 살아난 적이 이미 있다. 그들은 익사, 질식, 심장 발작 등등의 희생자로 임상사를 경험했다가 인공호흡, 심장 마사지, 화학 약품 주입, 전기 자극법, 여타 현대 의학의 방법으로 다시 살아났다. 특히 흥미로운 경우가 물에 빠져 죽었다가 2시간 30분 만에 살아난 노르웨이 소년 로저 아른스텐Roger Arnsten의 예다.

다섯 살이었던 로저는 추운 겨울 강의 갈라진 빙판 사이로 빠졌다. 물에 빠지고 나서 그의 체온은 계속해서 떨어졌다. 아마도 약 24도까지 떨어졌던 모양이다. 그리고 물론 이런 저체온증이 뇌의 빠른 변질을 막아주었다. 병원에서 튜브를 삽입해 인공호흡을 시도하고, 혈액 순환을 강제하기 위해서 가슴을 리듬에 맞추어 마사지했다. 그는 병원에서 전극 주사를 가슴에 밀어 넣어보았는데 심장이 뛰고 있지 않았다. 그러나 수혈을 비롯하여 소생 시도는 멈추지 않았고, 물에 빠진 지 약 2시간 30분이 지나서 자연적인 심박이 재개되었다. 이후 로저는 6주간 의식을 되찾지 못했고, 심지어는 일시적으로 시력을 잃기까지 했다. 때로는 실성한 것처럼 보이기도 했다. 그러나 마침내는 근육 조정력과 주변 시야에 약간 손상을 입은 것을 제외하고는 거의 완벽하게 회복했다.[1]

여기서 핵심은 어린 로저의 영혼에 대해서는 아무도 걱정을 하지 않았다는 점이다. 신이 아이가 되살아날 것을 아는 상태에서, 이번은 정말로 죽은 것이 아니고 영혼을 그저 몸 안에 남겨두겠다고 판결한 걸까? 아니면 영혼이 마치 제삼자에게 예탁이 된 셈이고, 소생의 순간에 몸으로 돌아온 것일까? 만약 소년이 제 몸을 일시적으로

냉동 인간과 종교

떠난 것이 맞는다면, 그는 의식이 있었던 것인가, 무의식이었던 것인가? 그것은 아무도 모르고, 또 아무도 그것에 대해서는 문젯거리로 삼으려고 하지 않는 것 같다.

그렇다면 누가 됐든지 간에 냉동 인간의 영혼을 염려할 이유가 대체 무엇이란 말인가? 단순히 단절 기간의 길이가 문제라면 트집거리가 되기 어렵다. 신의 눈으로 보면, 300년이란 고작 눈꺼풀 내렸다 들어 올릴 시간일 뿐이며, 그 기간에 2시간 30분 이상보다 더어려운 일이 생길 것도 없다.

즉 양적인 것을 제외하면 이 문제는 새롭지가 않은 것이다. 그리고 종교 사회들은 이미 결정을 내렸다. 그들은 설령 대담한 수단을 사용한다고 해도, 부활이란 단지 생명을 연장하는 수단이며 외관상의 죽음은 진짜가 아님을 암묵적으로 이해하고 있다.

신의 의도라는 질문

극우 성향 종교 단체에서 냉동은 '자연에 어긋나는' 것이며 시체가되살아나는 것은 '신의 섭리가 아니'라는 외침이 터져 나올 것이 틀림없다. 이 질문에 대한 답은 꽤 명백한데, 어쨌거나 앞으로 이야기를 하는 도중에 나올 것이다.

답의 일부는 매우 오래된 농담의 최근 버전에 들어 있다. 불평을 잘하는 한 여인이 신의 초록 지구를 떠나 외계로 가려고 시도하는 우주비행사들을 반대한다. 그녀는 말한다. "인간이 하늘 저 안에서 살기 위해 달과 화성 등등에 가려고 시도하는 것은 신의 의지에 반합니다. 왜 저 사람들은 신이 의도한 대로 집에 조용히 처박혀서 텔레비전이나 보는 걸 못 한답니까?"

이전의 버전은 헨리 포드의 자동차 모델 T에 대한 반대에서 찾아볼 수 있다. "만약 신이 인간이 시속 65킬로미터로 돌아다닐 것을 의도했다면, 인간에게 다리 대신 바퀴를 달아주었을 것이다."

이런 태도는 어떤 분파들이 자연의 과정에 대한 의사의 '참견'에 반대하여 했다는 말에 비하면 우스운 축에 끼지도 못한다. 그들은 심지어 신생아의 눈에 안약을 넣는 것조차 금한다. 임질에 걸린 엄마의 아이는 눈이 머는 것이 신의 '의도'라는 근거를 내세우면서 말이다.

'자연에 반해서 가는 것'이야말로 정확히 인간의 본성이다. 짐승은 자연과 '조화'를 이루며 살아간다. 하지만 인간은 자기 자신과 주위를 둘러싼 환경 둘 다를 향상시키기 위해 반드시 투쟁해야 한다. "신은 사용하라고 인간에게 뇌를 주었다"라고 말하는 것은 약간 단순하고 위험할 수 있다. 이런 종류의 주장은 예를 들어 맹장과 관련해서도 문제를 불러일으킬 수 있고, 또 문제는 단지 뇌를 사용하는지에 관한 것이 아니라 어떻게 사용하는지에 관한 문제이기 때문이다. 그럼에도 현대 대부분 종파의 성직자들은 이제는 더 이상 과학의 진보가 곧 신의 후퇴를 뜻하지는 않는다는 관점에 전적으로 동의한다.

감리교 세계 복음 선교회 영성생활부의 국장인 G. 어니스트 토머스 박사는 적었다. "종교는 과학이 필요하다. …… 신의 목적은 과학이 새롭게 이루어내는 사실의 발견에 의해 더 명확하게 초점을 찾을 수 있다. …… 종교는 행성과 별들이 질서정연하게 기능을 하는 가운데 인간의 위대한 가능성의 실현에 지대하게 관심이 있는 존재로 신을 해석하기 때문에, 파스퇴르와 리스터와 코흐와 아인슈타인과 그 밖의 과학자들을 명예롭게 기린다. 종교는 과학자를 신이 그의 세상을 위해 세운 목적을 채우는 데 함께하는 사람으로 이해한다. …… 나는 과학이 인류가 전에 목격했던 그 어떤 것보다 풍요로운 삶을 위한 비밀을 쥐고 있다고 이해한다."2

하지만 모든 과학 활동이, 모든 과학자들의 행위가 반드시 좋은 것이라는 뜻은 아니다. '영혼'이라는 난제에 관해서 추가적으로 의논을 해보는 것이 냉동이 사악한 것이 아니라는 데 의구심을 가진 사람들을 설득하는 데 유용하리라고 본다.

영혼이라는 난제

특히 정체성에 관해 후에 우리가 다루게 될 것 말고도, 영혼이라는 이 매우 막연한 문제를 간단하게 들여다보는 것은 중요한 한 가지 목적에 부합한다. 영혼이 존재한다는 것을 부정하지 않는 한편으로, 우리는 영혼의 정의는 너무나 모호해서, 종교가 무엇인지를 떠나 아무도 그것에 대해서는 뭘 많이 안다고 자부할 수가 없으며, 그보다는 정확한 정의에 훨씬 미치지 못하게 도덕적인 지시만을 얘기할 뿐임을 보여주려고 한다.

현대의 지적인 종교인들은 영혼의 특성을 가려내려는 시도를 거의 하지 않는 것처럼 보인다. 영혼은 그저 믿음과 계시와 특히 일종의 어렴풋한 전통에 뿌리를 두고 신이 행하는 또 다른 신비일 뿐이다. 사람들은 영혼이 있다. 더 하등의 동물에게는 없다는 것이 영혼이다(아니면 영혼은 호모 사피엔스의 몸으로 입혀져 있으며 다른 종은 결코 그렇지 않다고 말해야 할지도 모르겠다).

물질과 정신은 언제 합쳐지는가? 조지 W. 코너 박사는 말한다. "대부분의 로마 가톨릭 신학자, 정통파 랍비, 일부 개신교도 들은 영혼이란 수태가 되는 순간에 몸속으로 스며든다는 관점을 견지하고 있다. 설령 현미경이 없이는 볼 수 없을 만큼 너무나 작아서 그 엄마조차도 아직 알지 못하는 아주 초기의 태아를 잃어도 태아의 영혼은 천국의 문 바깥쪽 지옥의 변방에서 영원토록 살 수밖에 없다고 로마 가톨릭 신도들은 생각한다."[3]

의학적 지식이 지금보다 원시적이었던 시절에 영혼에 대한 생각은 상대적으로 달랐다. 성 아우구스티누스와 성 토마스 아퀴나스는 태아는 태아 생활의 7주나 8주째가 되었을 때 영혼을 받는다고 썼다. 그때가 대략 사람으로서 태아를 명백히 인식할 수 있을 때라는 것이다.[4]

안톤 판 레이우엔훅(네덜란드 출신의 과학자, 현미경 과학자)은 모든 정자 세포를 근본적으로 배아라고 여겼다고 알려져 있다. 그의 추종자들은 모든 정자가 작은 사람이며, 각각의 정자도 더 작은 정자를 품은 고환을 가지고 있다고 생각했다. 그렇게 되면 무한한 수의 정자가 있는 셈이다. 이 바탕 위에서, 독일의 철학자 라이프니츠는 그 최초의 남자는 발육되기를 기다리면서 그 모든 무수한 영혼을

포함한 모든 후계자를 생식기에 가지고 있어야 한다고 추론했다.[5]

이 역사의 작은 조각에서 주요한 교훈은 영혼의 개념이 기존의 과학이 아니라, 의심의 여지가 없는 의지를 따른다는 것이다.

심지어 전문적인 신학자들도 영혼의 문제와 씨름하는 데 극도로 곤란을 겪는다. 의도는 가상하지만, 가련하기만 한 다음과 같은 시도를 한번 살펴보자.

"유물론에 반대하는 사람들은 감각으로는 접근할 수 없는 또 다른 종류의 현실을 주장한다. …… 오로지 정신으로만 접근할 수 있으며 …… 감각이 아니라 오직 이성으로만 접근할 수 있는 비물질적이거나 영적인 세상 말이다. …… 그러니까 숫자와 기하학적 모양 그리고 통일성과 자유와 사랑 같은 다른 추상적인 개념에 대해 생각해볼 때, 그중 어느 것도 결코 보거나 만지거나 냄새를 맡을 수 있는 것은 없다. 인간의 영혼은 (이 영역에) 속해 있다. …… 더불어 신과 다른 영적인 존재들도 마찬가지다."[6]

이 글의 저자는 신이 예를 들어 추상적 개념을 뜻할 뿐이라고는 도저히 말할 수 없다. 만약 그렇다면 신은 다른 정신의 대리를 통하는 것을 제외하고는 행위하는 것 자체가 불가능하기 때문이다. 위의 인용은 의심할 여지 없이 한 가지 생각, 아마도 중요한 생각을 표현하고 있다. 하지만 그렇다고 해도, 제대로 표현되기에는 실패한 생각이다.

과학적인 관점에서 영혼이 무엇인지에 관해 말하기는 어렵다. 지금까지 내가 아는 바로는 영혼의 존재를 감지할 방법을 고안해낸 사람은 아무도 없다. 짐승들과, 분명히 있다는 외계인들도 지능과 성격, 개성, 감정, 의식 그리고 감지할 수 있는 다른 모든 물리적이고 행동적인 특성이 있는데도, 종교적 믿음을 따르면 영혼이 없는 것이 되기 때문에 영혼은 오로지 신만이 감지할 수 있는 것이 되고 만다.

또 영혼이 어떻게 정체성을 결정짓는다는 것인지도 납득하기가 어려운 문제다. 짐승들은 개인성이 없으며, 정체성은 짐승과 인간 안에서 다른 보관 용기를 가진다고 주장할 준비가 되어 있지 않은 이상 말이다.

약간 분명하지는 않지만, 어쩌면 영혼은 인간 자체는 아니지만 그럼에도 가장 중요한 부분이라고 할 수 있겠다. 머리는 정확히 당신 자체는 아니지만, 여전히 주요한 부분인 것과 비슷하다고 하겠다. 몸이 그 본질을 파괴하는 일이 없이 영혼에서 단절되는 것이 가능할지도 모른다. 어느 면에서 발이 죽음이라는 손상을 입히지 않고서 몸에서 절단될 수 있는 것과 마찬가지로 말이다.

또 결국 생각해보면 영혼이란 물리적으로 감지할 수 있는 물건이라는 생각도 품어봄직하다. 단 중성미자와 같은 형태로 극단적으로 알아보기가 어렵다. 우리의 관찰 능력이 조잡하다는 것이 원인일 것이다. 물론 상당수의 유사종교 단체, 강신론자(교령회와 그 모든 비슷한 믿음을 지닌 사람)들이 존재하고 있기는 하다. 그들은 유사물리적 영혼을 믿는 것으로 보인다.

일부 기독교도, 특히 과학에 대한 소양을 갖춘 사람들은 '영혼'으로 인한 곤란함에 너무 진이 빠진 나머지, 이 단어를 그냥 한꺼번에 폐기하라고 충고하기도 한다. 아서 F. 스메스허스트 박사는 "영혼이라는 것은 하나의 문제다. 그것을 사용하는 문제는 그 단어를 둘러싼 모호함 때문에 포기해도 족하다. …… 만약 '영혼'이라는 단어를 사용하지 않는다면, 그 자리를 대신할 단어는 아마 '자아'가 될 것이다. 이 단어로 우리가 반드시 뜻해야 하는 것은 자의식적이고 이성적인 인간의 성격이다."라고 쓰고 있다.[7] 그가 대체했다는 단어도 상당한 모호함을 떨치지 못했다는 의구심은 지울 수 없다. 하지만 이 제안이 널리 채택된다면, 소생자의 영혼에 대해서는 의문이 거의 남지 않게 될 수 있다.

유대교와 기독교 전통의 영혼 개념은 너무나 막연하고 가변적이기 때문에, 다른 종교나 사람들의 생각을 언급해보는 것도 너무 곁길로 빠지는 행동은 아니리라. 예를 들어 일본의 신도 종교에서는 하나의 영혼에 대한 개념이 아니라, 그저 영혼(神, かみ)에 대한 개념이 있는 듯 보인다. 이는 정신에 관한 모든 것을 가리키며, 양적인 면에서도 아주 다양할 수 있다.[8]

인도 종교인 힌두교, 자이나교, 불교, 시크교에는 삼사라samsara라는 믿음이 있다. 윤회 또는 환생이라는 뜻이다. 하나의 영혼이 계속적으로 몸을 바꾸어가며 그 몸들의 거주민이 된다는 뜻이다.[9]

다수의 몸이라는 얘기가 나왔으니 말인데, 그것은 거꾸로 여러 개의 영혼이라는 생각을 불러일으킨다. 한 사람에게 하나 이상의 영혼이 있을 수 있을까? 임상사에 닥쳐 그 영혼이 보상을 받는 것이 가능할까, 그리고 몸이 또 다른 영혼으로 살아나는 것이, 그러니까 그것을 점유하고 있는 영혼의 일종의 쌍둥이 영혼으로 되살아나는 것이 가능할까? 어쨌거나 일란성 쌍둥이가 태어나는 경우에 수태된 난자는 두 개의 영혼을 가진 두 개의 개인으로 나뉜다는 것을 우리는 알고 있지 않은가. 따라서 나뉘기 전에 두 개의 영혼이 나타났거나, 아니면 필요한 경우 여분의 영혼 하나가 삽입이 되거나 하는 것이다. 만약 필요하다고 판단이 되면, 죽음과 부활의 난점을 비슷한 방식으로 다루어볼 수 있다.

하지만 가장 간단한 해결책을 서둘러 되풀이해야겠다. 즉 죽음이란 실제가 아니란 것을 가정하기 위해서는 부활을 갱신이 아니라 생명의 연장으로서 간주하는 것이다.

때가 되면 신학자들이 그러한 모든 문제를 해결해줄 것이다. 아니면 신학자들의 여러 학파가 과학에 대해 통찰력을 발전시키고 사회의 점진하는 압력에 대해 늘 그러듯이 전체적으로 적응하며 진화해나갈 것이다.

자살은 죄악이다

영혼이 포착하기 어려운 것인 만큼, 기독교도들은 영혼을 때보다 이르게 몸에서 떼어내는 것은 죄가 된다는 데 대체로 동의하고 있다. 대부분의 상황 아래서 살인과 자살은 둘 다 죄악으로 여겨진다. 그리고 이것은 위탁에 의한 행위인지, 아니면 태만에 의한 행위인지에 상관없이 그렇다.

법과 종교의 도덕은 의사들에게 생명을 구하고 연장시키기 위해서 가능한 모든 수단을 동원하라고 요구한다. 설령 성공이 보장된 것이 아니라고 해도 가능성이 조금이라도 있다면 시도해야 한다. 그렇다면 소생할 기회가 인식된 상태에서 일시적인 죽음, 혹은 임상사는 죽음으로 여겨지기 어려우며, 따라서 냉동은 생명을 구하거나 연장하기 위한 그럴 법한 수단으로 인식되어야 마땅하다.

때문에 냉동 방법을 사용하지 않는 것은 자살과 다를 바가 없다는 결론이 뒤따른다. 스스로 냉동하지 않겠다고 결정 내리는 것은 자살과 다름없는 것이며, 가족에 대해서 다른 가족이 같은 결정을 내렸을 때는 살인이 되는 셈이다.

비록 내게는 이 논증이 매우 강력한 것으로 느껴지지만, 모든 사람에게 설득력이 있다고 생각하지는 않는다. 이 논쟁은 양극단의 견해가 갈릴 것이다.

풀턴 J. 신 주교는 어떤 면으로 보아도 안락사는 용인할 수 없다고 하면서도 '희망 없이' 병세가 깊은 환자들의 삶을 연장하기 위한 '특별한' 의료적 수단을 취해서는 안 된다고 말했다.[10] 다른 많은 사제들이 그의 의견에 격렬하게 반대를 할 것임은 의심할 여지가 없다. 왜냐하면 '평범한' 수단과 '특별한' 수단 사이의 구분이 임의적이기 때문이며, '희망 없음'이라는 말은 해석의 여지가 열려 있음을 의미하기 때문이다. 혹자들은 '평범'하거나 아니거나 의료적 도움을 보류하는 것은 안락사의 일부에 해당한다고 생각하기도 한다.

그러면 떠오르는 문제는 일부 성직자들이 냉동은 생명을 구하기에는 될 성부르지 않은 수단이며, 불쾌한 데다가 주제넘고 불경스러우며, 가차 없이 비난해야 한다고 주장할 것이라는 점이다. 그러나 대다수는 처음에는 신중한 관점을 취하다가, 시간이 흐르기 전에 냉동을 하지 않는 것은 생명에 대한 부정, 그러므로 신에 대한 부정을 뜻한다는 데 동의할 것이다.

신의 모습과 종교적 적응력

냉동 보존 프로그램은 지금 살아 있는 우리들이 기대를 품어볼 만한 황금시대에 다리를 놓아준다. 우리가 무한한 수명과 함께 슈퍼맨이 되기 위해 다시 소생하는 황금시대에 대해 말이다. 아닌 게 아니라 '슈퍼맨'이라는 말조차 궁극적으로는 적합하지 않은 말이 될 것이다. 설사 단세포의 유기체에서부터 진화해온 존재라고는 해도, 우리 인간을 '슈퍼 아메바'라고 묘사하는 것이 적절하지 않은 것과 꼭 마찬가지로 말이다.

이것은 기독교와 이슬람교와 유대교의 눈으로 보자면 언뜻 더할 나위 없이 거슬리는 전망이라고밖에 할 수 없다. 왜냐하면 여명의 안개 뒤로 예수와 마호메트와 모세와의 결별을 확실히 못 박아주는 듯 보이기 때문이다. 하지만 현대 종교의 적응력을 과소평가해서는 안 될 일이다. 그리고 사실 나는 종교가 과거에도 자주 그랬던 것처럼, 오늘날의 종교도 과학과 사회에 보조를 맞추기 위해 성서와 전통을 재해석하는 데 성공할 것이라고 믿는다.

오래전 과학과 종교 사이에는 정제되지 않은 갈등이 있었다. 저명한 루터파 신학자인 M. J. 하이네켄 박사가 상기시켜주듯이 "전통적인 믿음과 상충하는 새로운 발견이 나올 때면 늘 그렇듯, 교회와 그 지도자들은 득달같이 항의하느라고 바빴다. …… 조르다노 브루노는 유한하고 한정된 우주를 더 이상 믿지 않게 되었다는 이유로 1600년에 화형에 처해졌다. …… 1632년에 갈릴레오는 태양이 아니라 지구가 돈다는 확신을 철회하라고 강요당했다. …… 마르틴 루터는 성경의 우주론과 모순된다는 이유로 코페르니쿠스를 좋게 생각하지 않았다. ……(그리고)…… 교회는 반대했다, …… 접종, 마취, 피임 그리고 무엇보다도 혁명 이론을."[11]

다행히도 그런 시절은 오래전에 지나갔고, 현대의 기독교와 유대교는 감탄할 만큼 도량이 넓으며 전향적이다. 재치 넘치는 두 가지 예에서 휴머니티와 적응력을 엿볼 수 있다. 가톨릭 신자인 친구들에게서 내가 전해 들은 것이다.

첫 번째는 구 회당 자리에 새 회당을 짓기 위한 유대교도들의 사업에 돈을 기부해달라는 부탁을 랍비 친구에게서 받은 한 신부에 관한 이야기다. 신부가 말했다. "새 유대교 회당을 짓는다는데 제가 돕겠다고 하면 주교님이 허가해줄 것 같지가 않은데 말입니다." 그는 약간 생각을 하다가 말을 이었다. "하지만 옛 회당을 철거하는 데도 틀림없이 비용이 좀 들겠군요. 그건 제가 기여할 수 있겠네요."

두 번째는 프랑스 한 마을에 살던 신부와 관련된 얘기다. 마을은 침입자들을 성공적으로 소탕한 터였고, 아군의 한 명이었던 프로테스탄트 군사가 전투의 여파로 죽었다. 교회 경내의 묘지에 프로테스탄트를 매장하는 것은 규칙에 어긋났고, 그는 홀로 어딘가에 외로이 묻힐 운명처럼 보였다. 그러나 선한 신부는 이 경우에도 공정했다. 그는 병사를 울타리 바로 바깥쪽에다가 묻은 다음, 밤새도록 울타리를 옮겼다. 그리하여 아침이 되자 새로운 무덤은 어쨌거나 결국 교회 묘지 안에 들어와 있게 되었다. 이 이야기는 첫 번째 것처럼 웃기지는 않지만, 더 핵심을 내려친다. 시신 처리의 관습과 관련해서 적응력에 관한 문제를 하고 있기 때문이다.

기독교 종파 대부분은 다윈의 과거 진화론에 적응을 해왔다. E. C. 메신저 박사는 다음과 같이 적고 있다. "성경책의 '흙으로 빚으사'라는 구절을 접하면서, 최초의 인간의 육체가 과연 무생물을 직접적인 기원으로 하고 있다는 의미로 받아들일 필요도, 받아들여서도 안 되는 충분한 이유가 있다고 많은 사람들이 생각한다. 그렇기는커녕 신이 최초의 인간 육체를 어떤 동물의 기관으로부터 만들어내지 않았다는 증거도 없다고 생각한다. 그리고 가톨릭교회의 최상부는 이 가정을 이제 논의해볼 여지가 있다고 공식적으로 인정하고 있다."12

더 협소한 측면에서 보자면 '신의 이미지'라는 문제는 지나치게 큰 곤란을 야기해서는 안 된다. 확실함을 기하기 위해서, 인간은 애초에는 신 자신의 모습에 따라 '창조되었'을지는(특히 고대 헤브라이 사람들은 신을 일종의 특급 염소지기 같은 모습으로 그렸다) 모르지만, 교육받은 현대인들은 신성에 어떤 특별한 육체적 특성이 있다고도 주장하지 않는 것 같다. 예수는 육체적으로는 헤브라이 사람이었지만, 어떤 흑인이나 동양의 곰이 유대인보다 신과 닮은 점이 적다고는 주장하지 않을 것이다. 아니면 신이 인간의 영혼에 무슨 괴물 같은 몸과 물리저으로 비슷한 모습을 하고 있다고 주장하지도 못할 것이다. 우리가 말하는 '이미지'란 생각할 필요도 없이 영적인 이미

지다. 예수회의 저술가인 모리스 R. 할러웨이는 말했다. "영혼은 신의 이미지와 신의 형상에 맞추어 만들어졌다."13

성장과 구원을 위해 추가된 시간

신의 이미지에 따라 인간의 영혼이 만들어졌다는 이론에 대해 우리는 근처에만 간 셈일 뿐, 제대로 다루지도 않았다. 훨씬 많은 문제가 조사를 기다리고 있다.

분명, 영혼은 성장하고 변화할 수 있다. 영혼이 신의 이미지이기도 하지만, 불완전한 것과 꼭 마찬가지로 말이다. 빌리 그레이엄Billy Graham(침례교의 유명한 부흥사.-옮긴이), 빌리 더 키드Billy the Kid(서부 시대 악명 높았던 총잡이.-옮긴이), 그리고 저 아랫동네 빌리는 이름은 같아도 서로 간에 다른 영혼을 지니고 있다. 모든 사람은 자기 자신과 남들 모두를 위해 성정과 향상을 구할 의무가 있다.

그리고 여기에 종교 사회가 냉동 보존 프로그램을 위협이 아니라 도전과 기회로 보기 위한 또 다른 기회가 있다. 수명이 연장됨과 더불어, 영혼은 완벽에 더 가까이 가도록 성장할 기회가 생긴다는 의미다. 인생 70년은 대부분의 경우에는 그저, 남부끄럽지 않은 성취를 이루기에는 부족한 시간이라고밖에 할 수 없다. 이루지 못한 일이 너무 많고, 이행하지 못한 일이 너무 많고, 어렴풋하게 보는 데서 그쳐버린 비전이 너무 많다.

기독교 초창기에 12사도들은 그들이 살아 있는 동안 예수가 돌아오기를 고대했다. 후에 첫 밀레니엄의 말미에는 심판의 날이 올 것이라는 예언이 있었다. 이제 그리스도의 재림을 설교하는 종교 분파는 거의 없고, 기독교도 대부분은 지상의 인간 역사의 미래를 길게 보는 듯싶다. 마찬가지로, 예수 시절의 평균 수명은 약 마흔 살이었을 것이다. 이제 미국에서는 의학 기술의 향상에 힘입어 평균 수명이 일흔 살이 넘었다. 인간 역사의 중대한 획이 우리 앞에 놓여 있는 가운데, 냉동 보존 프로그램을 포함하여 한층 더 나아간 의학 기술에 힘입어서, 보통 사람들이 수천 년을 살 수 있을지도 모른다.

전향하지 않은 영혼의 경우에 대해 말하자면, 독실한 자는 생명을 보존하고, 그리하여 그를 구할 수 있는 기회를 기꺼이 받아들여야만 한다. 그를 무덤에서 썩게 내버려두는 것은 그의 영혼을 지옥에 운명 짓게 하는 것처럼 보인다. 반면에 냉동하는 것은 미래의 임무(혹은 생명을 되찾고 나서 같은 임무)를 하도록 또 기회를 주는 것이다. 양심적인 기독교도라면 이 주장을 매우 진지하게 받아들이리라고 나는 확신한다.

미국기독교협의회의 전직 회장인 에드윈 T. 달버그 박사는 지금 얘기하는 것과 관련이 있어 보이는 이야기를 썼다. "오늘날 종교 지도자들은 과학을 규탄해야 할 적으로서 바라보지 않는다. 그게 아니라 인류의 삶에서 보완이 되는 힘의 하나로서 환영해야 할 동맹이라는 사실을 이해하기 시작했다."[14]

더 나아가서 장수를 더 연장하는 것과 연관된 종교적 문제는 냉동 보존 프로그램을 종교에 독실한 사람들도 공유하느냐 마느냐에 상관없이 불가피하게 발생할 것임을 다시 강조해야만 하겠다. 언제가 됐든지 간에 의료 과학은 인간의 수명을 증대하는 데 성공할 것이다. 기독교 저술가들 사이에서도 이 사실은 이미 명백하게 받아들여지고 있다. 컨커디어 대학교 종교학과 교수인 진 런트가 그중 한 사람이다. "누가 알겠는가만, 10년이나 20년이 흐르고 난 후에 인간의 평균 수명이 적어도 100살에 이를 수도 있지 않은가."[15] 그는 계속 말을 잇는다. "그러나 과학은 죽음을 제거할 힘은 가지고 있지 않고, 그럴 일도 결코 없을 것이다."

바꾸어 말하면, 기독교도는 수명 연장에 대한 전망을 기대하고 환영할 수 있으며, 그것에 대해서 어떤 한계도 설정할 수 없다는 것이다. 동시에 영원한 죽음이란 어느 날인가에는 분명히 닥쳐올 것이다. 하지만 오래 유예된 끝에 올 것이다. 과학은 우리에게 무한한 삶을 줄 수 있을 것이나, 그러나 문자 그대로 불멸이나 수학적으로 무궁하게는 아니다. 따라서 충분히 장기적인 안목으로 바라보면, 냉동 보존 프로그램은 결국 그렇게까지 급진적인 것은 아니며, 우주적 드라마 속에 펼쳐지는 한 가지 사건에 불과할 뿐이다. 냉동 보존 프로그램은 우리의 후손이 누리게 될 장수를 우리 세대도 공유할 수 있게 해주는 의료적 수단에 불과하다.

계시록과의 갈등

일부 개신교 종파는 《신약성서》의 〈요한계시록〉에 유독 큰 의미를 부여하며, 역사를 위해 신이 견지한 관점에 대한 그들의 관점에 들어맞지 않는 사업이면 무엇이라도 반대를 할 수 있다고 생각한다. 그러나 일반적인 기독교도 이 문제에 관해서 어떤 입장을 취할 가능성이 낮다. 해당하는 구절이 너무나 막연하며 그 의미에 대해서 의견이 분분하기 때문이다.

예를 들어 메릴 C. 테니 박사는 천년왕국에 대해 쓰면서 다음과 같이 말했다.

"이 구절(20장 1~6절)에는 세 가지 주요한 해석이 있다. 후천년기설post-millennial이라는 관점은 1,000년을 복음의 설교로써 세계 정복이 마감되는 시기로서 바라본다. …… 그의 왕국이 도래한다. 무한하게 긴 평화와 정의의 시대 끝에, 그분은 산 자와 죽은 자를 심판하기 위해 돌아오며, 영원의 시대가 시작될 것이다.

무천년기설amillennial 관점은 그 1,000년을 전적으로 비유적인 것으로 다룬다. …… 심판의 날이 와서 지나가기 전까지 지상에서 예수가 표면상으로나, 눈에 띄게 치세를 하는 일은 없을 것이다. 전천년기설premillennarian 관점은 예수가 드러난 반대를 모두 철폐하려 돌아올 것이며, 1,000년간 지속되는 실제 왕국을 이곳에 세울 것이다."16

여기에는 냉동 보존 프로그램이 신이 세운 계획의 일부라는 관점을 성사시킬 만한 여지가 분명하게 펼쳐져 있다.

메시아의 예언과 관련해서 이스라엘에 사는 현대 유대인들 일부가 채택한 관점을 살펴보는 것은 흥미롭다. 기독교도들은 물론 예수가 유대인 메시아였다고 믿는다. 비록 많은 유대인들의 성에 찰리는 만무하지만 말이다. 현대의 일부 유대인들은 메시아가 나타날 것이라고 여전히 믿는다. 하지만 만약 내가 제대로 이해했다면, 현대 유대교도들의 상당한 수가 영광과 후광에 둘러싸인 어떤 개인으로서가 아닌 메시아의 개념을 구현하는 국가로서 이스라엘이라는 나라를 견지하고 있다.

그렇다면 대략 비슷한 식으로, (내가 믿는 대로라면 형제애와 살아 있는 황금률의 시대로 발전한) 냉동 시대는 천년왕국의 구현으로서 받아들일 수도 있다.

물질주의의 위협

종교적 신앙심이 깊은 사람들은 때때로 과학에 의해 부추겨지는 태도, 그러니까 만물을 다 안다는 태도를 오랫동안 경계해왔다. 그들은 과학 때문에 신비로운 우주에서 경이에 대한 감각을 잃게 된다고 힐난한다. 이 점에 대해서는 피터 마셜이 했다는 말을 진 런트 박사가 인용했다.

반짝 반짝 작은 별
나는 그대가 정확히 무엇인지 알지.
백열의 가스 공 덩어리,
단단한 덩어리로 뭉쳐져 있지.

반짝반짝 거대한 별,

나는 네가 무엇인지 궁금해할 필요가 없지,

분광기로 보면

그대는 헬륨과 수소.[17]

하지만 저잣거리를 다니는 사람들에게 과학의 진보가 어떠한 영향을 미치든·과학자 자신부터가 보통은 경외감까지는 아니더라도 경이의 감각을 매우 활발하게 지니기 쉽다. 가장 위대한 과학자들을 비롯해서 많은 과학자들이 신앙심이 아주 깊었다. 예를 들어 코페르니쿠스, 갈릴레이, 케플러, 보일, 뉴턴, 프리스틀리와 파스퇴르 그리고 현대에도 다수의 과학자들이 종교를 깊이 믿었다.

그렇다면 냉동 보존 프로그램은 대중의 존재를 정말로 위협하는 걸까, 속수무책으로 세속적이고 물질주의적으로 대중을 변질시켜 버릴까?

답은 분명하지만, 정의에 관한 언제까지고 성가신 질문에 대해 몇 마디를 할애한 후에 분명한 몇 마디라도 짚고 넘어가자.

경멸적인 의미에서 종종 사용되는 '물질주의자(유물론자)'는 '영적'인 것에는 괘념치 않는 사람이다. 극단적인 경우에는 부와 성적 욕구에 집착하고 예술과 인간관계의 중요성은 나 몰라라 하는 사람을 뜻한다. 하지만 내가 선호하는 대로라면, 물질주의자는 이원론자가 아닌 사람, '물질'과 '정신' 사이에 어떤 가르기도 없이 일원체로서 우주를 생각하는 사람을 뜻한다.

'종교'는 성의를 내리기가 훨씬 더 어렵다. 모리스 할러웨이 목사를 따르면 "종교란 신에게 복종하며 신을 떠받드는 행위로 구성된다."**18** 그러나 이 정의는 지나치게 협소해 보인다.

조직화된 종교의 하나인 불교는(적어도 몇 가지 형태의 불교에서는) 제 종교 안에는 신이 있다고도 여기지 않는다! 수많은 불교 신자들이 말하자면 종교는 갖고 있지만 신은 가지고 있지 않다. 더 나아가 많은 저술가들이 소비에트 공산주의에 근본적으로 종교적 특징이 있다고 보았다. 공통되는 요소를 찾자면, 종교의 본질이 원칙적으로는 극도의 헌신에 있으며, 부수적으로 나눔에 있다고 말할 수 있을지 모르겠다.

이 좁은 의미의 종교가 없어도 사람들이 서로 사이좋게 살 수 있다는 것은 명백하다. 어떤 사람들은 종교가 없이도 사람들과 잘 지낸다. 오늘날 미국에서도 많은 사람들이 종교 없이 잘 지내고 있다. 고대 그리스에서 위대하고도 훌륭한 위인들을 비롯하여 많은 사람들이 종교 없이도 잘 지냈던 것과 마찬가지로 말이다. 그러나 많은 사람들이 일종의 헌신과 동료애 없이도 무한하게 잘 살아갈 수 있느냐 하는 것은 또 다른 문제다. 답은 아마도 부정적일 것이다.

이에 따라 하나의 기관으로서의 교회는 냉동 보존 프로그램이 있다고 해서 위험에 처하지는 않는다고 할 수 있다. 교회는 마음 깊은 곳에서부터 느끼는 욕구를 채워주는 형식적인 헌신을 제공해준다. 다른 곳에서는 찾기 쉽지 않은 동료애의 온기를 내준다. 빙고 게임을 하지 않고서도 말이다. 인간에게 관계된 모든 것과 같이, 교회는 바뀔 것이다. 하지만 죽지는 않을 것이다.

미래의 전망

종교들은 기꺼이, 그리고 장래를 내다보며 새로운 발견과 새롭게 얻게 된 역량의 빛 아래서 재검토하고 적응하는 과정을 지속해나가고 있다. 그중에 냉동 보존은 겨우 한 가지일 뿐이다. 생을 연장하려는 목표 아래 죽었다고 여겨지는 사람들을 일상적인 의학적 처치로 보존하고 되살리는 것과 관련한 선례는 이미 존재한다. 생을 연장하는 것과 관련해서 종교적 문제(더불어 경제적이고 사회적인 문제)란 것이 굳이 있다고 한다면, 그것은 오래전부터 존재해왔고 냉동 프로그램이 있건 없건 간에 계속 커져갈 것이다. 냉동 보존 프로그램이 추진력을 받으면, 일부의 경우를 제외하고는 종교를 믿는 사람들도 뒤처지지 않을 가능성이 높다.

The
PROSPECT
of
IMMORTALITY

6

냉동 인간과 법

살아 있는 사람들과 동면중인 사람들 모두의 권리가 법과 관습에 의해서 적절하게 정당한 위치를 찾아야만 한다. "이제까지 시신은 그 자체로는 권리도 의무도 가지지 않았다. 이제는 둘 다 가지게 될 것이다." 오늘날 냉동 인간들의 수는 비교적 적지만, 앞으로 그들은 "정당하게 인식되고 대표되어야 마땅한 무리, 막강한 영향력을 행사하는 거대한 무리를 이루게 될 것이다." 그리고 결국에 가서 냉동 동면은 사망 선고 직후에 법적으로 의무화될 것이다. 또한 일반적으로 생명의 한 주기의 끝에서 냉동에 실패하는 것은 불법이, 과실치사의 사례가 될 것이다.

일반적으로 법체계란 매우 보수적이다. 사실 일부 법리학자들은 완고하게 뒷걸음질을 치고 있는 형국이다. 그들은 앞으로 어디로 향할 것인지는 관심도 없으며, 오로지 과거가 어떠했는지만 염두에 둔다. 그들은 반드시 내일이 온다는 사실에 쉬지도 않고 놀라면서 우왕좌왕한다. 그러나 좀 더 진보적인 동료들과 마찬가지로 그들도 언젠가는 미래가 정말로 있다는 사실과, 미래로 당당히 걸어 들어가는 것이 질질 끌려 들어가는 것보다 편하기도 할뿐더러 품위도 있다는 사실을 고개 들고 비로소 볼지도 모른다.

냉동된 몸은 반드시 보호를 받아야 할 뿐만 아니라, 그들의 사유 재산도 보호를 받아야 한다. 그리고 사유 재산뿐만이 아니라 그들의 권리도 지켜주어야 한다. 랠프 왈도 에머슨Ralph Waldo Emerson을 기억하라. "자유가 무릎을 꿇는다면 경작이고 항해고 무슨 소용이런가? 땅이고 생명이고 무슨 소용이런가?" 우리 전부에 대해서와 마찬가지로 냉동 인간의 지위를 옹호하는 문제는 반드시 법제화되어야 한다.

그야말로 법이 관건이다. 법은 보통 하는 대로, 시험을 거치고 재시험을 거치고 타협하고 다듬어져 입법이 되고, 더 특별한 경우에는 법정에서 다듬어질 것이다. 윤곽은 여전히 흐릿하지만, 몇 가지 명백한 문제와 해결책을 살펴보기로 하자.

냉동 인간의 품위

먼저 시신 처리와 공동묘지, 능, 가족 납골당 운영을 관리하는 법의 구조 속으로 냉동 보존이 어떻게 맞추어 들어갈 수 있을지 시도해보려고 한다. 이 시도로 일부 지역에서는 냉동 보존 자체를 오히려 한꺼번에 비합법화하려는 시도가 일어날 법도 하다. 하지만 상황은 냉동 보존을 지지하는 사람들에게 유리하게 돌아가는 것처럼 보인다.

현재의 법은 대체적으로 건강에 대한 위험, 재산 가치, 공공적인 품위 등과 관련해서 사회의 이해에 부합한다는 조건 아래 사망자 자신과 직계 가족의 의지에 우선권을 주는 듯하다. 형평법 법원은 죽은 사람의 매장과 매장 후 남은 유해의 관리와 악의적인 침해나 불필요한 방해로부터 매장된 장소의 보존에 일어나는 분쟁을 조정할 권한이 있다.[1]

평범하지 않은 시신 처리 방법을 허용한 법적인 판례가 있다. 시튼이라는 사람과 주 정부 사이에 벌어진 재판에서, 피고인 시튼은 아이를 종이 상자에 담아 종교적인 행사도 치르지 않고 식림지에 묻었다. 하지만 법정은 아무런 범죄 행위도 일어나지 않았다는 판결을 내렸다.[2] 미시간 주의 법은 다음과 같이 명시하고 있다. 직계 가족은 "공공의 품위를 유린하거나 공공적으로 불쾌한 민폐를 끼치지 않는 한, 옳다고 생각하는 어떤 방식으로든 시신을 묻을 수 있다."[3] 하지만 처리 허가는 받아야 한다.

더 나아가 냉동 인간에 반대하는 사람들에게 입증 책임이 돌아갈 것으로 보인다. "비합법적이고 적절하지 않거나 위험한 시설은 금지될 수 있다. 하지만 확실하고 상당한 손상을 입었을 가능성을 보여주지 못하는 사람에게는 해당하지 않는다."[4]

만약 어떤 지방 법원에서 냉동 케이스가 도에 지나치며 불쾌하다고 판결을 내리고 매장을 명령한다면, 냉동될 사람의 가족은 법집행에 대항에 임시 접근 정지 명령을 반드시 얻어낼 수 있다. 시간은 그 냉동 인간에게만 필요불가결한 것이 될 것이기 때문이다. 만약 하급 법원의 판결을 뒤집어야 할 상황이 온다면(상상하기 어려운 일이지만), 이 문제는 '동등하게 보호받을 권리'의 명목으로 상급 법원에 가져가볼 수 있다.

만약 일부 지역에서 냉동이 당분간 법적으로 성사시키기 너무 어려운 일이라면, 많은 사람들이 그 지역을 떠날 것이다.

냉동 인간의 권리와 의무

생물학자가 받아들일 수 있는 사망에 관한 유일한 정의는 A. S. 파크스 박사가 내린 정의다. "사망은 온전하게 몸을 소생시키는 것이 현재 알려진 수단으로는 불가능한 상태다."[5] 파크스 박사가 내린 정의는 이 책의 주요한 논제와 함축하는 바가 거의 같다. 변질을 막기 위해 극도의 냉동 방법을 사용하면, 조만간 '현재 알려진 수단'이 융통될 것이며, 몸은 더 이상 죽은 것으로 여겨지지 않게 될 것이다.

사망에 관한 현재의 법적 정의는 주치의가 사망 증명서에 서명할 만큼 안 좋아 보이는 상태면 그만이다. 보통 이것은 호흡과 심박이 정지하는 '임상사'를 뜻하는데, 그것이 꼭 그렇지만도 않다. 왜냐하면 이때 인공호흡과 심장 마사지 혹은 다른 수단이 필요할 수도 있기 때문이다.

막 사망한 시체를 급속 냉동한다는 것은 그가 현재의 척도로 보아서는 철저하게 죽었지만, 호흡 장치의 도움을 받는 익사 희생자와 거의 마찬가지로 잠재적인 생명이 있는 것이다.

생명 정지가 가능해지는 때가 오면, 어떤 사람들은 산 채로 냉동되어서 미래로 가는 일등석 여행을 택할 것이다. 어쩌면 여정 중에 상태를 확인하기 위해서 잠깐씩 하차할 수 있을지도 모른다. 냉동고 안에 있는 동안에 그 사람은, 파크스 박사의 정의에 따르면 죽은 사람이 아니다. 하지만 다시 활성화될 그의 삶은 오로지 잠재적인 것이다. 그 사람은 철저하게 활동 정지 상태가 될 것이며, 진짜 시체가 그런 것과 꼭 마찬가지로 특별한 종류의 법적 지위와 보호 장치가 필요할 것이다.

이제까지 시신은 그 자체로는 권리도 의무도 없었다. 하지만 이제는 둘 다 가지게 될 것이다. 권리에는 몸과 사유 재산, 냉동고에 대한 정부의 관리와 감독, 신탁 자금이 들어간다. 의무에는 자금과 재산에서 빼서 세금을 지불하고 토지를 규정에 따라 기탁하는 것이 있다. 더 나아가 이전 삶과 죽음의 방식이 소생 후의 특권과 의무의 본질에 영향을 미칠 수도 있다.

실제적인 골칫거리들에 덧붙여서, 법은 세 가지 종류의 사람들에 대해 감안하게 될 것이다. 생명 중단을 한 사람들, 사후 냉동된 사람들, 화장되었거나 제대로 부패했거나 바다에서 실종되었거나 그도 아니면 가망성이 희박하다고 여겨지거나 해서 철저하게 죽은 사람들이다. 특별한 경우에 매여 있는 범주의 경우에는 끈질긴 소송이 발생하여 시험에 들게 될 것이다.

생명 보험과 자살

냉동된 개인은 수혜자가 그 사람의 생명 보험금을 수령할 수 있을 만큼 죽었다고 할 수 있을까? 얼핏 생각해보면, 대답은 명백한 듯 보인다. 망자가 대체로 자연스러운 과정에 따라 죽었기 때문이고, 보험사가 산정한 기반은 바뀌지 않기 때문이다. 따라서 보험회사는 유별난 손실은 감수하지 않으면서, 돈을 주어야 한다. 그러나 다시 생각해보면, 일이 그렇게 단순하지만은 않다.

자살에 따른 보험 요율이 증가할 것인가? 영원한 죽음과 마주하는 것에 크게 필사적이지 않은 사람들은 깨어나서 문제가 사라지고 새로운 생을 발견하기를 희망하며, 냉동으로 이른 죽음을 택하는 지점까지 도달할 수도 있다.

이 특별한 문제는 해결하기 쉬워 보인다. 현재로서는 보통 보험 계약이 발효된 지 2년이 지나면 자살에 대해서도 보험금을 지급하고 있다. 냉동 시대에는 보험 회사들이 직접적으로 자살 금지 조항을 넣거나, 경험에 기초를 두고 뭔가 연동제를 사용할 것이다. 몇몇 사람들은 자살을 사고로 위장하려 시도할지 모르나, 몸이 심하게 손상되어서는 절대로 안 되고 냉동을 신속히 할 수 있어야 한다는 조건을 감안하면 쉬운 술수가 아닐 것이다. 그러니까 창문 바깥으로, 혹은 지하철 밑으로 떨어진다면 소용이 없어지고 말 것이다.

자살은 언제나 불법이었다. 버컨헤드 백작은 18세기 영국에서는 자살 시도를 한 가련한 사람이 교수형의 벌을 받은 일이 적어도 한 번은 일어났다고 말했다.[6] 그를 제대로 도와준 것만큼은 틀림없다. 지금도 실제적인 자살은 징벌을 내릴 수 있는 행위가 될 것이다. 냉동된 사람의 재산에 대해 벌금을 부과하거나 하는 식으로 말이다. 그러면 그 사람은 바라던 것보다 더 가난해진 채로 깨어날 것이다. 사람들이 살금거리며 교묘히 빠져나가고 책임을 마냥 회피하게 내버려둘 수만은 없는 일인 것이다.

그러나 자살의 불법성은 조심스럽게 살펴봐야 한다. 정상 참작을 할 만한 상황이 분명히 있을 수 있기 때문이다. 만약 웬 가련한 환자가 고통으로 울부짖으며 앞으로 꺼져가고 있다면, 그는 스스로 목숨을 끊고 냉동되겠다고 마음을 먹을 수도 있다. 시한부의 고통에서 자신을 구출하는 동시에 조금이나마 더 나은 상태에서 몸을 냉동하기 위한 것이다. 또 병원에 더 들어갈 돈을 아끼기 위해서이기도 하다. 심한 손상과 불구로 고통 받으며 다양하게 불운을 겪는 사람들에게도 같은 말을 할 수 있을 것이다. 입법 기관은 말할 것도 없이 표준을 세울 것이며, 법원은 자살 허가서를 발급할 것이다.

또 자초해서 임시로 죽는 것과 파괴적인 자살을 구분해주는 새로운 단어가 필요하겠다. '자종自終, suiterm or suikaput' 같은 말은 어떨까? 그저 안락사라는 의미에서 자신의 목숨을 버린 것이 아니라, 스스로 끝냈음을 뜻하기 위해서 말이다.

안락사

자살과 밀접하게 연관된 문제가 안락사다. 어떤 상황이 되어야 직계 가족은 고사해가는 목숨을 끌어내거나 자비롭게 냉동해도 된다고 허가받을 수 있을까? 어떤 상황에서 법원은 판결을 내릴 것인가?

만약 늙은 부모가 정신적인 능력을 대부분 잃은 상태에서 병원 시설에 있다면, 그곳에 놔두는 것이 옳은 일일까? 뇌의 퇴화가 더 진전되기 전에 냉동되는 것이 더 낫지 않을까? 가족의 재정 자원이 요양소에서 부모를 부양하기보다는 부모에게 신탁 자금을 제공해주는 데 쓰이는 게 더 나은 일은 아닐까?

심각한 크레틴병을 앓으며 끔찍하게 불구인 상태거나 결함이 있는 아이는 어떨까? 쓰라린 감정적 대가를 치르면서 보통 하는 대로 생을 계속 끌고 나가야 할 것인가? 혹시 조금이라도 빨리 냉동하는 것이 자비는 아닐까?

만약 모든 크레틴병 환자를 냉동한다면 크레틴병을 연구할 길이 어디에 있겠느냐고 말할 사람들이 있겠다. 한 발 더 나아가서 모든 시체를 냉동한다면, 의대생들은 1학년 육안해부학 시간에 칼을 댈 시신이 하나도 남지 않을 것이라고 말할 사람도 있으리라. 하지만 이런 상황을 면하게 해줄 그런 대상이 충분히 있을 것이다. 시신을 의학 대학에 자진해서 기부할 사람들이 분명히 있을 것이기 때문이다!

불구이고 기형인 아이의 고통은 무시해도 되는 문제가 아니다. 제인 굴드에 따르면 "모두 합쳐서, 신생아 100명 중 대략 세 명이 심각하게 병적인 상태를 띠고 태어난다."7 물론 이 중 대부분이 조기 냉동을 위한 고려 대상이 되지는 않을 것이다. 그들은 자연사로 세상을 떠나거나, 치유되거나, 일반적인 기준에서 보기에 지나치게 측은하지 않은 선에서 삶을 이끌어나가도록 도움을 받을 것이다. 하지만 예를 들어 뇌성마비의 최악의 경우를 고려해보자. 제시 S. 웨스트에 따르면, 1954년 미국에는 이 질병의 희생자가 약 50만 명이 있었다고 한다. 얼굴이 찡그려지거나 침을 흘리거나 어눌하게밖에 말을 하지 못하는 온갖 고통에도 불구하고, 많은 수가 지능은 정상이었다. 그럼에도 모르고 보는 사람에게 그런 모습은 그들을 지적 장애인으로 보이게 할 것이었다. 또 많은 수가 정신적으로 결함이 있었고, 사실 23퍼센트는 교육을 받기가 불가능했다.[8]

현재로서는 이 23퍼센트가 냉동 보존 프로그램에 들어가는 것에 동의하지 않는다. 심지어 그들도 고통을 겪고 있고 심지어 다른 가족들에게 감정적이고 재정적인 육중한 짐이 지워져 있을 텐데도 말이다. 그러나 냉동이 가능하다면 상황은 달라질 수 있지 않을까?

혹자는 비용과 편의라는 이유는 젖혀놓고라도, 우리가 어떠한 이유로도 생을 끝낼 수는 없다고 주장한다. 그러나 사실 우리는 늘 생명들을 팔고 있으며, 때로는 가령 전쟁에서와 마찬가지로 평화 시에도 껌 값도 안 되는 값으로 생명을 팔아넘긴다. 예를 들어 미국에서 연간 교통사고로 일어나는 죽음의 수를 생각해보라. 3만 명쯤 되는데, 매 도시마다 경찰 교통 인력을 두 배로 증강하거나 모든 차량에 조속기를 달게 만듦으로써, 또 기타 등등의 방법을 동원하여 이중 수천 명은 분명히 구할 수 있다. 그러나 우리는 이 생명을 구하는 데 드는 비용과 번거로움을 바라지 않는다. 우리는 냉혈하게 계산하고 그들을 죽게 내버려둔다.

교통사고사와 안락사에는 극도로 중요한 차이가 분명히 있다. 전자의 경우에 희생자들은 일이 벌어지기 전에 미리 알지 못한다. 그리고 우리 모두는 우리의 운명을 시험한다. 그럼에도 생명에는 그값이 매겨져 있는 것이며, 냉동은 몹시 중요한 새 요소를 소개하고 있다.

'신의 의지'라고 말하는 것으로 책임을 회피할 수는 없다. 행동하지 않는 것은 그것대로 하나의 결정이다. 판사가 사건에 대해 숙고하며 옳은 일을 하기 위해 영혼을 탐색하고 있을 적에 이 질문을 해보라고 하라. 만약 아이가 이미 냉동되었고, 일그러진 삶으로 그 아이를 되돌려놓는 것이 내 권한 안의 일이라면, 그렇게 하겠는가? 만약 답이 부정적이라면, 냉동고가 아이가 속해 있을 곳이 맞을 것이다.

살인

새로운 시대에는 살인 범죄의 흉악성은 동기와 상황뿐만 아니라 몸에 가한 손상 정도에도 달려 있게 될지도 모른다.

나의 할아버지는 게으름에는 두 종류가 있다고 말하곤 했다. '게으름'과 '고약한 게으름'이 그것이다. 사회는 이제 그냥 '살인'과 '너저분한 살인' 사이를 구분하게 될지도 모른다. 희생자를 휘발유에 푹 적셔서 불을 붙이거나 쓰레기 분쇄기에 갈아버리거나 늪에 숨겨 악어 밥이 되게 하는 것, 그것이 너저분한 살인이다. 그러나 만약 희생자가 심장을 관통하는 총상을 입고 재빨리 발견되어 냉동이 될 수 있었다면, 이것은 좀 더 문명화한 살인이다.

살인에 대한 벌은 재검토를 해야 할 것이다. 그것은 범죄에 들어맞는가? 희생자를 파멸시킨 본인 자신도 총상을 당해야 할까? 희생된 사람과 마찬가지로 냉동되어야 할까? 사형을 허용하지 않는 미국의 일부 주들과 국가들에서는 어떤 경우에 냉동이 종신형 대신이 될 수 있을까?

더 나아가서 새로운 종류의 살인이 생겨날 것이다. 즉 냉동 실패가 그것이다(문명이 그 웅장한 진보를 계속해나가는 동안에, 범죄의 범주는 불가피하게 배가될 수밖에 없다). 냉동고에 몸을 넣지 않는 것, 냉동고를 제대로 관리하지 않는 것은 적어도 과실 치사죄로는 여겨질 것이다.

그와 관련하여 잠재적인 생명을 잘라내는 행위의 일종인 낙태를 향한 우리의 태도를 살펴보는 것도 흥미롭겠다. 낙태는 일부 지역에서는 범죄지만 살인이 아니며 장례도 치르지 않는다. 냉동 실패는 그렇게 가볍게 다뤄지지 않을 것이다. 희생자가 이름과 정체성을 가지고 있었던 좀 더 분명한 사람이었고, 좀 더 분명한 상실감을 남겨놓기 때문이다.

냉동은 낙태의 딜레마에 대해서도 대안을 내놓는다. 만약 낙태하는 것이 훨씬 나은 상황이지만 연관된 사람들이 내켜하지 않을 적에, 조심스러운 수술로 태아를 떼어내어, 없애는 대신 냉동할 수 있다. 그리하여 잠재적으로 생명이 계속 남아 있게 된다.

사망 시 냉동하는 것을 의무화하는 일은 처음에는 개인과 종교적 자유의 이름으로 무산되고 말 것이다. 일부 기독교 과학자들과 가령 뱀으로 의식을 치르는 사교의 주장과 어딘가 비슷한 주장을 내세우면서 말이다. 그러나 법정은 심각하게 아픈 아이들에 대한 의료적 보살핌에 확실함을 기하기 위해 부모의 종교에 기반을 둔 반대를 무효화해왔고, 경찰이 사교 집단에 제동을 거는 것을 허용해왔다. 비슷하게, 고인의 친지들도 고인을 냉동하도록 강제를 받을 것이다.

맨 정신인 성인이 유해를 얼리지 말라고 분명하게 지침을 남긴다면 어떨까? 이런 경우는 머지않은 장래에 실제 일어난다기보다는 좀 더 가설에 가까워질 것이다. 저 멀리서 매혹적으로 어른거리는 황금시대를 보고 자기 티켓을 포기할 꿈은 꾸지도 못하게 될 날이 머지않았다. 거의 모든 사람들이 그럴 것이다. 완강하게 회의적으로 남아 있는 사람들도 냉동 보존 프로그램에 참여한다고 해서 잃을 것은 아무것도 없음을 깨닫게 될 것이다. 만약 다시 깨어나서 보게 된 것이 어떤 이유에서든 마음에 들지 않는다면, 그때 가서 자신을 부수면 된다. 아니면 냉동고로 도로 들어가는 것이다. 현실에서는 오로지 한 줌의 별난 사람들만 반대자로 남게 될 날이 머지않았다.

결혼의 문제

천상의 왕국에서는 "결혼도 없고 결혼에 굴복할 일도 없다"는 얘기들을 한다. 그리고 물론 천사들은 가리지 않고 서로 사랑한다. 그러므로 모든 전처와 다수의 남편이 그저 조화롭게 노래를 부른다. 그러나 지상의 소생자들은 그보다는 협소한 관점을 지닐 것이고, 지복으로만 넘치지는 않을 재결합에 대해 대책을 반드시 마련해야 한다.

결혼 서약의 흔한 형태로 '죽음이 우리를 갈라놓을 때까지'라는 말이 있다. 만약 여기서의 죽음을 영원한 죽음을 의미하는 것으로 해석한다면, 어떤 신부와 신랑들은 어쩌면 수천 년이 될지도 모를 세월을 같은 사람과 보내겠다는 서약을 하기 전에 당연히 다시 생각해볼 것이다. 한편으로 일시적인 죽음이 현재 하나의 결혼을 해소하는 데 허용 조건이 되고 남아 있는 사람이 다시 결혼을 한다면, 많은 과부가 소생한 후에 두 명의 전 남편과 마주하게 될 터다. 조금 덜 최근, 그러니까 젊은 시절의 사랑에 더 마음이 가게 될 수도 있다.

몇십 년이 지나지 않아 이 질문은 의미를 잃을지도 모른다. 일부일처제가 끝까지 버티고 남으리라고 누가 확신할 수 있겠는가? 현재 우리는 일부일처제에 전적으로 투신하고 있으나, 버나드 쇼의 《시저와 클레오파트라Caesar and Cleopatra》에서 한 영국인이 로마의 관습에 충격을 표현했던 장면을 얼굴을 찌푸리며 기억하는 사람도 있으리라. 시저가 다른 로마인에게 말한다. "그를 용서하라, 테오도투스여. 그 작자는 미개인이고, 자기 종족과 섬의 관습이 자연의 법칙인 줄 아는 작자다." 바로 그렇다. 지금 우리 종족의 관습인 일부일처제는 자연의 법칙이 아니며, 훗날에 가서 집단혼으로 대체될지도 모른다. 아니면 아예 결혼 자체가 없어지거나, 계약에 기초해서 엄격하게 개인에 의해 결정되는 결혼이 되거나 할 수 있다. 생물학적 기능과 재생산의 본성 자체가 용의주도한 조사와 변화의 대상이 되고, 누구도 자신 있게 장기적인 추측은 할 수 없다.

잠깐 샛길로 빠져서 '자연법'이라는 종교적인 개념은 어느 면으로 보아도, 예를 들어 많은 가톨릭 신자들이 믿는 것처럼 그렇게 뻣뻣해서는 안 된다는 점을 지적할 필요가 있을 것이다. 노트르담 로스쿨의 《자연법 강의Natural Law Forum》를 쓰면서, 조르주 W. 콩스타블은 말했다. "자연법의 합의는 불변하는 것이 아니고, 그럴 수도 없다. …… 만약 어떤 문제에 대해 자연법이 어떻게 적용되는지에 대해 사회의 한 구성원이 내린 결론이 다른 구성원이 내린 결론과 충돌을 빚는다면, 각자가 자신의 권리에 따라 정당화가 된다. …… 성직자, 왕 혹은 민주주의자가 됐건 누가 됐건 간에, 모든 사람은 옳다고 가정된다."9

가까운 미래에 문제들 중 일부와 가능성 높은 치유책이 꽤 분명하게 드러날 것이다.

첫 결혼에서 죽는 배우자는 남아 있는 사람에게 감정적인 문제와 재정적인 문제 양쪽 모두에 대한 요청을 남길 것이다. 냉동 인간은 황폐하게 깨어나기도, 가난해져서 깨어나기도 원하지 않고, 아내와 재산 모두를 되찾고 싶어 할 것이다. 반면에 아내는 모든 것을 다 상속받고 싶어 할 수도 있고, 기운을 되찾고 자유의 몸이 되고 싶어 할 수도 있다. 어떻게 해야 할까?

만약 가까운 미래가 문제인 보통의 부부에 대해서 말하자면, 어지간히 나이를 먹은 남자가 무난한 재산을 남기고 죽는다면, 결과는 족히 분명해 보인다. 과부는 의리를 지킬 것이다. 어지간히 나이가 든 후 10년쯤의 헤어짐은 감정적인 안정에 대해 치르는 대가로는 비싼 값이 아니다. 먼저 죽는 사람의 마음에 평화를 안겨주기 위해, 이것은 심지어 법으로도 공식화해야 할지도 모른다. 이 상황 아래서, 냉동 인간의 남은 아내는 법적으로 여전히 결혼한 상태가 될 수도 있으며, 정신 병원에 있는 그 누군가의 아내보다도 이혼할 자격을 얻을 수 없게 될지도 모른다.

혹자는 이 모든 염려가 현실적이지 않다고 반대할지도 모른다. 어쨌거나 결국 소생자들은 같은 사람이 아닐 테니까 말이다. 그들은 물리적이고 개성적인 면에서 회춘하고, 검사받으며 바뀌고 개선되어(비록 꼭 곧장 그렇게 되지는 않으리라고 해도 말이다) 있을 것이다. 생은 매우 격렬한 의미에서 갱신될 것이고, 이전 배우자에게는 어떠한 관심도 느끼지 못하게 될 수도 있다.

답은 합당한 정도의 연속성이 반드시 있어야 한다는 것이다. 아니면 아주 적어도, 합당한 정도의 연속성이 있으리라는 기대(인간관계에서)나마 반드시 있어야 한다는 것이다. 그렇지 않다면 미래는 온통 너무나 겁이 날 것이며, 동기는 증발해버리기 십상일 수 있다.

다음의 더 어려운 경우를 살펴보라. 예를 들면 나이가 들기는 했지만 살아남은 배우자가 안도의 한숨을 내쉬며 생각한다. "저 지긋지긋한 인간에게서 해방이야! 더 이상 견뎌내지 않아도 되니, 하늘에 감사할 노릇이지." 아니면 인생이 한창인데, 부양할 자녀들을 남겨놓고 죽어가고 있는 것을 생각해보라. 내가 '생각해보자'가 아니라 '생각해보라'라고 한 것을 염두에 두라. 왜냐하면 나는 이미 이경우를 고려해보았고 답으로 내놓을 밑천이 다 떨어졌기 때문이다. 이 질문은 그저 어떻게든 고민을 해보아야 한다.

이 주제를 떠나기에 앞서서, 젊은 과부의 문제에 대해 한 가지 가능한 해결책을 짚고 넘어갈 수 있겠다. 아주 심각하게 개진할 의견은 아닐 수도 있지만, 독자에게 막대한 범위의 가능성을 상기시키기 위해 내놓는다.

1963년의 뉴스 기사에서 단서를 얻은 얘긴데, 일본에서는 여자가 성형외과에 가서 저렴한 비용에 처녀막 재건 수술을 받는 일이 가능하다고 한다.[10] 그리하여 그녀의 신랑은 그녀가 예전에 벌인 '무분별한' 행동에 곤란한 심경을 겪지 않아도 된다는 것이다. 논리적으로 다음 순서는 여자가 정신과 의사에게 가서 원래 처녀막과 관련된 기억을 최면술로 지워달라고 하는 것이다! 그렇게 해서 그녀는 역사의 그 부분만 제외하고는 모든 면에서 숫처녀가 되는 것이다. 헨리 포드 1세 이래로 모든 사람이 알지 않던가. 역사는 허튼소리라고.

그렇다면 우리의 과부는 다음과 같은 조치를 취할 수 있다. 그녀는 상호 합의하에 헤어질 수 있을 때까지 두 번째 남편과 산다. 어쩌면 심지어 그냥 서로 지겨워질 때까지만 살 수도 있다. 그때서야 첫 남편이 소생되고, 그간에 아내는 정신의학적인 기술 혹은 생정신의학적 기술을 통해 두 번째 남편에 대한 흔적을 뇌에서 씻어낸다. 즉 세뇌를 한다. 인정하건대, 이렇게 단순한 형태의 계획은 해결하는 것보다 많은 문제를 불러들인다. 그러나 아주 막연하게 제안을 하자는 의미에서 하는 말일 뿐이다.

시민으로서의 시신

현재 우리의 선거법은 대부분의 측면에서 극단적으로 단순하다. 그리고 어수룩하다. 자격을 갖춘 성인 한 명이 한 표씩 행사한다. 행정적으로 볼 때 이것은 말끔하고 좋다. 하지만 논리적으로 볼 때는 몹시 엉망이다. 투표권과 가중 투표의 전 부분을 재검토할 필요가 있다. 논란이 되는 지역구 투표권을 18세부터 주자는 문제뿐만 아니라, 전체 철학과 대표성을 띠는 정부의 근거를 재검토해보자는 것이다.

자녀 네 명을 두고 있는 아버지의 표는 두 명을 두고 있는 아버지와 같은 수의 표로 쳐야 하는가? 아이도 사람이다. 아이도 개진할 수도 있고 다쳐버릴 수도 있는 관심을 가지고 있다. 그리고 대표자를 가질 자격이 있다. 그 분야에서 전문가의 표를, 생각 없고 무지한 사람의 표와 같은 무게로 쳐야 하는가? 우리 공화주의 정부의 바로 그 목표가 그런 일을 피하는 것이 아니던가. 법적인 투표 자격과 가중 투표는 특정한 문제와 투표권자의 이해에 영향을 미치는 정도에 따라야 하는 것은 아닌가? 어떤 지역에서는 사유 재산 소유자에게만 해당되는 투표가 이미 관례화되기도 했다.

어쩌면 또 다른 층이 시민과 입법 기관 사이에 샌드위치처럼 들어가야 할 수도 있다. 그러니까 시민의 어떤 사람이라도 자신이 선택한 선거인에게 투표권을 위임하는 것이 허용되어야 한다는 뜻이다. 대리 선거인은 선거에서 그 투표권을 행사할 권한이 있다.

어느 경우에도, 철저하게 고민을 하다 보면 투표할 처지가 못 되는 사람들에게도 특정한 종류의 대표를 가질 권리가 있음을 깨닫게 된다. 투표권을 행사할 능력이 없는 사람들이 이제 작은 집단을 형성하고 있다. 대표를 가져야 한다는 측면에서 무시당하고 있는 사람들이다. 하지만 냉동 인간은 정당하게 인식되고 대표되어야 마땅한 부분, 거대한 한 영역을 차지하게 될 것이다.

포터의 냉동고와 우산

냉동 보험에 대한 초과 수수료를 지불하지 못하는 것에 견주면 사형은 오히려 덜 가혹해 보인다. 따라서 사회는 궁핍한 사람을 냉동할 의무가 생길 것이다. 무능력한 건달이 죽음과 세금 모두를 피해 미래로 탈출할 수 있다니 얼마나 근사한가! 그들은 복지 보조비를 받아 살 것이며, 복지 보조를 유지하는 채로 죽을 것이다. 만신창이에 상해를 덧붙이느니, 그들은 소생하여 세금을 내는 사람들만큼 환하고 멀쩡하게 될 것이다. 이게 정의냐고? 1,000년 후에 내게 다시 물어보라.

약하고 게으르고 불운한 사람을 더 보호하기 위해서는 상속과 파산에 관한 법률을 다시 손볼 필요가 있다. 나는 자산은 복리로 불려 나가는 반면에, 빚에 대해서는 단리만을 적용하는 것으로 자비를 베풀 수도 있다는 점을 지적하는 것 말고는 이에 대해서는 더 이상 파고들지 않겠다.

숱한 법적 문제가 당장 드러나야 하고 다루어야 할 것으로 남아 있다. 그리고 냉동 시대가 황금률의 시대가 되리라는 것은 사실이지만, 형제애에 대한 전망은 오로지 점진적으로만 일반적인 일이 될 것이다. 그리고 설령 그런 때가 오더라도 사람들 사이의 이해와 의견에는 숨길 수 없는 차이가 생겨나게 마련이다. 상당 기간 동안 우리는 퍼거슨 보웬이 남긴 불멸의 말을 명심해야 할 것이다.

의로운 자에게 비가 내린다.

의롭지 못한 자에게도 비가 내린다.

그러나 주로 의로운 자에게 내리니,

불의한 자가 의로운 자의 우산을 훔치기 때문이다.

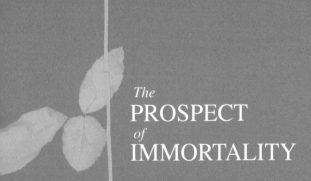

The
PROSPECT
of
IMMORTALITY

7

불멸의
경제학

언젠가는 스스로 보완하고, 스스로를 만들어내는 컴퓨터가 기술적인 면에서 마법의 지니 램프가 되어 이끌어줄 것이다. 물질과 에너지를 통제하고 재조직하는 능력이 향상될 것이며, 그것은 꿈에도 생각해보지 못한 진정한 부와 가용한 에너지의 결과로 나타날 것이다. 그리고 우주의 크기를 생각해보면, 우리가 확장해나갈 공간은 아주 많이 마련되어 있다.

존 K. 갤브레이스 교수와 그 외 많은 사람이 우리 사회를 풍요롭다고 묘사하는데도 불구하고, 대부분의 사람은 그것이 뼛속부터 허튼소리임을 매우 잘 알고 있다. 많은 사람이 훨씬 빈곤하다는 사실이 우리를 부자로 만들어주지는 않는다. 1958년 미국 중간층 가정의 소득은 연간 5,050달러에 불과했다.[1] 아프리카인에게는 풍족한 수입일지 몰라도 현재 우리 표준에는 그냥 그런 정도에도 못 미친다. 만약 우리가 먼지 구덩이에서 얼굴을 들어 일이 어떻게 될지, 그리고 어떻게 되어야 하는지 잠깐이라도 충분히 들여다볼 엄두를 낸다면 말이다. 우리의 욕구, 즉 건강과 안전에 대한 기본적인 물리적 요구 사항에 속하는 실현 가능한 욕구는 대개 우리의 부를 한참 초과한다.

하버드 대학교의 에드워드 C. 밴필드 교수 같은 사람은 이 나라가 보통 기준으로 보아도 부유한 것이 아니라 가난하다는 관점을 뒷받침하고 있다. 그의 관점은 이렇다.

"사람들이 원하는 재화와 모든 서비스를 우리 경제가 생산할 수 있다고 자신 있는 목소리로 말할 사람은 아무도 없다. 우리는 그런 일을 해낼 수 없고, 혹은 시작조차 할 수 없다. 설사 우리 모두 일주일에 80시간을 일한다 해도 불가능하다. …… 미국의 매우 많은 사람이 매우 가난하다는 것은 사실이다. 1957년 일곱 가구 중 한 가구 혹은 독신은 1년에 2,000달러를 벌었고, 그중 더 못 버는 사람은 고작해야 평균 1,100달러를 벌었다. …… 또 감당할 수 없을 만큼의 풍족함을 누린다니, 거리가 멀어도 한참 먼 얘기다. 빈민가와 어두운 그림자로 가득 찬 이 도시들을 구출할 능력도 안 된다. 한 연구는 전문 기획가가 판단하는 적정 수준으로 모든 도시를 끌어올리려면 12년 동안 해마다 1,000억 달러가 들 것이라고 했다. …… 내 소득은 먹고사는 데 지장이 없을 정도다. 하지만 나는 그것보다 열 배는 더 벌기 원한다. 아마도 대부분의 사람도 내 생각과 같을 것이다."[2]

이 문제에 이르면 냉동 프로그램의 비용에 위축되기 쉽다. 인구 문제와 더불어 불멸이라는 전망을 따져보면 더욱 그렇다. 그러나 좀 더 면밀히 들여다보면, 이 까다롭고 새로운 문제가 결국 그리 새롭지 않으며, 어쩌면 그렇게 까다롭지도 않다는 사실이 드러날 것이다.

세부 사항에 직면하기 앞서, 우리는 부와 인구 문제를 저 높은 올림포스 산에서 보기 원할 것이다. 이에 대한 준비로, '문제 푸는 기계'에 내재된 무한한 잠재성을 어느 정도 이해하고 넘어가는 것이 가장 중요하다.

순금의 컴퓨터

제1차 산업 혁명이 인간과 동물의 힘을 기계로 대체하는 결과를 수반했다면, 이제 가까스로 시작된 제2차 산업 혁명은 인간의 뇌를 기계로 대체하는 데에 희망을 걸고 있다. 신문이나 텔레비전을 보는 사람이라면 지금쯤 이 사실을 누구나 알고 있다.

컴퓨터는 이미 놀라운 문제 해결 능력을 보여주고 있고, 컴퓨터가 '정말 생각하게' 되는 일은 오직 시간문제인 듯하다.

생각하는 기계, 순전한 지능 자동 장치의 발명은 과장하기 어려운 중요성을 띨 것이다. 불멸에 대한 전망은 차치하고서라도 말이다. 어느 면에서 이 발명은 분명히 이제껏 이루어졌던 그 어떤 발명보다 중요해질 것이다. 컴퓨터는 한계를 모르고 경이를 쏟아내는 마법 램프와 같기 때문이다. 여기에는 많은 '철학적' 함의가 있다. 그중 일부는 다음 장들에서 다루고 지금은 경제적 영향에 관심을 두겠다.

특별히, 무제한으로 생산적이고 창의적인 능력이라는 개념에 대해 기초 작업을 해보려고 한다. 지능을 갖추었으며, 자가 생산하고 자가 발전하는 이 기계를 통해서 말이다. 첫 번째 목표는 그런 기계가 정말 나타나리라는 것을 믿도록 설득하는 일이다.

누구든 '생각하다', '상상하다', '느끼다', 그리고 '살다'와 같은 단어처럼 인간적인 면들을 가질 권리가 있다는 사실은 이미 앞에서 인정되었다. 만약 그가 그런 권리를 갖기 원한다면 말이다. 이것을 기계에 적용하면 '생각하는 듯하다' '상상력을 드러내는 듯하다' 등의 구절로 대체된다. 그렇다면 이와 같은 이해와 함께 더 간단한 용어를 논의에서 사용할 것이다.

우선 비전문가가 견지하고 과학자가 장려하는 개념을 뒤흔들어 보자. 그들의 생각에 의하면 기계는 계산은 할 수 있지만, 고급한 사유는 보여줄 능력은 없으며, 독창성도 결코 없는 데다, 발명자들의 한계를 절대 초월하지 못한다. 먼저 일부 전문가의 의견을 인용하고 몇 가지 구체적인 문제를 의논하겠다.

J. L. 켈리 주니어 박사와 O. G. 셀프리지 박사는 "이제 우리는 디지털 컴퓨터가 인간이 할 수 있는 어떤 종류의 정보 처리 과정이라도 논리적으로, 그리고 물리적으로 해낼 수 있다고 믿는다. 단어가 얼마나 폭넓게 정의되는지 상관없이, 사고하는 행위 혹은 발명도 여기에 포함된다"[3] 라고 말했다. (그러한 발전에 걸리는 시간에 대해 이 둘 중 한 명은 낙관적이고 다른 한 명은 비관적이다. 하지만 그 점은 그리 중요하지 않다.)

제롬 B. 위즈너 박사는 훗날 기계는 압축한 정보 저장고로서 인간의 정신에 필적하고, 속도에서는 크게 능가하리라고 지적했다. 뉴런은 1초당 100번 이상 반응하지 못하지만 뉴런의 전자판은 1초당 10억 번 넘게 반응한다. 신경 신호는 초속 300미터보다 느린 데비해 전자 신호는 기본적으로 광속으로 여행한다. 즉 2주당

1,560,000,000,000,000펄롱, 혹은 신경 속도의 100만 배로 움직인다. 그는 이 사실과 함께 다른 사항을 고려한 끝에 결론지었다. "…… 뜻밖의 한계가 등장하지 않는 이상, 세상에서 가장 똑똑한 인간보다 똑똑한 '생각하는 기계'를 결국에 가서는 만들어낼 수 있다."[4]

또 마르셀 J. E. 골레이 박사는 '고작' 크기, 복잡성 그리고 속도가 "오늘날의 멍청한 컴퓨터를 근본적으로 새로운 개념을 우리에게 가르쳐줄 생각하는 기계"로 탈바꿈시키는 데 주요한 역할을 할 수 있다고 믿었다.[5]

런던 버든 신경학 재단의 국장인 W. 그레이 월터 박사도 비슷하게 생각했다. 그는 복잡성을 증대하는 것만으로도 조잡한 기계와 지각을 갖춘 존재 사이의 격차를 크게 줄여주리라고 믿었다.[6]

'고작' 복잡성이라고 문제를 폄하하는 사람은 질적인 차이로 나타나기 전까지는 양적인 차이가 상승해야 한다는 사실을 잊고 있다. 아주 단순한 컴퓨터는 덧셈과 뺄셈밖에 할 수 없을지도 모른다. 그러나 덧셈과 뺄셈밖에 할 줄 모른다고 해도 여전히, 컴퓨터를 충분히 크게 만들면 그런 작동을 엄청나게 다양하고 복잡하게 조합할 수 있다. 결과는 곱셈과 나눗셈, 미분과 적분, 그리고 그것보다 더한 것을 해내는 것이다! 정도에서 오는 차이는 종류의 차이가 될 것이다.

'인공두뇌학'의 창시자로 유명한 노버트 위너Norbert Wiener는 기계가 그 제작자의 한계 중 일부를 초월할 수 있고, 실제로 초월하고 있으며, 독창성을 가질 수 있다고 믿었다.[7]

마빈 민스키Marvin Minsky는 "나는 우리가 지능이 있는 문제 푸는 기계에 강력하게 영향을 받고, 지배까지 받게 될 가능성이 꽤 높은 시대의 문간에 서 있다고 믿는다"[8] 라고 말했다.

이 기계의 발전을 낙관적으로 보는 사람들의 목록은 무한하다. 비관적으로 보는 사람 중 실제로 현장에서 작업하는 사람은 매우 소수인 듯하다. 반쯤 회의적인 사람으로 모티머 타웁 박사가 있다. 그는 진보의 속도에 대해 "지나치게 낙관적"이며(a), 뇌와 컴퓨터 사이의 밀접한 유사성을 과장하고(b), 물질적이고 기계적인 우주를 가정하며 사람과 기계 사이의 근본적인 구분을 하지 않는(c) 과학자를 질책하는 데에 책 한 권[9] 전체를 바쳤다. 그의 중언부언은 특히 시간과 관련해서 주의를 기울이라는 경건한 경고를 담고 있다. 그러나 (b)와 (c)로 걱정할 필요는 없다. 기계가 어떤 방법을 쓸 것인지, 혹은 기계에 '정말' 어떤 식으로든 의식이 있는지에 대해서는 아주 크게 신경 쓰지 않아도 되기 때문이다. 타웁 박사는 기계의 객관적인 능력에 대해서 어떤 한계도 지우고 있지 않다.

이제 현재까지 어떤 실제적 성취가 이루어졌는지 보자. 일단 아서 새뮤얼 박사가 체스 두는 기계를 고안했다는 소식이 있다. 이 기계는 그를 때로 이기기도 한다고 한다.[10] 우리는 좁은 의미에서 기계가 제작자의 지능을 뛰어넘는다는 사실을 이미 목격하고 있다. 너무 자주 상기되듯이, 이 기계가 프로그램이 하라고 하는 일밖에 하지 못하며, 원한다면 프로그래머는 기계가 해내는 일을 (더 느리게) 해낼 수 있다는 것도 사실이다. 그러나 기계의 움직임은 원칙적으로는 예측 가능하지만 실제로는 예측 불가능한 일을 하기도 한다.

S. 곤 박사는 학습 능력을 기계에 부여하는 방법에 대해 몇 가지

논했다.[11] 굳이 정밀한 능력까지는 안 바란다면, 이 기계가 매우 쉽게 배울 수 있도록 프로그램될 수 있다는 사실은 매우 잘 알려져 있다. 가령, 충분히 큰 메모리가 있는 기계는 체스를 배우게끔 쉽게 프로그램화될 수 있다. 시작은 서툴겠지만 실수를 되풀이하지 않을 것이기에 이 기계의 게임 능력은 차차 향상될 수밖에 없다. 만약 최고의 선수를 상대로 양껏 게임을 한다면 언젠가는 기계가 그들을 능가할 것이다. (사실 기계는 자기 자신과 경기하면서조차 배울 수 있다.) 경제성과 정교함 또는 교묘함을 향상하기 위해서 많은 방법이 연구되고 있다.

허버트 A. 사이먼Herbert A. Simon와 앨런 뉴웰Allen Newell는 최근 컴퓨터가 이룬 다른 성취를 말했다.

"수학적 정리에 대한 증거를 발견할 수 있는 프로그램이 있다. 단순한 알고리즘 과정을 위해 고안될 수 있는 증거를 증명하기 위해서가 아니라, 정리의 증거를 구하는 과학자의 '창의적'이고 '영감에 넘치는' 활동을 수행하기 위한 프로그램이다.

"제조와 관련해서 적어도 하나의 컴퓨터가 이제 작고 표준화된 전기 모터를 (고객의 구체적 요구에서부터 최종 디자인까지) 디자인하고 있다."

"일리노이 대학교에서 만든 일리악은 음악을 작곡한다. …… 그리고 어떤 권위자에게 그 결과물이 미적으로 흥미로웠다는 말을 들었다."[12]

이제 새생산과 '의도적인' 활동, 항상성(외부 환경의 변화에도 불구하고 허용할 수 있는 한도 내에서 생태 내부 상태를 유지하는 것)을 포함해 기계가 실물과 똑같은 행동을 할 수 있다는 증거로 화제를 돌려보자.

뒤의 두 가지는 조악하고 초보적인 방식이기는 하지만 그레이 월터의 '기계 거북'으로써 예증되었다.[13] 기계 거북은 전기적이고 기계적인 작은 장치다. 그것은 바퀴로 동력을 스스로 생산하며 배터리가 다 될 때까지 '호기심'이 있는 듯한 방식으로 돌아다닌다. 그러고는 충전하기 위해 콘센트를 찾아 스스로 플러그를 꽂는다. 콘센트를 찾으면서 장애물을 비켜 길을 모색하고, 성공하거나 '죽을' 때까지 예상할 수 없는 방식으로 탐험하고 시도한다. 이것은 실물의 주요 특징의 하나에 대한 그럭저럭 쓸 만한 모방이다.

케메니 교수는 폰 노이만이 제안한 '재생산' 혹은 복제 기계를 논의했다. 이 기계는 그 어떤 생물학적 유기체와 비교해도 극도로 단순하다. 3만 2,000개의 단순한 부속으로 이루어진 '몸'과 15만 개의 정보 단위로 이루어진 '꼬리'를 가진 이 장치는 살아 있는 식물이나 동물의 단위와 유사하다. 꼬리는 이 기계를 설명해주는 청사진으로서의 역할을 한다. 적절한 환경에서 이 기계는 꼬리에 있는 청사진을 읽음으로써 스스로 복제한다. 자식 기계를 만들고 나서 꼬리를 복제하여 자식 기계에 새로운 꼬리를 달아준다. 그러고는 자기를 위한 작업에 착수한다. (성별은 아무런 부분도 차지하지 않는다. 자식 기계는 우연의 개입이나 오기능에 의해 생길 수 있는 '변이'를 제외하고는 엄마 기계와 정확히 똑같다.)[14]

영국의 유전학자인 L. S. 펜로즈도 자가 재생산하는 기계에 관해 설명했다.[15] 그는 살아 있는 존재의 화학적이고 생물학적인 영역과 비슷한 점이 많은 기계를 고안했다. 이 기계는 살아 있는 물질의 분자와 비슷한 몇 가지 부속만 소유하고 있다. 기계적인 체계는 논리와 프로그래밍을 담당하면서 부속의 정확한 조립을 관리한다. 이 기계의 체계는 움직임에 대한 중력에 따라서 오로지 갈고리와 걸쇠만을 사용한다. 부속은 평평한 표면 위에 무작위로 배치된다. 표면은 진동을 통해서 필요한 에너지를 공급하고 자연에서 나타나는 분자의 열 교란과 유사한 움직임을 생산한다. 모든 부분은 각기 다른 상태나 조건에 각기 다른 잠재적 에너지를 지니고 있다. 만약 '시드 seed'라고 불리는 이 완성된 기계가 현실화된다면, 부속이 첫 번째 기계를 복제하기 위해 스스로 재배치하게 된다. 만약 시드가 부재한다면, '자발적인 발생'도 없다. 일부 모델에서는 시드가 정보 저장 단위를 무한정한 사슬로 담을 수 있다. 정보 저장 사슬은 살아 있는 유기체의 염색체 안에 들어 있는 분자의 사슬과 비슷하다고 할 수 있다. 일부 모델은 실제로 만들어졌고 성공적으로 작동했다.16

폰 노이만의 기계와 펜로즈의 기계가 이론적 관심 이상을 받기에는 너무 단순하고, 특수한 환경에 지나치게 의존적인 것이 사실이다. 이 이론적 관심이 물론 대단히 중요하기는 해도 말이다. 그러나 에드워드 F. 무어 박사는 단 10년에서 15년 사이에, 5억 달러 정도 투자하여 시도하면 경제적으로 유용한 자가 재생산 기계를 만들 수 있다고 생각했다. 이것은 자족적인 원양 어업 기계, 채광 기계, 수확 기계의 형태가 될 수 있다. 미네랄과 가공한 바다의 수확물을 되갖다주는 기계 밀이다. 일하는 동안 기계는 태양광이나 자기가 찾아낸 음식과 연료로 스스로 동력을 얻으며, 동종의 다른 기계들을 만들 것이다. 새로운 기계를 충분히 만들고 충분히 수확하면 의무를 마치고 집으로 헤엄쳐 돌아온다. 이 기계는 일뿐 아니라 번식으로도 우리를 풍요롭게 해줄 것이다.[17]

대부분의 용도 면에서, 기계가 문자 그대로 자가 재생산하는 것은 필요 없을 것이다. 하지만 새롭고 더 똑똑한 기계를 설계하고, 혹은 내부적으로 개선하며 설계하는 일이 필요해질 것이다. 그리고 컴퓨터는 새로운 컴퓨터 설계를 돕기 위해 이미 사용되고 있다.[18] 그 결과는 명백하며 굉장하다.

그리고 이제 드디어, 우리는 이 길지만 흥미로운 우회로를 통해 올림포스 산에 올라가 경치를 음미할 준비가 되었다.

올림포스에서 바라본 풍경: 경제적 문제

만약 진보가 이번 세기에 이루어진 것만큼 계속해서 어느 정도 진행된다고 가정한다면, 우리는 퍽 빠르게 부유해질 것이다. 1958년에 '소비자 단위'당 보통의 미국인 소득은 5,050달러였다.[19] 1890년 이래 연간 1인당 생산성은 평균 약 2.3퍼센트씩 증가해왔다.[20] 만약 향후 300년간 연간 소득 증가율을 2.5퍼센트로 잡는다면, 그리고 인플레이션이나 다른 방해 요소(실제 생산성에 대한 언급이지 유동적인 달러의 생산성에 대한 언급이 아님을 기억할 것)가 없다고 가정한다면, 2258년 평균 소득은 1년에 800만 달러가 될 것이다! 이것은 판타지이기는커녕, 보수적으로 매겨본 예상치다. 오늘의 값어치로 따져 당신은 실제로 매해 그만큼의 돈을 받을 것이다. 그렇다면 평균 수입의 여성이 오늘날의 그 어떤 영화 스타보다 더 많은 돈을 쓰게 된다. 그리고 더 중요한 점은 소비할 일이 훨씬 많아지리라는 것이다.

이 그림이 지나치게 단순하다고 이의를 제기할 수도 있다. 가령 상대적인 부동산 가격과 세금 문제를 무시했기 때문이다. 그러나 독점적 지주 계층이 있지 않는 한, 세금이 낭비되지 않는 한, 이러한 고려는 별다른 차이를 만들지 않을 것이다.

어쨌든, 이 모든 것은 한낱 예비 단계다. 만약 정말로 장기적인 관점으로 본다면, 비본질적인 모든 것을 버리고 당면한 모든 문제를 떨쳐낸다면, 부의 생산은 그저 물질과 에너지와 조직체의 가용성에 기대게 될 뿐이다.

물질의 종류는 문제 되지 않는다. 제대로 된 기술과 충분한 에너지, 모든 원자는 현실화까지는 아니더라도 원칙적으로는 그 어떤 종류로도 변형될 수 있다. 그리고 올바른 종류의 분자와 더 고도로 복잡한 복합체가 생산되거나 재생산될 수 있다. 올림포스 산의 우리 자리에서 보면, 단순한 세부 사항만 있을 뿐이다.

물론 물질은 지구, 행성과 위성들, 필요하다면 태양, 심지어 다른 별 체계에서 실질적으로 고갈되는 일 없이 공급된다.

에너지도 사실 무한하게 쓸 수 있을 것이다. 핵분열 에너지는 더 저렴해질 것이다. 컬럼비아 대학교의 존 E. 울먼은 1968년 무렵이면 지금 통상적인 원천에서 나오는 에너지만큼이나 핵에너지가 저렴해지고, 그 후에는 훨씬 더 저렴해질 것이라고 내다봤다.[21] 여러 세기 동안 예측할 수 있는 우리의 모든 필요가 (아직은 경쟁력이 없는 가격으로) 충족될 수 있다는 사실은 잘 알려져 있다. 지구에 도달하는 햇빛에서 얻든, 화강암의 저농축 우라늄을 분열시키든 말이다. 열핵 반응으로 조절되는 융합 문제가 해결되면, 바닷물의 중수소에서도 거의 무한한 연료를 공급받을 수 있다. 가능성은 또 있다. 만약 임시방편으로서 환경을 유용하게 버무려내야 한다면, 수성에 태양에너지 발전소를 세워보는 것이다. 수성은 대기가 없고 낮만 계속되는 지역을 가지고 있으며, 방사능의 강도는 지구에서보다 여섯 배나 된다.

우리의 으뜸 패는 마침내, 무제한적인 조직화 능력이 지능이 있는 형태로, 자가 번식하는 형태의 기계로 시야에 들어온다는 점이다. 그러한 기계는 이익을 주어야 한다. 즉 애초부터 스스로 재생산할 수 있어야 하며, 닳아 못 쓰게 되기 전까지 직접 유용한 일을 할 수 있어야 한다는 것이다. 이 일은 확실히 성취할 수 있다. 복리 원칙compound-interest principle에 따라서 기계 한 대로 시작하면 된다. 그 방법으로 우리가 원하는 만큼 많은 기계와 부를 충분한 시간 안에 획득할 수 있다. 물론 이익 마진은 현실적으로 방대하며, 기계는 시간을 조금만 들이고서 기계가 원하는 만큼 부를 창출해주리라 기대할 수 있다.

단순화하고 구상주의적인 의미에서 보면, 땅이나 공기 혹은 물을 퍼 올려서 게워내는 굉장하고 지능적인 기계를 모든 시민이 소유하는 황금시대의 사회를 머릿속에 그려볼 수 있다. 그 기계는 필요한 것이면 무엇이든 얼마든지 내놓는다. 캐비아, 황금 벽돌, 우주선, 정신의학적 조언, 인상주의 그림, 우주선, 등등 그 무엇이든 말이다. 그 기계는 자가 수선할 것이며, 끝없이 스스로 개선하고, 주인의 집에서 필요성이 커지면 자기와 같은 기계를 언제라도 만들 것이다.

긴 안목에서 봤을 때, 기계가 사람보다 빠르게 자가 재생산하는 한, 분명히 경제적인 문제는 없다. 우리에게 공간이 부족해지지 않는 이상 그렇다. 다음으로, '인구 폭발'이라는 괴물을 헤아려보자.

올림포스에서 바라본 풍경: 인구 문제

우선, 인구 문제와 그에 따르는 모든 문제는 냉동 프로그램 유무와 무관하게 불가피하게 생긴다는 점을 반드시 인식해야 한다. 냉동 인간은 이 문제를 악화시킬 수도 있지만 문제의 장본인은 아니다. 냉동 인간이 있든 없든 빠른 시일 안에 인간 수명은 늘어날 것이다. 냉동 인간의 유무와 상관없이 언젠가 인간의 수명이 무한해지는 날이 올 것이다. 어떻게든 해결책을 마련해야 하기에, 우리 세대와 바로 뒷세대가 황금시대를 공유할 수 있도록 그 해결책을 충분히 다듬어볼 수 있다.

사실 냉동 인간 없이도, 심지어 수명 연장이 없이도 단순히 자연적 증가의 결과로 인구 문제는 이미 존재한다. 지금 이 순간에도 세계 많은 곳에서 인구 문제는 심각한 경제적·정치적 문제를 불러일으키고 있다.

미국에서 인구는 1940년 1억 3,200만 명에서 1959년 1억 5,100만

명으로 늘어났고, 1960년에는 1억 7,900만 명으로 불었다. 보통 수준으로 가정해본다 해도 2000년이 되면 3억 7,500만 명에 이를 것으로 추정된다.[22] 그러나 인구가 식량 공급을 항상 앞지른다는 맬서스주의는 잘못되었음은 입증된 지 오래다. 기록은 우리의 출산율이 경제 상황과 전반적인 전망에 즉각 반응한다는 사실을 보여준다.[23] 비슷한 얘기가 유럽에도 적용된다.

세계 다른 곳에서의 전망은 좀 더 암울해 보인다. 중국은 1960년에 6억 5,400만 명의 인구가 살고 있고, 만약 이 추세가 계속된다면 1975년에는 8억 9,400만 명에 이를 것이다.[24] 많은 보도에 따르면 중국 정부는 고삐 풀린 성장의 광기를 인식하고 산아 제한을 촉진한다고는 하지만, 한 명이라도 더 많은 보병을 만들려는 욕심에 눈멀어 있다. 한때 극도로 다산했던 일본은 감탄할 만한 지력을 실천하여 대략 미국 정도로 출산율을 떨어뜨렸다.[25]

인도는 1951년의 3억 6,100만 명에서 1963년 4억 6,100만 명이 되었다. 12년 만에 1억 명이 증가한 것이다! 하지만 보도에 따르면 정부가 산아 제한 프로그램에 진척을 보이고 있어서, 봄베이에서의 출산율은 1,000명당 40명에서 27명으로 줄었고, 시골에서도 성공하기 시작했다.[26]

로마 가톨릭이 산아 제한 반대를 철회할 것이라는 몇몇 증거도 있다. 저명한 부인과 의사인 존 록은 산아 제한을 옹호하는 견해로 큰 인지도를 얻었다. 1963년 그는 다음과 같이 말했다. "가톨릭교회는 어떤 측면에서도 인류에게 이로운 것을 방해하는 요소가 되어서는 안 된다. 가톨릭교회는 책임을 회피하지 않는다. …… 모든 교회가 빨간 페티코트와 로만 칼라에 감싸여 포장되지 않는다. 가톨릭 교회의 커다란 부분이 평신도가 복지를 해치며 잘못된 길로 이끌려는 의도가 없다." 물론 그는 평신도의 95퍼센트가 그의 산아 제한 계획에 의견을 피력하고 찬성의 뜻을 보였다고 말했다.[27]

일부 국가, 특히 아프리카와 라틴아메리카에서는 더디 진보될지 몰라도, 전체적으로 인구가 바람직한 한계를 넘지 않으리라는 믿을 만한 근거가 있다. 인간의 우매함은 가공할 만하기는 하지만 무찌르지 못할 정도는 아니다.

냉동 보존 프로그램 자체가 합리적인 산아 제한 프로그램을 가속화하는 데 도움을 주리라는 점도 지적해야겠다. 어쩌면 전반적인 우생학 프로그램의 가속화에도 도움을 줄 것이다. 장기적인 관점을 통해 모든 사람이 선견지명을 갖추고 이 분야를 포함해서 모든 분야에 책임감을 인식하도록 추세를 이끌 것이다.

당연히 인구 문제는 통제될 것이며, 일의 실제 과정이 지각 있게 진행된다고 한다면, 냉동 시대가 도래했을 때 냉동 인구는 어떻게 될까?

아마도 모든 사람이 서른 살쯤 두 명의 아이를 둔다면 만족할 것이다. 그보다 적게 아이를 갖는 것은 가족을 전멸시키는 결과를 낳을 수도 있다. 더 빨리 아이를 갖는 것은 냉동 인구를 급속도로 불릴 수 있다. 아이를 갖는 평균 연령을 서른 살로 늘리는 것은 당분간 인구를 감소시키겠지만, 곧 안정화될 것이다.

만약 전 세계를 고려하자면, 즉 가령 40억 인구를 생각하자면, 냉동 인구는 30년마다 40억 명씩 증가할 것이다. 만약 문명이 불멸의 수준에 도달하는 데 300년이 걸린다면, 400억 명쯤 소생되고 재배치되기 위해 대기하게 될 것이다. 단순화하여, 그 모든 일이 한꺼번에 일어난다고 가정하면 그렇다. 300년이라는 수치는 다소 생뚱맞을 수도 있다. 문제의 정도나 우리가 발전하는 속도에 대해서는 분명한 청사진이 없기 때문이다. 하지만 생각하는 기계와 관련한 전망은 너무도 고무적이고, 진보의 속도도 생각하는 기계가 일단 곁에 있기만 하다면 매우 가파르게 상승할 것이기에, 지금 제기할 수 있는 어떤 문제라도 더 길게 간다고 생각하기는 어렵다.

우리 행성에는 400억 명을 수용하고도 남을 광대한 공간이 있다. 지표면 대부분은 인구가 희박하다. 사실상, 북극과 남극, 남아메리카의 아프리카 밀림, 오스트레일리아, 아시아, 아프리카, 그리고 미국의 사막이라는 막대한 지역이 사람이 살 수 있고 생산적인 곳이 되기를 기다리며 비어 있다.

농업과 산업의 기술은 이미 널리 알려져 있다. 시카고 대학교의 리처드 L. 마이어 교수에 따라 일찍이 전망해보면, 그 농업과 산업의 기술로 500억의 인구도 감당할 수 있다. 따라서 우리 가정에 기반을 두고 불멸의 시대를 열기 위한 조건은 그리 나쁘지 않다. 심지어 예기치 못한 약진이 없다 해도 그렇다. 하지만 장수에 따르는 문제는 어떻게 될까?

올림포스 산에 우리 자리를 유지하고 모든 골치 아픈 문제가 해결되며, 합리적인 절차의 방향이 잡힌다고 가정하면, 염려의 원인이 될 만한 것은 매우 적어 보인다. 무엇보다 만약 역사의 특정 시기에 다른 해결책이 전혀 안 보인다면 다른 사람에게 자리를 마련해주기 위해 때로 생명 정지 상태에 들어감으로써 번갈아가며 쓸 공간을 그저 공유하기만 하면 된다.

하지만 주요 핵심은, 언제가 됐든 우리가 무제한적인 부를 얻게 되리라는 점과 이용할 수 있는 공간이 무제한이라고 볼 수 있다는 점이다. 예를 들면 지표면 아래 아주 깊은 곳까지 파고들어가 벌집 형태로 가용한 공간을 배가할 수 있다. 역사의 어떤 특정 단계에서 적절하다면 태양계의 다른 행성과 위성들을 식민화할 수도 있다. 그것을 훌쩍 뛰어넘어서 우리의 기계의 수가 충분하고 쓸 만큼 크고 똑똑해진다면, 딱 지구 같은 행성 수천 개를 실제로 창조하기 위해 다른 행성들, 심지어 태양에서도 자원을 그저 가져다 사용할 수도 있다! 아무도 지하에서 살지 않아도 된다.

그 단계를 뛰어넘으면, 꼭 필요할 경우 별들로 갈 수 있다. 황당하고 터무니없어 보이겠지만, 사실 이것은 무제한적인 생산 능력이라는 개념이 낳은 단순한 결과일 뿐이다. 즉 자가 번식하는 지능 있는 기계라는 개념의 단순한 결과인 것이다.

장기적으로 보면 우리는 비용의 압박, 인구의 압박 둘 다 걱정하지 않아도 된다. 그러나 이제는 올림포스에서 내려와 매우 실제적이며 위험할 수도 있는 중간 정도의 문제를 일부 살펴볼 시간이다.

상업 냉동의 비용

냉동 프로그램을 진행하기 위해서는 안치소를 늘려야 하고, 이 때문에 비용이 든다고 생각할 수도 있다. 하지만 이 문제를 약간 조사해보자.

명망 있는 여러 장의사에 따르면, 1962년 디트로이트에서의 장례식 비용은 200달러에서 6,000달러까지라고 한다. 평균은 800달러쯤인 셈이다. 1961년 캘리포니아 장례식 이사 협회는 최소 450달러에 1,000달러 이상이 흔한 비용이라는 점을 '넌지시' 드러냈다.[28]

1963년 현재 디트로이트에는 단 하나의 묘 자리가 영구 관리를 포함해 적어도 80달러는 드는 것으로 나타났다. (자금을 투자하고, 이자로 유지 비용을 공급한다.)

대략 말하자면, 현재 죽음에 드는 총 비용은 보통 1,000달러 전후라는 얘기다. 그렇다면 이제 가까운 미래에, 즉 상업 시설을 이용할 수 있게 될 때 냉동 보존에 드는 비용은 얼마인지 추정해보자.

시신을 준비하는 데에는 아마도 대략 값비싼 극저온 장비를 사용하는 외과 의사 팀의 대수술에 맞추어 비용이 들 것이다. 그러므로 수백 달러는 들리라 예측할 수 있다. 이 비용은 장의 기술자가 외과의를 대체하도록 훈련받을 수 있다면 줄어들 것이다. 가늠하기조차 더 어려운 점은 저장 시설과 유지에 드는 비용이다. 하지만 알려진 비용이 아주 없지는 않다.

1963년 디트로이트에서 좋은 시설의 안치소의 어느 한 자리는 1,250달러였다고 한다. 묘지 건설 자체에는 300만 달러가 들고, 6,500구의 시신을 수용할 수 있다.

냉동 안치소로 간주하면서 저장 시설에 드는 비용을 대략이나마 추산해볼 수 있을까? 어쩌면 적어도 초기 비용만 감안하고 유지 비용은 계산에서 뺄 수도 있다. 사실 냉동고는 안치소처럼 근사하고 공간이 넉넉할 필요는 없으며, 일단 채워지고 나면 일상적으로 접근할 방법을 마련해줄 필요기 없기 때문에 최초에 드는 비용은 안치소의 한 자리를 사는 것보다 더 적게 들 수도 있다. 특히 지금 고려하는 냉동 계획이 매우 단순하다는 점을 생각하면 더욱 그렇다.

냉동 장비를 유지하는 데 최고 얼마의 비용이 드는지 헤아리기 위해, 가능한 한 가장 단순하게 계획해보자. 가장 단순하다는 것에 비해 설치는 제일 저렴하고 유지에는 최고로 큰 비용이 들 것이다.

이 방법은 그저 저장 공간을 액화 헬륨으로 둘러싸고, 층을 고립하고, 액화 헬륨이 증발될 때 재공급하는 것이다.

이제 2미터 지름의 원통형 용기에 담긴 4,000리터의 액화 헬륨은 액화 질소의 방어막으로 보호받으며 매일 0.2퍼센트씩 증발한다.[29] 만약 끝에서 끝까지 30미터인 입방체 저장 공간을 생각해본다면, 이 공간은 1.5입방미터당 한 구씩을 담당하며 1만 8,000구의 시신을 수용할 것이다. 만약 헬륨과 접촉하는 부분, 노출된 부분에 비례해서 증발한다면, 이 액화 헬륨은 하루에 약 3,400리터씩 증발할 것이다.

1962년 현재, 디트로이트에서 액화 헬륨은 100리터 들이 용기에 담기는 것이 1리터당 7달러라고 한다. 만약 이 수치로 이해한다면, 증발로 사라지는 헬륨의 비용은 시신 한 구당 하루 1.32달러, 1년에 약 480달러라고 할 수 있다. 실제로 이 가격은 분명히 매우 낮아질 것이다. 다양한 유전에서 나오는 천연가스이 1~8퍼센트를 함유하면서 헬륨은 높은 양으로 이용할 수 있다.[30] 반면, 우리는 액화 질소 보호물을 되채우는 비용을 간과했다. 하지만 100리터 들이에 담긴 액화 질소는 리터당 고작 50센트밖에 하지 않는다. 그리고 1달러 가치당 숨겨진 기화열은 헬륨보다 훨씬 크고, 제대로 차단하면 열을 매우 적게 새게 하면서 이 비용을 최소화할 수 있다.

사실 매우 두터운 차단 처리를 하면, 액화 질소의 보호막은 전부 골고루 다 씌워져서 헬륨의 증발 비율도 의심의 여지 없이 줄어든다. 어찌 됐든, 헬륨을 냉각하고 재활용하는 비용은 헬륨을 그저 교체하는 것보다 틀림없이 훨씬 더 낮아질 것이다. 특히 대규모의 연구와 투자를 시행한 후에는 더욱 그렇다. 시신 하나당 1.5입방미터로 몫이 돌아가면 엄청나게 후하고도 남을 정도다. 대체로, 시신 하나당 1년에 드는 비용은 어림잡아 200달러라고 해도 크게 지나치지 않을 것이다.

1년에 200달러를 얻으려면 6,667달러를 3퍼센트 이자에 투자하는 조치가 필요하다. (이 정도에 내놓는 좋은 채권이 매우 많이, 항상 판매되고 있다.) 저장 공간에 1,250달러가 들고, 냉동 비용을 위한 6,667달러의 자금 투자와, 시신을 준비하는 데 드는 몇백 달러를 합치면 시신 하나당 대략 총 8,500달러가 냉동과 보관에 드는 셈이다. 공동으로 구매한다고 감안했을 때, 개인적 냉동 프로그램에 드는 가안의 비용이다.

어떤 가치가 있을지 모르겠으나, 150파운드의 고기를 약 영하 18도 이하로 보관하며, 물론 일상적인 접근이 가능한 6입방피트의 냉동 음식 저장고를 1년에 10에서 15달러에 빌릴 수 있다는 점도 흥미롭게 지적할 만한 정보다.[31]

말할 필요도 없이, 정교하면서도 안전을 높이는 숱한 요소는 비용을 증가시킨다. 가령, 펠티에 효과(전류가 두 개의 다른 금속 면에 흐를 때, 접촉의 한 면은 냉각되고 다른 면은 따뜻해지는 현상. 열전대 현상과 반대다.)를 공학적으로 실행하는 일이 실현된다면, 움직이는 부속 없이 완전하게 자동화된 단위를 만들 수도 있다. 열전기적 냉각은 이미 상당한 관심을 받고 있다.[32] 전력의 원천은 열전기도 될 수 있다. 그렇게 정교한 설비에는 막대한 투자가 필요하지만, 세금과 때때로 실시하는 검사를 제외하고는 유지 비용이 거의 전무할 것이다.

한편 발전 가능성이 있는 어떤 요소라도 총 비용을 줄여줄 수 있고, 세금 보조금도 직접적으로 비용을 줄여줄 수 있다.

응급 저장의 비용

만약 한 상호 원조 단체가 가까운 미래에 어떤 상업 시설도 없는 상태에서 냉동된 구성원을 보관하고 싶다면, 비용은 얼마나 들까?

짐작컨대, 건물이 하나 있어야 하고, 관리인 등이 필요하다. 하지만 여기서는 냉동 비용이 관심사다.

대략 계산해보면 다음과 같다. 평균적인 공간(안도 바깥도 아닌 절연재의 한가운데)의 용기를 가정해보자. 약 2미터×약 1미터×약 1미터이다. 재질은 약 15센티미터 두께의 코르크판 격리재와 함께 금속으로 해보자. 안쪽은 아랫부분에 몸을 위한 공간과 윗부분에 냉각제를 위한 공간으로 나뉠 수 있다.

만약 드라이아이스를 사용하면, 또 다른 수치가 셈에 포함된다. 기화열 1파운드당 246BTU다. 드라이아이스의 온도는 약 영하 78도까지 간다. 코르크판의 전도성은 화씨온도 1도당, 1평망피트당, 한 시간당 0.22BTU다. 드라이아이스 값은 1파운드당 아마 6센트도 안 될 것이다.[33]

만약 방 온도가 21도까지 된다고 하면, 단순화한 계산 속의 이 수치를 조합했을 때 드라이아이스 교체 비용은 하루에 4달러가 된다. 하지만 이 비용은 여러 방법을 통해 더 낮아질 것이다.

비록 이렇게 대략적인 그림을 바탕으로 가장 조악한 방법을 쓴다 해도, 우리에게 이익이 되도록 작용하는 어떤 요소가 있을 것이다. 그 이익은 이론적으로 계산하기가 조금 어렵다. 예를 들어 방의 평균 온도는 21도보다 한참 낮을 것이다. 왜냐하면 겨울에는 난방하지 않을 테고, 이산화탄소가 증발하여 온도가 낮아질 것이기 때문이다. 만약 많은 수의 몸이 있다면 이 효과는 더욱 강화된다. 절연재의 두께가 있기에 훨씬 더 효과가 커질 것이기 때문이다. 더 나아가 저장 공간이 지하실에 있다면, 땅 아래와 그 주변이 격리 효과를 더욱 높여줄 것이다. 또한 앞에서 이산화탄소가 데워지면 발생하는 열의 흡수력을 무시했다. 새어 나오기 전에 영하 42도에서부터 어떤 온도든 도달하는 온도에서 승화하고 난 다음의 일이다. 비록 이 고려는 방 온도에 대한 것과 부분적으로 겹치기는 해도 말이다.

만약 수 피트의 격리재를 추가로 사용한다면, 그리고 시신이 여러 구 있다면, 비용은 대단히 절감되어 한 시신당 하루에 40센트씩 줄일 수 있다. (추가로, 밀짚이나 유리솜을 격리재로 써볼 수도 있다. 유리솜이 격리의 질은 높고 화재 위험이 덜하다는 면에서 좀 더 낫다. 유리솜은 대체로 코르크판만큼이나 좋은 격리재다.) 만약 상당한 수의 시신이 있다면, 만약 특수하게 디자인되거나 개조된 건물이 사용된다면, 만약 격리재를 추가할 수 있다면, 비용은 시신당 하루 10센트까지 끌어내릴 수 있으며, 계획에 큰 차질이 없어질 것이다. 물론 우리는 아주 가까운 시간 안에 경제적 상업 시설을 사용하게 되리라 기대할 수 있다.

만약 액화 질소를 사용한다면, 교체 비용은 최대 25배까지 뛸 수 있다. 취급도 한층 어려워진다. 그러나 운반할 때만 제외하고는 가스와 압력이 새지 않는 용기는 사용할 필요가 없다. 사실 드라이아이스에 대해서는 증발을 위한 통기구를 반드시 마련해야 한다.

신탁 기금과 안정성

사람들은 냉동되기 앞서, 휴면기의 몸을 안전하게 지키고, 소생될 사회에서 견고한 위치를 확실히 얻기 위해 열성적으로 노력할 것이다. 가령, 공들여 계획한 신탁 기금을 예상해볼 수 있다.

'죽음과 함께 무덤까지 가져가려고' 시도하는 사람은 냉동 보존에 대한 믿음직한 감독을 원할 것이고, 복리의 마술을 통해 부자로 깨어나길 희망할 것이다. 그럼에도 처음에는 모든 사람이 부자로 깨어날 수 있는 희망에는 의구심을 품기 쉽다. 그것은 어딘가 '자연에 반하는' 듯 보이거나 '공염불'인 것처럼 보일 수 있기 때문이다. 또한 미래의 정부가 마음대로 모든 재산을 몰수하고 어떤 형태의 신탁 자금도 그 효력을 빼앗아 갈 가능성이 있다는 사실도 알고 있다.

이에 대한 고려는 매우 복잡하다. 경제적·심리적으로 그렇고, 예측이라는 것도 반추측에 기댈 수밖에 없으니 말이다. 그래도 몇 가지 적절한 얘기는 할 수 있다.

이율은 물론 두 가지의 일반적인 요소에 의존한다. 하나는 물리적인 것이고 다른 하나는 심리적인 것이다. 전자는 달러의 경제성, 즉 자본재로서 달러의 가치가 부를 산출하는 생산성의 비율이다. 후자는 수요·공급 상황과 관련 있다. 사람들은 당연히 물리적 생산성의 요소가 끝없이 증식하길 바란다. 하지만 심리적인 요소에 오면 분석은 거의 불능이고 예측조차 할 수 없다. 만약 이 말이 맞다면 오로지 경험만을 대략적인 길잡이로 삼을 수밖에 없다. 신탁 기금으로 대변되는 공급의 단기 금융 시장에 미치는 효과를 가늠하는 시도도 필요없이 말이다.

세금은 무시하고 이렇게 가정해보자. 우리는 돈의 일부를 자산 투자에 넣음으로써 인플레이션에 모험을 건다. 만약 냉동 기간 동안 투자 수익이 보수적으로 잡아서 매해 3퍼센트 된다면, 그대로 둔 1,000달러는 100년 안에 약 1만 9,000달러, 200년 안에 37만 달러, 300년 안에 700만 달러로 불어날 것이다.

이 돈은 실재한다. 처음에 이것은 소비재부터 자본재까지 구매력의 전환을 나타낸다. 그에 이어 끝없는 재투자가 뒤따른다. 만약 그러한 부가 무시무시해 보인다면 한 국가의 1인당 생산성은 현재 해마다 거의 2.5퍼센트씩 증가하고 있으며, 그 증가율은 대단히 큰 폭으로 향상될 가능성이 높다는 점을 꼭 기억해야 한다. 현재 미국의 연간 1인낭 총생산량은 450만 달러가 될 것이다! 성장률이 더 높아지지 않는다 해도 말이다. 1960년에는 고작 2,800달러였다.[34]

나는 미래 세대가 냉동 인간의 계좌와 재정적 영향력에 시기심을 느낄 것이라고 생각한다. 그 숨 쉬는 사람은 저축에서 출발이 더 늦긴 하겠지만 훨씬 더 큰 소득에서 저축할 여유가 있을 것이다. 설사 냉동 인간을 겨냥한 차별적인 법과 몰수법이 없다 하더라도 재정적으로 이류 시민이 될 필요는 없을 것이다.

냉동고에 잠든 사람은 가족의 신의와 전통에 의해 보호받아야 한다. 그 전통은 냉동될 차례가 돌아온 모든 사람은 무력하며 후손의 선한 의지와 준법정신에 의지할 수밖에 없다는 점을 인식하는 일이다(그 세대가 불멸을 손에 넣을 때까지).

또 오래지 않아 생명 정지라는 선택지도 가능해지리라는 점을 기억해야 한다. 일부 개인은 노쇠해지기 전에 차가운 잠을 선택할 것이다. 따라서 주기적으로 깨어나 상황을 둘러보고 자기 후세를 확인할 수 있게 된다.

이 증조부의 방문이 빚어내는 법적·사회적인 결과를 예측하기란 쉽지 않다. 우리 중 혹자는 그런 생각에 약간은 거부감을 느낄 수도 있다. 이를테면 하얗게 서리 내린 수염을 단 좀비가 몇 년마다 지하실 계단을 오른다, 가족에게 흐리멍덩한 눈빛을 보내고, 한 기업의 이사회 선거에서 투표권을 행사할지도 모른다고 생각하면 말이다. 하지만 이 모든 일에 익숙해지고 나면, 오히려 가족과 단체가 영속

된다는 이로운 전통이 결말로 기다릴 것이다. 인류의 단일성이라는 감정을 강화해주고, 서로에게 끝나지 않는 책임이 있다는 철저한 감각을 심어주는 것이다.

국제 관계

미국과 유럽 지역을 제외하곤 불멸에 대한 전망을 얘기하는 경우는 몹시 적다. 후진국에서는 이 불멸에 대한 전망이 내부적, 외부적 정책에 어떤 영향을 미칠까? 공산주의 국가는? 이 문제에 대해서 실제로 어떻게 발전된다고는 말할 수 없다. 그러나 어떤 일이 생길 수 있고 일어나야 하는지는 조금 언급할 수 있다.

후진국이거나 전체주의 국가의 지도자 중 일부는 일단 탐탁지 않다는 반응을 보일 수 있다. 냉동 보존 프로그램은 그렇지 않아도 부족한 자원에 막대한 짐을 더 얹어줄 수 있고, 자칭 혁명의 준종교적 이상을 물질주의적인 목표로 대체하면서 기강이 약화될 수 있기 때문이다.

문제를 명확히 하기 위해 '신생' 국가와 '공산주의' 국가의 본성에 대해 몇 가지 얘기하겠다. 상식적으로 알려진 것이 항상 명명백백하지는 않다.

경제적으로 이 국가들은 대부분 사회주의나 국가 자본주의를 표방한다. 이 점은 일부 서구 유럽 국가도 별다르지 않다. 정치적으로는 대개 관료주의에 매우 의존하고 있다. 거의 같은 뜻의 더 오래된

냉동 인간

말로 표현하자면 과두 정치다. 이 점에서조차 전혀 새롭지 않으며, 선진국이며 우파적인 나라와도 별 차이가 없다. 보통의 전체주의적 특성은 초기 역사로부터든, 정치적 우파로 자리 잡은 다양한 국가로부터든 급진적 이탈을 보여주지 않는다. 개발도상국의 경우 원동력은 그저 대체로 인종적이거나 민족주의적인 애국심 혹은 어설프게 우월주의가 증류된 이상理想에 지나지 않는다. 공산주의자의 경우엔 예언가인 마르크스와 레닌의 사상에 기반을 둔 비술의 요소가 한결같이 덧붙는다. 지도자의 관점에서 목표는 개인과 국가의 힘을 확장하는 일이라고 할 수 있으며, '이데올로기'는 인민에게서 복종과 자기희생을 길어 올리는 수단에 지나지 않는다.

말이란 사용되면서 참 재미있는 방식으로 뒤틀리곤 한다. 우리 쪽은 이상주의자이고 공산주의자는 유물론자로 여기기 십상이지만 사실은 그 반대가 진실에 더 가깝다. 우리는 자신을 위해 자유와 부를 원한다는 느낌에 대해 유물론적이 될 만큼 성숙하다. 그리고 어느 알지도 못할 후세를 위해서뿐 아니라 우리 자신이 자유와 부를 원한다는 점에서, 그리고 국가를 사람을 위한 도구, 목적을 위한 수단에 불과하다는 점을 기억한다는 점에서 그렇다. 반면 공산주의자는 선전 문구를 위해 제 자신을 기꺼이 희생할 것이며, 일종의 신비주의를 끌어안는다는 점에서 유치한 이상주의자다. 그 신비주의란 국가와 이데올로기에 본질적인 가치와 영원한 의미를 주입하려는 시도다. 신이 없는 쪽은 대체로 우리 쪽이지 공산주의자 아니다. 우가 여호외의 우위를 받아들일지 몰라도 실제 문제에서 신과 의논하는 경우는 별로 없다. 반면 공산주의자는 하루하루의 지침을 구하면서 예언자 마르크스와 레닌에게 실질적인 신격을 부여하며 신실한 경의를 보낸다. 소련의 노동자는 너무도 독실해서 마르크스 레닌주의의 재단 위에 바치기 위해 자기 권리를 희생해왔다.

그러므로 심각한 위험이 떠오른다. 동양과 남쪽 나라의 많은 지도자가 냉동 프로그램이 그들 체제의 토대를 정면으로 위협한다고 느낄 수 있다는 점이다. '혁명적'이라는 말에 도취해서 자부심을 느끼는 사람들은 사실 지적인 융통성과 적응 능력이 분명 결여돼 있으며, 기어를 바꾸고 그들 스스로를 새로운 환경에 변화시키는 데 어려움을 겪고 있다. 좌절과 원망과 시기심으로 채워진 분노는 처음에는 국제적 긴장까지 악화시킬 수 있다. 그러나 희망적인 요소도 함께 있다.

공산주의자와 그들의 지도자도 우리와 같은 사람이다. 마냥 까다롭고 신비롭기만 한 우주 안에서 살아남기 위해 고투하고 우주가 무엇인지 알아내기 위해 애쓰는 사람들이라는 뜻이다. 절박함은 환상을 낳는다. 하지만 실제적이고 개인적인 수준에서 희망이란 상생을 위한 핵심이 될 수 있다.

민족주의자와 좌파 지도자는 한동안 분개해서 병 속에 든 말벌처럼 윙윙거릴 수도 있다. 하지만 두 가지 문제를 점차 깨닫게 된다면, 조용히 입 다물어야 한다. 첫째, 그들은 자신과 가족 때문이라도 불멸을 원할 것이다. 둘째, 장기적 전망에서 모든 문제가 완전히 다른 관점을 띠게 된다. 미래가 확장될 때 과거는 축소된다. 역사적 모욕은 그 독침을 잃으며, 피의 복수도 그 매혹을 잃는다. 그러면 노랫말의 그 좋은 의미가 자명해진다. 부정적 요소를 제거하고 긍

정적 요소를 강화해준다는 뜻이다.

가난한 나라의 재정을 확대하고 확보하려면 많은 절충과 임시방편이 필요하다. 많은 나라에서 한동안 냉동 보존에 매우 엄격한 절약을 실행해야 한다. 어쩌면 시신을 밀짚으로 격리하고 드라이아이스로 냉각해 구덩이 같은 곳에 보관해야 할지도 모른다. 드라이아이스로 얼리고 난 후 천연 냉동 보관소를 찾아 시베리아로 옮기는 일까지도 가능하다. 만약 시베리아에서의 기온 변화가 제한돼 있으며, 혹은 이곳에서도 저온 유지에 인공적 조치를 취해야 한다 해도 그 비용이 이전 비용을 보장해주고도 남을 만큼 더 적게 든다는 결론이 난다면 말이다. 초기에 시신이 얼마나 솜씨 좋게 보존되는가는 그리 중대한 문제가 아니다. 희망이 보존되는 한은 그렇다. 시간과 학습으로 인해 수요도 늘어날 것이다. 원하건대 자원과 협력도 그만큼 늘어날 것이다. 특히 산아 제한 프로그램이 최고로 급격히 가속받는 계기로 삼을 수도 있다. 오래지 않아 더 가난한 나라도 군사적 이유로 저온 생물학의 조력을 선호하게 되리라는 희망도 품을 수 있다.

숱한 위험 요소가 있지만 그만큼 낙관의 여지도 있다.

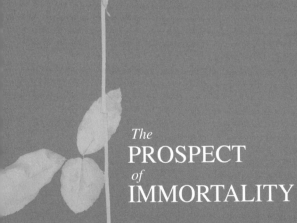

The
PROSPECT
of
IMMORTALITY

8

정체성의
문제

에팅거는 죽음이란 정도의 문제라고 정의한다. 그의 사고 실험은 "개인성이란 환상"이며, "우리는 정체성을 갖는다기보다는, 목적에 걸맞은 기준에 의해 측정되는 어느 정도의 정체성을 갖는다고 말해야 맞는 것이다"라고 제안한다. 이 지점에서 에틴거는 명백히 흄학파의 행보로 이끌리고 있다. 흄은 자아란 환상이라고 결론을 내리면서 그럼에도 불구하고 자신과 다른 철학자들은 마치 자아의 존재를 믿는다는 듯이 계속 행동에 옮겨나갈 것이라고 지적했다. 그러나 에팅거는 자신의 "실험적이고도 부분적인 답"을 넘어서기 위해서는 한층 더 나아간 철학적 작업이 필요할 것이라고 밝히고 있다.

냉동 인간의 정체성

냉동 인간을 소생시키고 치유하고 젊음을 되돌려놓으며 개선하는 문제에 관해 고찰하자면, 매우 광범위한 보수와 변경의 가능성을 머릿속에 그려볼 수 있다. 이는 대단히 많기도 하거니와 당황스러운 수수께끼를 불러들인다.

극단적인 경우로서, 죽음 후 몇 시간이 지날 때까지 냉동되지 않다가 그나마도 조잡한 방법으로 냉동된 나이 많은 암 피해자를 상상해보라. 몸의 거의 모든 세포가 심각한 손상에 시달렸고, 오늘날의 기준으로 볼 때는 철저하게 죽었다. 일부 세포는 배양으로 키워내고, 낮은 비율이지만 일부는 비교적 적게 변질되었다고 가정할 수 있다 해도 말이다. 그러나 충분히 수 세기가 지난 후 의술이 마침내 그를 상대할 준비가 되었다. 그리고 강조의 의미에서, 그로테스크하게 조합된 기술을 사용한다고 가정해보자.

병원에서 일어날 무렵, 소생자는 형편없이 누덕누덕 기워져 있을 수 있다. 그의 내장, 즉 심장, 폐, 간, 신장, 위와 나머지 전부가 실험실에서 다른 누군가의 기증 세포로 배양되어 접붙여지고 이식되었다. 팔과 다리는 본인의 의사에 따라 섬유와 쇠와 플라스틱으로 만들어진 피가 없는 인공물이 되었다. 촉감까지 갖추었지만, 아주 작은 모터로 뻗거나 구부릴 수 있다. 뇌세포는 몇 개 보존할 수 있었던 세포에서 재생시켜서 대부분은 새것일 테고, 그의 기억과 성격 중 일부는 문자 기록을 통해 규명 과정을 거친 후 새로운 세포에 새겨 넣어야 할 수도 있다.

열의에 차서 새로운 세상으로 발걸음을 내딛으면서, 그는 새로 태어난 사람처럼 느낀다. 그는 새로 태어난 사람이 맞는가?

이 소생자는 누구인가? 따져보자면, 나는 누구이고 당신은 누구인가?

대부분의 소생자가 그토록 극단적인 경우는 아닐 것이다. 우리는 당연히 손상 입지 않은 방법으로 냉동되기를 바라지 않겠는가. 그럼에도 이 문제를 비껴갈 수는 없다. 우리는 이제 철학 혹은 생물학에서 풀리지 않은 가장 주요한 문제의 하나와 마주하고 있다. 이것은 이제 극도로 실제적 측면에서 제일 중요한 문제의 하나가 되었다. 즉 '자아'의 본성과 관련된 문제다.

개인을 특정 지어주는 것은 무엇인가? 영혼 혹은 본질 혹은 자아는 무엇인가? 언뜻 보기에 난해한 이 질문은 짧은 세월 안에 실제적 문제의 거의 모든 영역에서 세분화해서 나타날 것이다. 숱한 신문 사설과 의회의 조사 대상이 될 것이며, 대법원까지 가게 될 문제다.

두 가지 질문의 형태로 초점을 더 잘 맞출 수 있다. 첫째, 어떻게 한 사람과 다른 사람을 구분 지을 수 있는가? 둘째, 죽음과 삶을 어떻게 구분할 수 있는가?

뒤에서 잠정적이고도 불완전한 답을 몇 가지 내놓겠다. 우선 문제를 비추어보고, 일련의 실험을 고려하면서 그 까다로움과 미묘함을 짚어보고자 한다. 이 실험의 일부는 가상이지만 원리적으로 보면 가능할지도 모른다. 어떤 실험은 실제로 시행된 적이 있다.

실험 1 늙어가도록 내버려둔다.

법적으로 그 사람은 자신의 정체성을 보존한다. 주관적으로도 그렇고, 또한 지인들의 마음으로 보기에도 (대체로) 마찬가지다. 그럼에도 몸의 재료 대부분은 대체되고 바뀌었다. 기억은 바뀌었고, 일부는 잃었다. 외관과 성격도 변했다. 많은 세월이 흐른 후 그 사람을 다시 보게 된 오래된 지인이 그가 같은 사람이라고 믿는 것을 거부할 경우도 가능하다.

이 실험을 처음 고려하면서, 우리는 약간 혼란스러워지기 쉽다. 하지만 이 사람이 '기본적으로는' 바뀌지 않았다는 막연한 확신은 유지한다. 육체적이고 심리적인 일관성이 이 문제와 조금 관계가 있다고 느껴지지 않는가.

실험 2 육체적인 손상이나 질병 혹은 감정적 충격이나 그 모든 것이 조합되어 한 인간의 성격과 체형이 갑작스럽고도 격렬하게 변했다. 그러한 일은 곧잘 일어났었다.

그 후에는 예전 그 사람과 정신적, 육체적으로 닮은 점이 거의 남지 않게 될지도 모른다. 비록 말하는 능력을 회복한다 해도 '총체적' 기억 상실이 있을 수도 있다.

물론 그는 가령 지문도 그대로이고 유전자도 그대로 간직한다. 그러나 사람을 차지하는 주요 부분이 그런 요소라는 것은 얼토당토않다. 일란성 쌍둥이는 정확히 유전자가 똑같지만 그럼에도 서로 다른 개인이다.

몸의 물리적 재료는 같지만 다른 사람처럼 보이고 스스로도 그렇게 느낄 수 있다. 이제 우리는 더 심각하게 혼란스럽다. 왜냐하면 일관성의 주요 부분이 고작 물리적인 것에 지나지 않기 때문이고, 성격에선 단절이 일어났기 때문이다. 한 사람이 파괴되고 선임자 몸의 조직을 물려받으면서 다른 사람이 창조되었다고 말하는 것도 그럴듯하다.

실험 3 '분열된 성격'의 극단적인 경우를 관찰할 수 있다.

때로 두 가지 (혹은 심지어 더 많은) 이질적인 성격이 같은 몸을 점하며, 때로 그중 하나가 통제권을 행사하고 때로는 다른 성격이 통제권을 행사할 수도 있다는 것은 흔한 믿음이다. 부분적으로는 분리된 기억의 조합 하나하나가 연관이 있을지도 모른다. 같은 몸 안의 두 '사람'은 서로를 싫어할 수도 있다. 그 둘은 한쪽이 지배적일 때 다른 쪽에게 글을 써서 소통할 수도 있다. 자기 차례가 돌아왔을 때 읽기 위해서 말이다.

우리는 이 현상을 정신 장애나 병리적 증상으로 말하며 일축해버리는 경향을 보일지 모른다. 이 경향은 성격 중 한 가지가 대개 결국은 덮이는 듯 보인다는 사실로 더 강화될 수 있다. 혹은 두 가지가 통일을 이루어서 '정말' 쭉 한 사람만 있었다는 인상을 남기는 것이다.

그럼에도 여러 성격은 행동 테스트에 따라서 완전히 구분할 수 있다. 그리고 주관적으로 그 차이는 명백히 진짜다. 이것은 결국 개인의 본질은 성격 안에, 뇌 활동의 패턴 안에, 그 기억 안에 놓여 있다는 혼란스러운 인상을 남긴다.

실험 4 새로 수정된 인간의 난자에 생화학적 혹은 현미 외과 수술의 기술을 적용하면서, 분리되고 떨어지도록 강제해서 일란성 쌍둥이를 만든다. 그 난자에서 손상 입지 않은 세포가 하나의 개인으로 자라난다. (비슷한 실험을 동물에게 시행한 적이 있다.)

보통의 개인이라면 수정된 '순간'에 발원했다고 말하는 것이 옳다. 어느 모로나 그보다 더 적합하게 맞는 시간은 없다. 탄생의 시간을 한 인간이 발원 시간이라고 할 수는 확실히 없다. 제왕절개 수술 역시 살아 있는 개인을 생산하기 때문이다. 또 태아가 자라나는 단계의 어느 지점을 잡아 일간의 발원 시점으로 삼는 것도 너무 자의적이다.

간단하고 거칠고 물리적인 개입으로 두 개의 생명, 두 명의 개인이 결과물로 나타났다. 개입하지 않았다면 하나였을 생명이다. 어떤 의미로 우리는 하나의 생명을 창조해냈다. 아니면 한 생명은 파괴하고 두 생명을 창조해낸 것일 수도 있다. 이 두 개인 중 어느 쪽도 원래 태어났어야 할 아이와는 같지 않은 존재이기 때문이다.

비록 어떻게 해도 증거가 되지 못하지만, 단순하고 조잡한 기계적 혹은 화학적 조작으로 '영혼을 창조할' 수 있다는 사실은 '영혼'과 '개성'이라는 대단한 단어가 어쩌면 서투른 시도 이상은 아무것도 아닐 수 있음을 시사한다. 그 시도란 물리적 현실과의 연관, 그것도 오직 제한된 연관만 지닐 뿐인 한 시스템에서 특정한 '성질'을 추출하는 것, 심지어 그 시스템에 특정한 '성질'을 주입하려는 시도다.

실험 5 고도의 외과 기술로써 두 사람의 두개골에서 뇌를 들어내 서로 교환한다(아마도 그리 멀지 않은 미래에 가능할 것이다).

이 실험은 혹자에게는 사소해 보일 것이다. 잘 생각해보면, 중요한 것은 팔이나 다리 혹은 얼굴도 아닌 뇌라는 데에 대부분 동의할 것이다. 만약 조라는 사람이 짐과 비슷하게 생긴 마스크를 쓰고 있다 해도 그는 여전히 조이다. 그리고 만약 그 '가면'이 살아 있는 살이고, 몸 전체를 다 뒤바꾼 뒤 살갗으로 덮는다 해도 우리의 결론은 아마도 같다. 짐의 몸에 조의 뇌를 조립해놓은 경우도 그 사람은 조와 같은 사람일 것이다. 그러나 적어도 두 가지 요소가 이 실험을 사소하지 않게 만든다.

첫째, 만약 이 실험이 그저 공론에서 그치지 않고 실제로 시행된다면, 이 사람에 대한 감정적 충격은 엄청날 것이다. 아내들은 실험 대상만큼이나 매우 동요할 것이다. 더욱이 짐의 몸 안에 든 조는 급격히 변화할 것이다. 성격이란 환경에 큰 영향을 받고, 몸은 뇌의 환경에 중요한 부분을 차지하기 때문이다.

또한 조의 팔다리와 얼굴과 내장이 조의 본질적 특질은 아니라고 할 수 있다 치자. 하지만 그의 고환은 어떤가? 만약 짐의 몸 안에 든 조가 두 아내 중 한 명과 함께 눕는다면, 그는 오로지 짐의 아이를 낳게 될 뿐이다. 그는 짐의 생식선을 사용하기 때문이다. 여기에 이어지는 심리적·법적 문제는 그야말로 엄청나다.

혹자는 조와 짐을 그만 포기하고 해리와 헨리로 새로 시작하고픈 마음이 들 수도 있다. 어떤 면에서 그것은 비현실적 도피다. 기억과 가족의 권리와 재산권은 말소될 수 없기 때문이다. 또 다른 관점에서 보면, 한 개인의 성격을 규정하는 일은 어느 정도까지는 자의적이라는 사실을 인정하는 것이 이치에 닿는다.

다시 한 번 물리적 시스템(즉 실제 시스템)은 결국 물리적 파라미터(작동에 있어서)에 의해 설명되어야 하며, 시스템에 너무 깊거나 추상적 딱지를 붙여 고정하려는 시도, 혹은 주관적 견지에서 범주를 나누려는 시도는 완벽하게 성공할 수가 없다.

실험 6 아직까지는 불가능하지만, 고도의 외과 기술로 한 사람의 뇌를 둘로, 좌뇌와 우뇌 절반으로 나누어서 반쪽을 다른 두개골에 이식한다(주인은 소생된 사람이다).

비슷하지만 좀 덜 과격한 실험이 시행된 적이 있다. C. B 트레바덴 박사는 분할 뇌의 원숭이에 대해 작업하면서 다음과 같이 보고했다. "……외과 수술로 분리한 뇌의 반쪽은 마치 퍽 독립적인 것처럼 정상 수준에서 하나하나 배울 수 있을지도 모른다."[1] 설령 뇌가 뇌간으로 가는 모든 길까지 분리돼 있지는 않다 해도, 또한 원숭이는 사람이 아니라 해도, 이 사실은 매우 흥미롭다.

문학에도 다른 증거가 있다. 다음과 같이 어느 정도 단순화하고 과장해서 요약해볼 수 있다. 뇌의 어느 반쪽도 개인으로서의 기능을 독립적으로 대신할 수 있다. 보통은 한 반쪽이 우세하고, 다른 반쪽은 잃는다고 해도 지나치게 심각한 사태는 빚어지지 않는다. 심지어 지배적인 반쪽까지 제거되거나 죽는다고 해도, 다른 반쪽이 필요한 기술을 배우면서 자리를 대신할 것이다.

현재, 이렇게 과격한 실험이 반드시 성공하리라는 결정적이 증거는 없다. 하지만 원리적으로는 가능하다고 알고 있으며, 무엇보다 지금 우리의 관심사는 기술적 난제가 아니다.

만약 이 실험을 성공한다면, 우리는 새로운 개인을 창조하게 될 것이다. 왼쪽 뇌 반이 우세하다면 원래 개인에게 Lr이라는 레이블을 붙일 수 있다. 수술 후에 그 왼쪽 뇌를 담고 있는 같은 두개골에 대해서는 L이라고 불러보자. 수술 후에 다른 두개골에 홀로 있게 된 오른쪽 뇌는 R이다.

L은 Lr과 같은 사람으로 자신을 생각한다. R 또한 병에서 회복되어 자신을 Lr이라고 생각할 수도 있다. 하지만 바깥세상에 그는 비록 Lr과 비슷하기는 하지만, 새롭고 다른 사람으로 보일 것이다.

어째 됐든 R은 제 권리를 가진 개인이고, 여느 사람들의 삶처럼 제 삶도 소중하다고 여긴다. 그는 대개의 사람이 그러하듯이 끈기 있게 삶에 밀착할 것이며, 만약 자기 죽음이 다가오는 것을 본다면 L이 살고 있음을 안다 해도 위안을 받지 못할 가능성이 높다.

더 흥미로운 것은 이전에는 지배적인 반쪽이었다가 이제는 두개골 안에 홀로 남은 L의 태도다. 수술에 들어가기 앞서 Lr에게 우세

했던 뇌의 반쪽이 병들었고, 제거해야 하는 것임을 알려주었다고 가정해보자. 하지만 어느 정도의 성격 변화와 기억의 상실이 동반되기는 해도 다른 반쪽이 자리를 대신해줄 것이라고 말해준다. 그는 두말할 필요 없이 걱정하고 심란해할 것이다. 하지만 그는 아마도 그 상태를 사형 선고로 여기지는 않을 것이다. 다시 말해, Lr은 R이 살아남는다는 확신에 충분히 위안받을 것이다. 하지만 분리와 이식 후, L은 자신의 파괴를 죽음으로 여길 것이며, R이 다른 몸에서 살아 있다는 사실이 만족스럽지는 못할 것이다.

이 실험은 다시 심리적으로 물리적 일관성이 중요한 고려 사항임을 보여준다. 반드시 논리상으로는 아닐지 몰라도 말이다.

실험 7 한 사람이 짧은 임상사clinical death 기간 후에 소생되었다. 기억을 일부 상실했고 성격도 일부 바뀌었다.

이 실험은 실제로 시행된 적이 많다.[2] 죽음은 보통의 임상 테스트에 의해서 진짜였다(호흡이 없고 심박이 없다). 하지만 거의 모든 세포가 아직 살아 있고, 대부분의 사람은 자기가 '정말로는' 죽지 않았다고 생각할 것이다. 임상사 후에도 자기는 확실히 같은 사람이라고 생각한다. 이 실험은 다음의 실험을 위한 배경으로서만 중요하다.

실험 8 한 사람이 죽고 이틀 정도 방치되어 생물학적 죽음과 세포의 죽음을 통과한다. 그러나 이제 경이로운 일이 일어난다. 더 오래된 종족의 대단한 외과의를 데리고 아르크투루스 별에서 우주선이 도착하는 것이다. 의사는 죽고 부패한 남자에게 의술과 치료법을 시행한다. 죽은 자의 덜 위중한 병증도 치료한다.

물론 더 오래된 종족이 어딘가 존재한다고 제안하려는 것은 아니다. 이 실험은 전적으로 가정에 의거한다. 하지만 우리가 아는 한 오늘날에 그런 실험은 원리적으로는 가능하다.

이 실험이 내포한 암시는 우리를 쉽게 뒤흔든다. 만약 부패를 치유 가능한 또 하나의 질병으로 여긴다면 몸이 진정으로 죽었다고 여겨질 때는 언제인가? 만약 '진정으로' 죽었다는 것을 '영원히' 죽었다는 뜻으로 받아들인다면 우리는 자신이 언제 죽음의 상태에 있는지 결코 알 수 없을지도 모른다. 그 기준은 그 사람에게 이미 일어난 일이 아니라 끝없는 미래를 향해 일어날 일이기 때문이다.

실험 9 한 사람이 죽고 부패하며 몸의 부속품이 산산조각이 났다. 하지만 긴 시간이 흐르고 나서 어떤 초인적 존재가 그의 원자를 어찌어찌 모아서 재조립하고, 이 사람은 재창조된다. 다시 한 번 강조하지만 이 실험의 난점이나 불가능성은 중요하지 않다. 또 개인의 기본적 입자를 식별하는 가능성의 문제도 무시할 것이다.

물리적으로 급격하게 단절되었음에도 불구하고 이 사람은 '같은' 사람일까? 만약 기억, 성격, 물리적 바탕이 전부 똑같다면, 대부분은 그렇게 생각할 것이다. 설사 죽음의 검은 심연에 방해받았다고 해도 말이다. 하지만 그렇게 인정한다면, 우리는 문을 훨씬 넓게 열어놓아야 한다.

실험 10 이전 실험을 되풀이하되, 본래에 덜 충실하게 한다. 즉 원래 원자의 일부만, 그리고 무난한 정도로만 제대로 복제한다. 이 사람은 여전히 같은 사람인가?

우리는 다시금 어떤 분명한 커트라인과 근본적인 의미에서 개인이 정말로 존재하기는 하는지 의구심을 품게 된다.

실험 11 실험 10을 되풀이하여 무난하게 제대로 재건한다. 하지만 이번에는 구제된 재료를 쓰지는 않는다.

이제, 일반적으로 받아들여지는 양자론의 해석에 따르면, 개개의 입자, 즉 인간 뇌의 개개의 입자에 '태그'를 다는 길은 실제로도, 원리적으로도 전혀 없다. 등가의 입자들은 완벽하게 구별할 수 없으며, 재건된 몸의 원자가 원래 있던 몸 안의 것과 '같은' 원자인지 묻는 것조차 이치에 닿지 않는다. 이 이론이 낯설고 참기 힘들다면 권위 있는 어떤 글이라도 찾아볼 수 있다.

만약 이 관점을 받아들인다면, 개인성에 대한 실험은 더 어려워진다. 물질적 재료의 정체성과 일관성에 대한 기준을 세우기 어렵거나, 그것을 적용하는 것이 불가능해지기 때문이다.

실험 12 우리는 뇌의 부속품으로서 기능하는 복제품을 배양하고 제작 방법을 발견한다. 그 복제품은 본성적으로 최대한 생물학적이며 최대한 기계적이다. 하지만 어느 모로 보나 특수 시험을 거쳐서 자연적 단위와는 구분할 수 있다. 비록 기능에서는 구별할 수 없다 해도 말이다. 이 단위는 세포일 수노 있고, 혹은 그보다 크거나 작은 부속품일 수도 있다. 이제 우리는 실험 대상을 때때로 수술하는 데, 각 수술에서 자연적 뇌의 부속을 인공적인 것으로 대체한다. 실험 대상은 스스로 아무 변화도 감지하지 못하지만 실험이 끝나고 나면 우리 손에 사실상 '로봇'이 들려 있게 된다!

이 '로봇'의 정체성과 원래 그 사람의 정체성과 같을까?

실험 13 12번과 같은 실험을 하되, 이번에도 좀 더 빨리 실행한다. 단 한 번의 긴 수술로 자연적 뇌의 부품을 인공적인 것으로 대체한다(몸의 나머지도 같은 방법으로 한다). 원래 몸을 이루었던 모든 재료가 쓰레기로 처리되고, '로봇'이 수술대 위에 누워 있게 될 때까지, 기억과 성격을 원래의 사람의 것과 가깝게 복제한 사람이 누워 있을 때까지 수술한다.

혹자는 일관적인 면에서 정체성이 있으며, 한 사람이 사라지고 로봇이 되었다고 정확히 나눌 만한 선이 없다는 점에서 이 '로봇'이 그 사람이라고 느낄 수 있다. 한편 민주주의를 신봉하며 정치적 원칙을 생물학에 적용할 의사가 있는 사람은 그 로봇이 그 사람이 아니며, 몸의 절반이 인공적인 것으로 바뀌었을 때 이미 인간이기를 멈추었다고 생각할 것이다.

실험 대상 스스로는 수술실에 들어가기 전 수술을 사형 선고로 여겼을 것이다. 하지만 그럼에도 조금 희한한 일은, 실험 13과 12 사이에는 진정한 차이가 너무 없다는 것이다. 실험 13은 단지 속도를 올린 것에 불과하다. 충분히 설득하면 수술이 죽음을 의미하지 않는다고 실험 대상에게 확신시킬 수 있을지도 모른다. 심지어 그 사람은 계속되는 일련의 수술로 인한 번거로움보다 단 한 번의 수술을 선호할 수도 있다.

실험 14 앞의 두 실험에서 몸과 뇌의 합성 부품을 만들 수 있다고 가정해본다. 또한 어떤 식으로든 개인에 대한 비파괴적인 분석, 충분히 정확한 분석을 해낼 수 있다고 가정한다. 우리는 한 실험 대상을 분석하고는 기억과 함께 완성되는 그 사람의 복제품 혹은 쌍둥이를 만든다.

실험 대상의 정체성은 이제 동등하게 '로봇' 쌍둥이의 것이 되기도 할까? 그렇다고 하면 터무니없어 보일 수도 있지만 앞의 실험과 비교해보라. 차이는 거의 없다. 특히 실험 13에서 실험 대상은 수술 중 마취되어 있다. 실험 13은 사실상 실험 대상을 파괴하고서는 로봇 쌍둥이를 만드는 것과 같다. 실험 13과 14의 유일한 차이는 원래 사람과 복제물이 둘 다 살아남는다는 점이다.

실험 15 실험 12, 13, 14를 따로따로 되풀이한다. 하지만 인공 부품을 사용하는 대신에 원래의 생물학적 재료를 사용한다. 아마도, 실험 대상의 세포를 배양하고, 그 결과로 생겨난 단위들을 적절히 조절하면 가능할 것이다. 이런 방법이 어떤 차이를 만들어낼까?

논리적으로 혹자는 어떤 차이도 생기지 않는다고 생각할 것이다. 하지만 피는 물보다 진하다. 혹자는 12번과 13번보다 15번과 16번 실험에 대해서는 다른 결정을 내릴 수도 있다.

실험 16 때때로 들려오는 주장이 있는데, 우리는 그것이 사실이 아니라고 가정해본다. 그 주장은 특정한 종류의 수술에서 특정한 종류의 마취를 당한 환자가 고통을 겪는 일이 있다는 것이다. 깨어난 후에 환자가 그 고통을 기억하지 못한다고 해도 말이다. 이 실험은 그러한 수술을 시행하는 것과 관련이 있다.

우리 대부분은 그런 수술을 두려워하지 않는다. 수술 중에 겪었던 경험에 아무 고통도 기억하지 못하기 때문이며, 권위자가 걱정할 필요가 없다고 안심시켜주기 때문이다. 심지어 마취 상태에서 그 고통이 진짜라는 경고도 신경이 아주 예민하지 않고서야 크게 걱정할 가능성이 적다. 보통의 깊은 마취에서는 두려움을 품을 일이 없다. 의식이 있는 상태에서는 그런 심연이 죽음 같겠지만 마취 상태에서는 어떤 수위의 통증도 없어 보이기 때문이다. 그럼에도 아이들 혹은 병적인 상상력에 시달리는 사람은 이 생각에 격렬히 겁을 먹을 수도 있다.

논리적인 것과 심리적인 것 사이에 불일치가 생길 수 있다는 사실을 다시 확인하게 된다.

실험 17 회교도 전사가 목이 베이는 순간에 천국에서 깨어나 천국 미녀들에게 접대받을 것이라며 기쁘게 목숨을 바치라고 설득받는다. 우리는 현재 평온하다는 관점에서, 빤하지만 유용한 결론을 이끌어낼 수 있다. 중요한 것은 오로지 불멸에 대한 전망이라는 사실 말이다.

실험 18 정지된 것을 모두 끌어내고, 화학적-전기적-기계적인 합성 뇌를 만들 수 있다고 가정한다. 그 뇌는 다른 여러 가지 중에서 특정한 인간의 뇌의 모든 기능을 복제하고, 인간 뇌와 똑같은 성격과 기억을 가질 수 있다. 또 인간 뇌와 기계 뇌 사이에 완벽하지만 통제된 상호 접촉이 있다고 가정한다. 접합 회로로부터 그 어떤 조각이나 기능도 전부 제거할 수 있고 제거할 것이며, 그것을 기계 부품으로 대체한다는 뜻이다.

그러고 나서 도식적 의미에서 우리는 생물학적인 뇌와 기계적인 뇌 두 개를 각각 머릿속에 그려볼 수 있다. 완벽한 접근성과 더불어 거대한 '회로판bread board' 위에 펼쳐지는 전자 회로가 있는 것이다. 적합한 납lead에 플러그를 꽂음으로써 부품의 두 가지 세트로부터 단 하나의 기능하는 단위를 한데 이어 붙일 수 있다. 단순히 동면하는 것으로 우회하는 요소들로 말이다.

상황을 더 단순하고 극적으로 만들기 위해, 이 연결이 무전 통신 같은 것만 필요할 뿐이며, 물리적으로 번거로운 짝짓기는 필요하지 않다고 가정해보자.

우리는 온전하게 의식이 있으며 독립적인 사람과 실험을 해볼 수 있다. 기계 뇌는 전원이 끊겼고 완전히 중지됐다. 하지만 이제 차츰 그 사람의 뇌에서 신경 세포나 더 큰 단위의 전원을 내리고, 동시에 기계에서 그에 상응하는 단위로 바꾸기 시작한다. 실험 대상은 아무 변화도 못 느낀다. 그럼에도 이 과정이 끝나면 우리는 '좀비' 인간의 몸을 통제하는 기계 뇌를 '정말' 갖게 된다!

또한 이 기계는 자신만의 감각 기관과 효과기가 있다. 만약 이 사람의 감각 신경과 운동 신경을 끄고, 그와 동시에 기계의 그것들을 작동시키면, 처음에는 주관적 변화가 일어날 것이다. 한 몸에서 다른 몸으로, 사람에서 기계로 감각이 전이되는 무시무시한 변화 말이다. 이는 즐겁게 받아들일 만한 일이 될 수도 있다. 기계의 감각 기관은 인간의 것보다 더 다재다능하다. 그리고 적외선을 보는 시각 능력과 다른 개선점들, 공통적인 성격을 보면 아주 근사한 기분이 들고 심지어 기계 속에서 '사는' 것이 더 좋게 느껴질 수도 있다.

이 단계에서 실험 대상이 완전히 휴지 상태임을 명심하라. 뇌와 몸 모두 휴지 상태여야 한다. 그리고 외부 관찰자는 그가 의식 없는 사람이자 의식 있는 기계를 본다고 생각하기 쉽다. 통제하는 것은 인간이라는 신기한 미혹에 시달리는 기계를 본다고 말이다.

다음으로 인간 뇌의 부품을 다시 가동시킨다. 차차로 하든, 갑작스럽게 하든 상관없다. 그와 동시에 기계는 끈다. 하지만 기계의 감각 기관은 켜놓고 인간 몸의 감각은 차단한다. 실험 대상은 아무 변화도 눈치채지 못하지만 우리는 이제 리모컨으로 기계의 감각을 조종하는 인간의 뇌를 갖게 된다. (적외선 시야를 다루는 인간의 광학적 부분의 능력과 새로운 기억의 복제와 같은 세부 사항은 무시하기로 한다.)

마지막으로, 인간의 효과기가 감각을 다시 켜면서 그 사람은 자연 상태로 한 번 더 되돌리고, 기계는 정지시킨다.

이런 식으로 바꾸기를 여러 번 하면, 실험 대상은 그 일에 익숙해지고 기계 안에 '거주하는' 편을 더 선호할 수도 있다. 심지어 기계 '안'에 영원히 남아 있는 편에 대한 전망과 원래 몸이 파괴될 수도 있다는 전망을 차분히 받아들일 수 있다. 이것은 어쩌면 아무 증명도 해내지 못할지 모르지만, 개인성이란 환상임을 다시 한 번 알려준다.

논의와 결론. 이 가상적인의 실험을 논의하면서 우리는 사람의 개인성에 대해 다양하게 가능한 기준을 건드렸다. 물질적 재료의 정체성, 물질적 재료의 일관성, 성격과 기억의 정체정, 성격과 기억의 일관성이 그 기준이다. 그중 아무것도 전적으로 만족스럽지는 않았다. 어쨌든, 어느 것도, 어떤 조합도 정체성 증명에 필연적이지도 충분하지도 않다.

우리가 물질의 핵심을 놓쳤을 가능성을 절대적으로 배제할 수는 없다. 물질의 핵심이란 지금까지로서는 불명료한 어떤 정수나 영혼에 담겨 있을지도 모른다. 하지만 그러한 개념은 쉽사리 일관성을 잃는 듯하다. 인간이 행동하고 개선하고, 어쩌면 실제로 생명을 창조한다는 위안과는 모순되는 것 같다고 말이다. 우리가 했던 여러 실험과도 일치하지 않는다.

가장 단순하게 결론을 내리자면, 깊은 의미에서 개인성은 정말로는 없다는 것이다. 물리적 세상에서 일반성을 도출하려는 노력은 처음부터 난관에 봉착한다. 그리고 그다음, 세상이 아니라 추상을 기본적 현실로 간주하면 어려움에 부딪친다. 거친 비유가 핵심을 끌어다 놓는 데 도움이 된다.

'인간'이라는 분류는 유용하다. 하지만 정확히 정의 내릴 수는 없다. 변태한 괴물은 인간인가, 낙태된 태아는 인간인가, 전前네안데르탈인이나 다른 '잃어버린 고리'(인간의 진화 과정에서 유인원과 인간 중간에 존재했다는 가상의 동물.-옮긴이)는 인간인가, 세포 일부가 여전히 살아 있다면 시신노 인간인가 등등. 딱지 붙이기는 손쉬운 일이다. 하지만 거기에 들어가는 이름은 자의적일지도 모른다. 물리적 세계에서 '인간'이라고 불릴 수 있는 대상의 명백한 집합은 없다. 오로지 다양한 방식으로 조직된 원자의 이리저리 변동하는 조립만 있을 뿐이다. 그중 일부에 대해 우리는 편의상 한데로 묶기도 한다. 그렇다면 정체성은 도덕성과 마찬가지로 자연의 것이거나 절대적이라기보다 인간이 만든 상대적인 것으로 인식함으로써 고르디우스의 매듭을 잘라보자(고대 프리기아의 왕 고르디우스가 묶어놓았다는 전설 속의 매듭으로서 알렉산드로스 대왕이 잘랐다고 한다. 난문을 단순하고 명쾌하게 해결할 때 종종 예로 거론된다.─옮긴이). 아름다움과 마찬가지로 정체성이란 부분적으로는 보는 사람의 눈에 달렸다. 정체성은 오로지 부분적으로만 실재하며, 부분적으로는 발명되었다. 우리는 정체성을 갖는다고 하기보다는 목적에 걸맞는 기준에 의해 측정되는 어느 정도의 정체성을 갖는다고 말해야 옳다.

결과는 근사하다. 우리는 영혼을 잃었지만 어떤 의미에서 천국을 얻었다. 우리 중 일부는 비록 정체성이란 환상이며, 그러므로 죽음은 중요하지 않다는 점을 지적 방식으로 설득받았다 해도, 아주 적은 사람만 이 사실을 감정적 수용으로 바꿀 수 있고, 그렇게 하기를 원하게 될 것이다. 하지만 우리는 죽음이란 절대적인 종착점으로 여길 필요가 전혀 없다고 자신을 설득할 수 있다. 언제나 어떤 미래의 공간과 시간과 물질 안에서 필요한 만큼의 복제나 소생이 이루어질 가능성은 있기 때문이다. 여기에서는 기억의 유무와 상관없이 물리적 환생을 의미한다. 이 가능성은 자기 자신이나 가족을 위해 일급 냉동 시설을 획득할 수 없는 사람들의 절박함을 덜어줄 수 있다.

9

불멸의
유용성

불멸은 철학적 탐구를 한층 더 밀어붙이는 데 유용할 것이다. 시간만
충분하다면, 심지어 인생의 의미까지 발견해낼 수 있을지도 모른다!
냉동 보존과 불멸은 사람들로 하여금 우리의 세상이 계속 존재할 것
이라는 희망 그리고 테러리즘과 광신주의 행위에 덜 기울어지리라는
희망을 심어줄 수 있어야 한다. 만약 그렇게 되면, 최후 심판의 날을
막기 위해 냉동 보존 프로그램이 전 세계적으로 필요하게 될 수 있다.
그러한 경우에 우리의 후대는 오늘날 우리가 냉동 보존을 필요로 하
는 것만큼이나 냉동 보존을 필요로 하게 될 수도 있다.

사람은 '영원히 살고 싶지는 않다'라고 태평스럽게 주장할 때, 그것
은 보통 영원히 사는 것에 대해 별로 생각을 기울여보지 않았을 뿐
임을 의미한다.

불멸 거부자들은 아마도 두 가지 주요한 범주로 나뉜다. 첫 번째
는 발생할 수 있는 도덕적 고려에 대한 염려다. "부름 받으면 갈 준
비가 되어 있다. …… 우리 아이들을 위해 물러나야 한다. …… 후
대에 짐에 되어서는 안 된다. …… 자연적 수명을 훌쩍 넘어 매달리
는 것은 볼썽사납고 비겁한 짓이다. …… 탄생, 성장과 죽음은 자연
적이고 불가피한 주기를 이루는 문제다. …… 죽음에 대한 두려움
은 미성숙하다는 증표다."

'후내에 짐이 되는' 것에 대해서는 이미 몇 가지 언급했으며, 마
지막 장에서 상당히 많이 다룰 것이다. 지금은 냉동 보존 프로그램

이 모든 사람을 덜 절박하게 만들고 세상을 더 안정되게 만든다는 사실을 상기하는 것만으로도 족하다. 냉동 보존 프로그램은 핵전쟁을 막는 데까지 영향을 줄 수 있다. 만약 그것이 사실일 경우, 냉동 보존 프로그램이 없다면 미래의 후손도 없어질 것이다. 그렇게 되면 우리 후손은 우리만큼이나 냉동 보존 프로그램이 필요하다.

누군가 무한한 삶은 원하지 않는다고 계속해서 주장할 때, 종종 그는 벗겨낼 수 있는 가면을 쓰고 있는 것이다. 질문을 약간 다르게 해보면 알 수 있다. 먼저 이렇게 질문해보자. "심각한 감염을 당했을 때, 죽음이라는 '자연적' 결론을 막기 위해 페니실린을 쓰는 것을 거부할 텐가?" 그렇다고는 말하기 어려울 것이다. 그다음 질문이다. "만약 생에 20년의 원기 왕성한 세월을 더 보장해주는 묘약이 시장에 나온다면, 그 묘약을 거부하겠는가?" 그렇다는 대답이 나올 가능성도 적거니와, 결점 없는 불멸의 묘약을 거부할 가능성도 별로 없다.

이제 그의 진정한 얼굴을 들여다본다. 좋다, 그는 불멸을 원한다. 하지만 힘 안 들이고 얻기를 원한다. 그가 반대하는 것은 삶이 아니라 노력과 위험이다. 금욕 혹은 체념, 흔들리지 않음 혹은 자족, 성숙 혹은 철학 혹은 자신을 내세우지 않거나 이타적이거나 어쨌거나 다른 모든 품위 있는 이유를 가져다가 그런 척한다고 해도, 그런 태도와는 한참 동떨어져서 그는 단지 근시안적이고 불안한 상태일 뿐이다.

그런 사람의 가면을 벗겨내는 약간 다른 방법은, 그에게 그저 바라는 대로 마음대로 선택할 수 있다면 어느 정도의 수명을 고르고 싶으냐고 질문하는 것이다. 그는 더도 덜도 아니게 딱 '자연적' 수명만큼을 택할까? 그는 수명을 줄이는 것도 늘이는 것도 구하지 않으면서, 세상사의 평범한 이치 안에서 사고나 병증이 자신에게 무슨 짓을 가하든 기꺼이 순응할까? 이런 질문을 던지기만 해도 그 단호한 대답의 터무니없음을 폭로할 수 있다.

고매한 인격의 사람이 죽음을 더 쉽게 받아들인다는 생각도 부정되어왔다. 예를 들면, C. 나이트 앨드리치 교수가 그렇다. 그는 말했다.

"하지만, 임상학적 경험과 임상학 외적 경험 둘 다를 보면, 강인하고 잘 조화된 성격의 사람들이 자기 죽음을 차분히 받아들이는데 특히 어려움을 겪는다."

"강인한 성격은 다른 사람에게 자신의 우울증을 감추고, 다가올 죽음으로 인한 우울함을 피하는 데 환자 자신을 크게 돕지 못할 것이다. 한편으론 정말로 평정심을 유지하며 죽음을 받아들이는 듯한 많은 환자가 치명적인 질병에 앞서는 우울증이 있거나 통증과 장애의 결과로서 삶에 흥미를 잃곤 한다. 겉보기에 현실적으로 보이는 그들의 용기는 삶을 체념하고 죽음을 환영하는 것처럼 보인다. 죽음은 삶을 떠남으로써 잃을 게 대단히 많다기보다는 잃을 게 그리 없는 경우에 차라리 더 쉽게 마주할 수 있다."[1]

내 친구 중 몇몇은 용감하고 품위 있는 사람들이 냉동 보존 프로그램을 물리쳐버리는 데 반해, 비겁한 사람이나 냉동 보존 프로그램을 디없이 얼렁하게 받아들 것이라며 두려워했다. 하지만 이런 생각은 무효화된 듯하다. 앞에서 이미 살펴봤던 이론적 고려에 의해서뿐 아니라, 관찰에 의해서도 그렇다. 내게 말하거나 글을 써서 보내온 많은 사람들이 떠나지 않고 서성거리는 것은 나약하고 소심하다고 생각한다. 떠나지 않고 서성거린다는 점이 나약하고 소심한 사람의 본성 아니겠는가 말이다. 그러나 강인하고 대담한 정신은 대개 기꺼이 그 개념을 붙잡을 것이다. 죽음을 순순히 끌어안는 사람만이 이미 반쯤 죽은 것이다. 굴복한 사람은 이미 퇴각한 것이다.

새것보다 나은 당신

두 번째 범주에 속한 거부자들은 확장된 생명이, 심지어는 해당 개인에게조차 값어치를 하는지 묻는다. "나는 살 만큼 살았다. …… 그렇지 않아도 지루한데 두 번째 삶을 견뎌낼 수는 없다. …… 미래 세계는 내가 좋아하지 않을 것 같다. …… 할 일이 전혀 없을 것이다. …… 미래 세상에 적응하지 못할 것이다." 등등.

주요한 난제는 미래가 어떨지에 대한 개념에서 매우 희미하게나마 아는 사람이 거의 없다는 점이다. 가령, 그들은 20세기 중반에 미래에 대해 자동으로 움직이는 보도, 가족용 헬리콥터, 일주일에 20시간 일하는 식의 어렴풋한 예상을 했다. 그들은 양적인 면과 더불어 질적 면에도 차이가 있음을 이해하는 데 실패했다.

특히 그들은 자신을 포함하여 사람이 달라지리라는 점을 포착하는 데 완벽히 실패했다. 지적인 능력, 성격, 개성을 비롯해 정신적인 질이 심대하게 바뀔 것이다. 우리 후손뿐 아니라 우리 자신, 당신과 나, 즉 소생자들에게서 말이다.

그때가 언제든, 우리 아이들을 우리 바람대로 주조할 수 있게 해 줄 유전 과학은 전문가와 창의적인 비전문가에게 거의 당연시되는 듯하다. 가령, 필립 시케비츠 박사의 말을 인용할 수 있다.

"나는 우리가 인간 역사에서 가장 위대한 사건에 다가가고 있다고 생각한다. 심지어 지구의 생명 역사에서 가장 위대한 사건에 다가가고 있다. 그 사건은 생물학적인 과정에 대해 인간이 고의적으로 변화를 줄 수 있다는 것이다. …… 우리는 이미 박테리아 계통에서 매우 쉽게 돌연변이를 생산할 수 있다. 이 변화를 통제할 능력을 빠른 시간 안에 갖출 것이다. 그리고 박테리아에서 식물로, 동물로 혹은 인간 자신에게로 옮겨 가는 것은 그렇게 큰 도약도 아니다. …… 우리는 사전 계획을 세울 수 있게 될 것이며, 그 결과 우리 아이들을 우리가 원하는 대로 만들 수 있다. 육체적으로, 그리고 정신적으로까지 그렇다."[2]

혹자는 박테리아의 돌연변이도 통지하지 못하는 상황에서 인간의 통제된 변이를 만드는 일은 정말 꽤나 큰 도약이며 많은 시간이 걸릴 것이라고 생각한다. 하지만 다행스럽게도 우리가 숱하게 가진 것이 있다면, 바로 시간이다. 언제가 됐든 이런 성취는 실현될 것이다.

유전학 연구로 노벨상을 수상한 허먼 J. 멀러 교수는 말했다. "나는 인간이 유전학적으로 스스로를 다시 만들 것임을 믿어 의심치 않는다. …… 우리는 오늘날의 눈으로 보면 상상도 못할 만큼 신과 비슷한 사고와 삶의 방법에 도달할지도 모른다."[3]

이런 숨이 턱 막히는 예언을 지적인 많은 비전문가가 쉽사리 받아들인다. 하지만 직접적인 관심사로서가 아니라 흥미로운 관측으로서만 그렇다. 이런 개념은 우리가 그 거대한 사건을 그곳에서 직접 목격할 수도 있으며 이 슈퍼맨들과 상대하게 되리라는 점을 인식했을 때 완전히 다른 색채를 띠게 된다.

그들, 유전적으로 계획되고 설계될 우리의 후손은 어떤 사람들일까?

신체적인 면에서 그들은 강하고 잘생기고 건강할 것이다. 하지만 이 정도밖에는 다른 말을 할 수가 없다. 그들은 오늘날의 사람과 거의 정확히 같은 모습을 하고 있거나, 아닐 수도 있다. 현재 인간의 설계가 개선의 여지를 숱하게 남겨놓고 있다는 점만은 확실하다.

예를 들어 뮐러 교수는 입이 다용도라는 것이 어찌 보면 우스꽝스럽다고 지적한 적이 있다. "(외계인은) 우리가 호흡, 섭취, 맛보기, 씹기, 물기, 때로는 싸움, 바늘구멍에 실 꿰기 돕기, 고함치기, 휘파람 불기, 강연하고 찌푸리기 등에 필요한 기능을 조합한 기관을 가지고 있다는 데 매우 놀라워할 것이다. 외계인은 이 모든 목적에 부합되는 별도의 기관이 있을지도 모른다. 그 기관은 몸의 다양한 부분에 있을 수도 있다. 그리고 이 기능을 분리하지 않고 불완전하게 모아놓은 것이 어색하고 원시적이라고 생각할 수도 있다."[4]

뮐러 박사가 약간 과장한 감은 있다. 모든 사람이 고함치는 일에서 강의하는 일을 분리하기를 바라지는 않고, 바늘귀에 꽂기 위해 실을 빼는 특별한 기관을 구매하려는 재단사들을 찾기는 어려울 것이다. 하지만 핵심은 확실하게 잡아냈다. 10대의 행복 하나만 놓고 보자. 셈으로 환원할 수 없는 그 이득을 상상해보라. 질식할 위험

없이 껌을 씹고, 전화 통화를 동시에 할 수 있다는 것 말이다!

하지만 위대한 변화는 지능과 성격에서 나타나는 바로 그것이다. 만약 우리의 후손이 설령 착하고 친절하다고 해도 죄다 월등한 신동이라면, 우리가 대체 어떻게 당할 것인가? 우리는 어떻게 살 수 있는가? 이 문제는 실제적이지만 해결책이 있기는 하다.

한 가지 해결책은 슈퍼맨 키우기를 거부하는 것이다. 이런 문제를 놓고 지구상의 모든 의회에서 예기치 않은 결과와 함께 격렬한 논쟁이 벌어질 것이다. 그러나 이 문제는 여러 가지 이유로 사그라질 것이다.

첫째, 우리는 원한다고 주장하지 않는 한, 소생이 기술적으로 실현 가능해진 바로 그 순간 꼭 소생할 필요는 없다. 만약 이 시기에 일이 일어나야 한다면 유전학적인 발전은 훨씬 진보되어 있겠지만 개인은 그렇게 향상되지 않았을 수도 있다. 그렇다면 소생이 연기될 수 있음은 짐작할 만하다.

둘째, 한동안 우리가 우수한 후손과 살아야 한다고 해도, 그에 맞는 삶의 방식을 찾게 될 것이다. 이것은 한쪽에서는 시기심을 줄이고 다른 한쪽에서는 거만함을 줄인다는 뜻이다. 또 각 개인이 자신의 개인적 특성을 즐길 수 있게 된다는 것을 의미한다. 이 문제에 관해서는 잠시 후에 더 얘기할 것이다. 어떤 약점도 영구적이지 않다는 점을 명심해야 한다. 얼마간만 기다리면 된다는 사실을 안다면, 우리는 틀림없이 상당한 인내심을 발휘할 수 있을 것이다. 그리고 그때 가서는 과학이 우리를 한층 개선해줄 것이다.

셋째, 소생 후 짧은 시간 안에 우리는 슈퍼맨이 될 가능성이 크다. 신체에 관한 발전이 유전적 발전과 나란히, 혹은 더 앞서서 이루어질 것이다. 낡은 모델을 정비하는 것이 새로운 모델을 디자인하는 것보다 쉬울 수도 있다. 예컨대 체세포 돌연변이 기술이나, 현미 수술, 정신외과술 등을 재생술과 함께 사용하는, 다양한 생물학적 기술을 통해 살아 있는 개인들을 광범위하게 개선하는 일이 분명히 가능해질 것이다.

생물학적 변화 외에, 인공 기관을 사용하는 일에도 엄청난 잠재력이 있다. 그것은 물리적인 부분뿐만 아니라 정신적인 부분에서도 그렇다. 예를 들어 인간의 정신을 전자 컴퓨터에 연결하는 식이다. 약간 다른 제안이지만, 전반적인 방향은 워싱턴의 미국해군연구소 U. S. Naval Research Laboratory의 연구소장 R. M. 페이지 박사가 내놓았다. 그는 일종의 전자적 마음 읽기를 통한 인간과 기계 사이의 초고속 소통을 그려보았다. 그리고 50년 안에 그런 일이 달성될 수도 있다고 생각했다.[5] 말하자면 거대 컴퓨터의 모든 자원이 인간의 정신에 직접 서비스되는 날이 언젠가는 올 수 있다. 그렇게 된다면 그것이 일시적인 연결이든 영구적인 연결이든, 컴퓨터가 인간 정신의 일부분이 되었다고 말할 수 있을 것이다. 인간-기계 조합은 생물학적 변화만으로 이루어진 어떤 슈퍼맨보다도 우월할 것이며, 그런 면에서 우리는 후손들과 즉시 동등해질 것이다.

인생에서 성공을 위한 최선의 조언은 언제나 부모를 잘 만나야 한다는 것이었다. 그리고 이제 그 조언이 사실상 실현 가능해질 것이다. 개별적으로는 아니더라도, 우리가 바라는 특성과 능력을 포괄적으로 선택하여 자신을 디자인하는 것을 기대할 수 있다. 물론 기우가 심한 사람들은 예기치 못한 결과가 있을 수 있고, 그러한 추측은 위험하다는 이유로 반대할 것이다. 그리고 우리는 그들의 주장에 동의할 수밖에 없다. 하지만 우리는 여러 위험 중 하나를 선택할 수 있을 뿐이다. 위험을 완전히 회피할 수는 없다. 아무것도 하지 않는 것 역시 하나의 선택이지만, 보통은 좋지 않은 선택이다. (주식 시장의 참여자들은 그들이 가진 주식을 보유하는 것이, 간접 비용은 들지 않지만, 실제로는 남들보다 우선하여 그 주식을 사는 결정을 매일같이 새로 내리는 것과 같다는 사실을 종종 잊는다.)

사는 것은 언제나 위험한 일이었다. 그리고 이제 최초로, 죽는 것 역시 위험한 일이 될 것이다. 하지만 우리 대부분은 아무런 활동도 하지 않는 안전보다는 소생한 후의 활동이 지닌 위험을 원할 것이다.

미래 세계에서 우리가 할 활동이 무엇일지는 상상하기 쉽지 않다. 적어도 과학적 조사, 행정, 교육, 여러 종류의 예술적 작업과 같은 형태의 경제적 생산 활동은 상당 기간 동안 여전히 존재할 것이다. 비록 경제적으로 생산적인 활동은 아니지만, 스스로에게 '필요한' '쓸모 있는' 존재라는 느낌을 안겨줄 인간관계와 연관된 활동도 많이 포함되어 있을 것이다. 예를 들어 당신의 아이들이나 부모들의 문제에 관심을 기울이거나 정치에 참여하는 것 등이다. 운동을 하거나, 자녀들이나 증손자들과 놀거나, 호수와 숲을 즐기는 등의 단순한 즐거움도 상당할 것이 분명하다.

처음에는 보잘것없어 보일 수도 있다. 대체 얼마나 많은 사람이 화가, 작가, 자곡가 혹은 조각가 될 수 있다는 말인가? 답은 모든 사람이다! 어느 누구도 우둔하지 않을 것이다. 오늘날의 기준에서

만이 아니라, 미래의 기준에서도 아마 그럴 것이다. 왜냐하면 사람들의 능력이 보다 균일해질 가능성이 높기 때문이다. 단순히 예술가는 더 많아지고 보통 관객은 더 적어질 뿐이다. 나는 당신의 그림을 살 것이고, 당신은 나의 음악을 살 것이다. 모든 사람은 각자 자기 작업을 즐길 것이며, 다른 사람의 작품을 감상할 것이다.

여전히 설득력이 없다고 들린다면, 잘 알려진 오래된 이야기 하나로 요점을 분명히 해보자. 한 공산주의자가 노동자 청중을 열심히 설득하고 있었다. "혁명에 참여하십시오. 여러분은 딸기와 크림을 먹게 될 것입니다." 한 노동자가 이의를 제기했다. "하지만 저는 딸기와 크림을 좋아하지 않아요." 선동가는 그를 쏘아보았다. "혁명에 참여하십시오. 당신은 딸기와 크림을 좋아하게 될 것입니다!"

회의론자는 세상뿐만 아니라 자기 자신도 변화할 것임을 끊임없이 상기해야 한다. 일을 해내는 능력과 더불어 향유하고 즐기는 능력도 바뀔 것이라는 점을 말이다. 이러한 발전에는 이미 많은 전례가 있다.

현재 사람들은 한편으로는 진정제를, 다른 한편으로는 흥분제를 상당량 사용하고 있다. 때로는 과용하기도 한다. 감정은 호르몬과 효소의 균형과 관련이 있는 것으로 알려져 있다. 우울증과 불안증은 에피네프린, 아드레노크롬 같은 약물로 완화될 수 있다. 두 약물과 더불어 많은 약물이 성격에 영향을 미치는 것으로 알려져 있다. 더 나아가 많은 흔한 정신적 장애도, 적어도 어떤 부분에서는 본질적으로 화학적인 면이 있다. 예를 들어 정신 분열증은 타락세인taraxein이라고 불리는 물질의 분비와 연관이 있는 것으로 알려져 있다.[6]

캐나다의 정신의학 연구자인 A. 호퍼 박사와 R. 험프리 오스몬드 박사는 미래가 지니는 잠재성의 일부를 이렇게 시사했다. "정신약리학은 맑은 정신으로 생각하는 법을 배우는 데에 도움을 줄 것이다. 정신이 산만한 사람이든 다른 일들로 어지럽든 상관없다. 우리가 그것을 향유하는 것을 막지만 않는다면, 필요할 때 더없이 선명한 상상을 할 수 있도록 도와줄 것이다. 우리 종이 늘어나는 와중에 발전한 그러한 능력은 효과적이기도 하거니와 이롭기도 한 변이가 될 것이다. 그리고 우리는 그 일이 훨씬 쉽게 달성되리라고 생각한다."[7]

'환각을 일으키거나 마음을 드러내는' 약물에 대한 실험을 논의하면서, 호퍼 박사는 다른 부분에서 이렇게 적고 있다. "사고는 창의적이 되고, 한 사람의 지평은 더 넓어진다. 그리고 세상과 세상의 문제를 새로운 눈으로 보게 된다. …… 환각 상태를 경험한 우리 환자들의 반수 이상이 결과적으로 더 나은 상태가 되었다. 예를 들어, 60명의 알코올 중독 환자 중 반수 이상이 이 방법으로 치료를 받았고 그중 반수 이상이 술을 끊고 훌륭한 시민이 되었다. 그들이 이전보다 훨씬 행복한 사람이 된 것은 확실하다. 이러한 형태의 반응을 경험한 지원자들은 자신들이 더 성숙하고, 더 관대하고, 인생에 대해 더 넓은 안목을 갖게 된 데 대해 놀라고 즐거워했다."[8]

UCLA의 생리학자, 제임스 올즈 박사에 따르면 뇌의 지엽적 부분에서 동기와 감각을 추적하는 데 일부 진전이 이루어졌다. 쥐는 전기로써 뇌에 자기 자극을 행하여 굶주림, 목마름, 소화, 배설, 섹스에 대한 충동을 충족시킬 수 있는 것으로 나타났다. (쥐늘은 전류를 켜는 조작을 할 수 있도록 통제권을 허용받았다. 그리고 뇌의 적합한 지역에는 전극이 삽입되었다. 이 기술은 ESB라고 불린다. 뇌에 대한 전기적 자극Electronic Stimulation of the Brain을 가리키는 말이다.) 보고서에 따르면, "일부 동물은 24시간 동안 쉬지 않고 성적으로 흥분한 상태에 있었다."9

이것은 어떤 의미에서는 사악한 암시를 담은 외설적 실험이다. (다른 많은 생물학적 실험에 대해서도 같은 말을 할 수 있다.) 하지만 이 실험은 환경을 바꾸기보다는 스스로에 개선하는 작업에서 부분적으로 '행복'을 찾을 가능성이 있음을 강조하고 있다.

로스탕 교수도 개인의 개선 가능성을 강조했다. "지능 …… 더불어 성격도 화학적 요법을 시행하여 영향을 줄 수 있다. …… 미래에는 세상이 바람직하게 여기는 사회적 행동, 친절함, 헌신을 이끌어내는 방식으로 약품을 사용하게 될 수도 있다. …… 개인을 자신의 능력 이상으로 한껏 고양시키는 것을 목적으로 하는 정신외과 수술이 생길 가능성을 배제할 수 없다."10

나는 이 과학자들의 신중한 낙관론보다 한 걸음 더 나아가 말해보려고 한다. 충분한 시간만 주어진다면, 이 눈부신 발전과 다른 많은 발전들이 이루어질 확률이 매우 높다고 말이다.

그러나 이 모든 것을 받아들인다고 해도, 장기간의 목표, 근본적인 가치와 동기, 행복의 본성이라는 질문이 남아 있다. 만약 불멸과 감히 대면하고자 한다면, 인간과 우주에 관한 가장 심오한 문제들과도 마주해야 하지 않을까?

생의 목적

우리가 '궁극적인' 가치나 '궁극적인' 목표를 끝내 발견하지 못할 가능성이 있다. 인간 정신의 가장 깊은 단계에는 갈등 혹은 역설이 내재되어 있을 가능성도 있다. 그렇다면 종국에는 비극을 피할 수 없을 것이다. 모든 문제에 해결책이 있는 것은 아니다.

하지만 현재로서는 그런 추측들은 모두 무익해 보일 뿐이다. 우리는 해답을 이해하기는커녕, 적절한 질문의 틀을 짜기에도 미숙하다. 우주의 비밀을 알아내기 전에 우리의 뇌 구조를 먼저 개선할 필요가 있을 것이다.

어찌 되었든 대부분의 '철학적' 문제는 생물학적인 문제로 바꾸어볼 수 있다. 조너스 E. 소크 박사는 이렇게 적었다. "만약 우리가 다른 시스템에 적용할 수 있다는 것이 밝혀진 생물학적 원리에 따라 중추 신경계 현상을 연구할 수 있다면, 생물학적 의미에서 행위에 대해 다시 생각할 기반을 마련할 수 있을 것이다. 그것은 곧 실증적인 방법으로 인간의 중추 신경계와 그것으로부터 나오는 모든 것들에 대해 우리의 이해를 한층 확장시킬 수 있다는 뜻이다. 즉 행동, 창의적 활동, 동기, 가치, 책임, 반응·선택·기질·태도에 반영된 인간성의 무형의 특성을 말한다."[11]

인도적이고 진보적이고 협력적인 사회가 성취되면, 생의 목적은 배움과 성장이 될 것이다. 그것은 최종적인 목표(만약 존재한다면)가 밝혀지거나 어떤 대재앙이 우리를 덮칠 때까지, 늘 좀 더 진보된 과도기적 목표를 제시하고 성취해나가는 것을 말한다.

이 웅장한 풍경이 펼쳐지는 동안, 개인적이고 자잘한 일에서 '행복'이란 의심할 여지도 없이 내적·외적 만족 사이의 타협에 의해서 좌우될 것이다. 마약에 의한 마비 상태나 뇌 전기 자극에 의한 도취 상태에서 영구적 기반의 만족을 찾으려는 사람은 별로 없다. 마찬가지다. 무지가 더없는 행복일 수도 있겠지만, 누가 암소나 황소가 누릴 '행복'을 바라겠는가? 그럼에도 화학과 수술은 사려 깊게만 이용한다면, 이롭고 안정적인 영향을 발휘할 수 있다. 외적인 측면에서는 활동 범위가 계속해서 확장될 것이다. 그중 일부는 우리가 아직까지 생각지도 못한 것들이다.

혹자에게 이것은 너무나 멀고 불분명한 일로 보일 것이다. 하지만 실제로 미래라는 캔버스는 눈부신 색채와 시끌벅적한 흥분으로 가득한 그림이다. 다시 말하지만, 명심하라. 여러분과 나는 똑같지 않을 것이다. 뿐만 아니라 폭넓고 풍족한 토머스 헉슬리의 다음과 같은 말을 이해하기 위해 완벽하게 준비될 것이다.

"만일 신에게 감사할 일이 무엇이라도 있다고 한다면(정말 있는지는 모르겠다. 저 늙은 여인이 신의 섭리를 떠올리며 했던 "아, 하지만 신께서 그 옥수수 밭에서 내게 앗아간 것을 생각하면"이라는 말을 떠올리면 말이다.), 그것은 취향의 다양함이다. …… 지금까지 세상 누구도 선의의 원칙에서 만들어진 경건한 망상을 즐기지는 못했다. …… 그러나 바로 그 모든 점들 때문에 우주는 늘 아름답고 구석구석 몹시 흥미로운 것으로 남아 있다. 그리고 만약 고양이만큼 많은 생을 반복할 수 있다면, 나는 단 한 구석도 탐험하지 않은 채로 남겨두지는 않을 것이다."12

10

내일의
도덕

냉동 인간 중심의 사회에서는 사람들의 생명이 불멸 프로그램에 따라 기능하고 지속되는 것에 달려 있을 것이기 때문에, 모든 사람이 부유하고 안정적으로 평화 상태에 있는 세상이 되도록 정치적 압력이 이루어질 것이다. 이러한 불멸자들의 세상에서는 일개 인간들이 결코 마주치지 않았던, 혹은 마주칠 수도 없었던 많은 문제에 대해 입장을 정해야 할 것이다. 강력하게 강화된 미래의 우리 자신들이 해내야 할 일이다.

설령 당장 필요한 것은 아닐지언정 바람직하거나 필요한 모든 상품 은 '팔릴' 필요가 있다. 생명 보험, 음식, 의료품 그 무엇이 됐든 말 이다. 만약 숨 쉬는 것이 반사적인 행동이 아니라면, 많은 사람들이 숨 쉬기 위한 공기를 들이마시기 위해 끈덕지게 노력해야 할 것이 다. 불멸 그 자체는 냉동 보존 프로그램을 시작하기 위해 충분히 '팔려야' 한다.

내일은 정말로 더 나아질 것인가? 내일이란 싸워낼 가치가 있는 것인가? 만약 우리가 성격을 인공적으로 조작하는 것을 가능하게 만들자는 데 동의한다면, 논리적으로 볼 때 우리는 모두 명랑해질 수 있고, 뿐만 아니라 그것이 우리 동료들에게도 좋은 것이라는 긍 정적인 학답 히나를 힐 수 있어야 한다. 우리는 여전히 외부적인 변 화들이 가치를 얻어가는 동안에도 어떤 확신을 원한다.

전 장에서 우리는 불멸의 유용성을 더없이 일반적인 의미에서 이야기했다. 물론 장기적인 견지에서 세세한 예측은 전적으로 논외다. 하지만 더 가까운 장래의 가능성 몇 가지에 대해 말해보는 것도 즐거운 일이 될 것이다. 그리고 그럼으로써 불멸에 대한 전망을 한층 실제적이고 피부에 와 닿게 만들 수 있다. 그저 얘기가 저절로 펼쳐지도록 내버려둘 것이고, 여기서는 체계를 세우려는 시도는 하지 않을 것이다.

이러한 대략적인 열거를 시작하기에 앞서서, 더 먼 미래에 대한 단서만이라도 내놓는 것이 좋겠다. 먼 미래에 어떤 일이 일어날지를 예측하려는 것이 아니다. 그런 일은 소용없기 때문이다. 그보다는 일어나지 않을 일이 무엇인지를 구체적으로 밝히려 한다.

베어울프를 넘어서

작가들이 애용하는 진부한 문구 중에 "인간의 본성은 변하지 않는다"라는 말이 있다. 하지만 인간 본성의 양상은 문화적 차이에 따라 매우 다양하게 나타난다. 예를 들어 우리가 알다시피, 따로 길러진 일란성 쌍둥이에 관한 연구를 보면 그렇다. 그리고 곧 생물학적인 기반에서도 변화가 있을 것이며, 그 결과는 상상을 초월할 것이다.

사람들이 《베어울프Beowulf》, 《일리아드Iliad》, 《햄릿Hamlet》을 여전히 읽는 것은 사실이다. 많은 학자들이 이 작품들을 비롯하여 비슷한 작품들이 우리의 문화에 영원히 남을 것이라고 별 생각 없이 가정한다. 그러나 현생 인류가 지구상에 출현한 이후 지난 3~4만 년 동안, 문화적 변화는 상대적으로 작았고, 생물학적 변화는 사실상 전무했다. 다음 몇 세기 동안의 변화는 비교할 수 없을 만큼 클 것이다.

예를 들어, 나는 몇백 년 안에 셰익스피어의 말도 진흙탕을 뒹구는 돼지의 꿀꿀거림 이상으로 우리를 흥미롭게 해주지 못할 것이라고 확신한다. (셰익스피어 학자들은 새로운, 어쩌면 상상도 할 수 없는 직업을 찾아야 할지도 모른다.) 그의 작품은 지적인 면에서 너무 빈약하고, 언어적인 면에서는 너무 모호하고 보잘것없게 여겨질 것이다. 그뿐만 아니라 그가 관심을 가졌던 문제들도 역사적인 흥밋거리 이상은 되지 못할 것이다. 그러한 미래 사회에서는 탐욕도, 정염도, 야망도 지금 우리가 알고 있는 성질과는 알아볼 만한 유사성을 갖지 않을 것이다. 그 시대에는 사실상 무제한적인 자원으로 모든 일상적인 욕구들을 쉽사리 만족시킬 수 있을 것이다. 그것은 그 욕구에 맞는 것을 제공하거나 개인의 정신에서 욕구를 제거함으로써 성취된다. 더 나아가서 만약 문명이 그런 거대한 힘이 작용할 수 있는 긴 세월을 견뎌낸다면, 만족할 만한 삶의 방식과 상호 조화는 반드시 이루어질 수밖에 없다. 사람과 사람 사이의 경쟁심은 여전히 지속될 수도 있고, 아닐 수도 있다. 하지만 만약 계속 지속된다면, 대단히 완화된 형태가 될 것이다.

우리 대부분이 인간이 격렬한 변화를 이루기 전에 소생될 것인지, 이룬 이후에 소생될 것인지는 알 수 없다. 나의 추측으로는 지금 살아 있는 우리 대부분은 훼손 없는 방법으로 냉동될 것이다. 그리고 노화를 반전시키는 것은 뇌와 몸을 완전히 다시 디자인하고 새로 만드는 것보다는 쉬울 것이다. 그러므로 우리는 사람들이 여전히 어느 정도는 인간적일 동안에 깨어날 것이라고 예상할 수 있다. 그러면 어느 정도 떨어진 미래에 관심을 돌려보자. 그리고 그 시기에 생에는 어떤 측면들이 있을지 알아보자.

안정성과 황금률

이미 밝혔듯이, 불멸에 대한 전망은 분별없고 성급한 행동과 반사회적인 행동을 제어할 강력한 장치를 제공해야 한다. 국가 지도자들은 제 앞길부터 보존하기를 바랄 것이며, 훨씬 더 장기적인 관점을 가질 수밖에 없을 것이다. 일시적인 이점은 중요하지 않을 것이다. 모든 사람의 생명이 냉동고가 안정적으로 기능하는가에 달려 있다. 즉, 경제적이고 행정적인 제도의 견실함에 달린 셈이다. 아무도 과도한 탐욕을 부리지 않을 것이다. 사람들은 곧 뻣뻣하게 굳고 차가워져서는 후손들의 자비에 맡겨질 것임을 알고 있고, 후손들의 선의를 감히 위태롭게 하지는 못할 것이기 때문이다.

　냉동 시대에, 그리고 불멸이 실제로 실현되었을 때 더욱이 두드러지게 나타날 것인데, 대인 관계와 관련된 행동에는 매우 유익한 영향이 있을 것이다. 우리의 행위는 우리 자신뿐만 아니라, 다른 동료들도 아주 오랫동안 우리 주변에 있으리라는 깨달음에 강하게 영향 받을 것이다. 직업 생활과 온갖 종류의 사교적 만남에서 마주치는 사람들은 더 이상 죽거나 사라져버릴 사람들이라고 치부할 수 없게 된다. 대신에 우리는 까마득하게 보이는 긴 미래의 여정에서 그들과 되풀이해서 마주치게 될 것이다. 모든 일이 '반복적'인 일이 된다. 1회로 끝나는 일은 더 이상 없다. 그렇게 되면 황금률은(그리스도교의 근본 윤리. 남에게 대접 받고자 하는 대로 남을 대접하라는 윤리 지침을 말한다.-옮긴이) 이상이 아니라 필수적인 것이 되고, 모든 사람들이 다른 모든 사람들을 친구와 이웃으로 여기는 도덕과 윤리의 황금시대가 열릴 것이다.

일부 비전문가들은 피학적인 사람이 황금률을 적용하려고 하면 어떻게 될지 당연히 물을 것이다. 하지만 황금률이 언제나 완벽하게 명확하다거나, 설사 그렇다고 한들 황금률을 적용하려는 경향이 자동으로 충돌을 정리해준다고 주장하는 것은 아니다. 다만 황금률이 전체적으로 보아 좋은 것이고, 그것을 일반적으로 적용하는 것은 옳은 방향으로 가는 커다란 한 걸음이 될 것임을 말하려 한다.

정체와 퇴폐의 가능성

불멸성이 어떤 식의 결과를 낳을지 추측하면서, 일부 저술가들은 잠재적으로는 불멸하지만 우연한 사고에는 취약한 사람들이 과도한 신중함과 소심함으로 불러일으킬 퇴폐주의decadence에 관해 걱정해왔다. 새로운 모험은 사라지고, 모든 시민이 모든 종류의 위험을 피하려 할 것이다. 심지어는 언젠가 일어날지 모를 사고에 대한 두려움 때문에 차량 이용도 기피하면서 무기력한 사회가 될 것이라는 추측이 있다.

내가 볼 때 발전이 이런 식으로 이루어질 가능성은 매우 낮다. 일단 의술도 분명히 엄청난 수준까지 진보해서 영원한 죽음으로 연결되는 사고는 거의 없어질 것이다. 그리고 무엇보다 창의성에 대한 욕구와 경쟁에 대한 압박이 어떤 형태로든 계속 남을 것이다. 관건은 그것을 얼마나 좋은 방식으로 유지할 수 있는가에 달렸다. 늘 그렇듯이 위험과 도전을 거부하는 사람들은 곧 도태될 것이다. 인도적이고 고상한 방식으로, 하지만 단호하게 말이다. 한 노래 가사에서 말했듯이 "온유한 자들이 얻는 것은 땅이 아니라 쓰레기뿐이다."

심지어 유달리 위험한 직업에서조차도 종사할 사람을 찾지 못해 고생할 가능성은 거의 없다. 가치 있는 명분, 높은 보수, 명예를 통해 남은 긴 시간 동안 적어도 소수의 지원자들을 찾을 수 있을 것이다.

한층 심각하고 사악한 것은 기이하고 정교하며 새로운 유혹의 형태를 띠게 될 퇴폐주의의 위협이다. 텔레비전 중독자라면 이미 엄청나게 많이 있다. 척추는 굽고, 배는 부풀어 오르고, 웅크리고 앉아서 간식을 먹어대고, 화면만 보느라 멍해진 정신은 얼마든지 있다. 평범한 사람이 한구석에 온종일 앉아 ESB의 유혹을 견뎌낼 수 있을까? 뇌의 회로가 해독되고 더없이 설득력 있고 현실적인 환각을 만들어낼 수 있다면, 그리하여 비디오테이프를 빌려 꿈의 헬멧에 끼우기만 하면, 낭만적인 모험의 주인공이 되는 경험을 할 수 있다면 무슨 일이 벌어질까?

여기에 깔끔하고 쉬운 해답은 없다. 중국에는 실제로 아편 소굴에서 가능한 한 모든 시간을 보내는 유기된 영혼들이 있다. 그러나 이런 종류의 활동은 어느 정도 제약이 있을 수밖에 없다. 왜냐하면 자신과 자신의 일을 돌봐주는 사람이 없다면, 세상에서 완전히 물러나 있을 수 있는 사람은 없기 때문이다.

눈에는 눈

황금시대에는 범죄자들이 처벌을 받는다기보다 '치유될' 것이라고 추측하는 사람들이 있다. 이 생각은 내게는 세 가지 측면에서 잘못되었거나, 적어도 의심적이다.

첫째, 모든 범죄자가 실제로 어떤 질병이 있는 것인지, 아직 확신할 수 없다. 범죄자는 자신의 관심사와 사회의 관심사가 일치하지 않는다고 생각(어쩌면 맞을지도 모르는 생각!)하는 정상적인 사람일 수도 있다.

둘째, 설령 반사회적 행동이 구체적이고 치유할 수 있는 질병으로부터 불가피하게 나온 것이라고 해도, 억제 효과를 위해서 처벌을 내리는 것은 그 시대에도 여전히 필요할 것이다. 중세 영국에서 잔인한 형벌에도 불구하고 사소한 범죄가 기승을 부린 것, 충동 범죄와 치정 범죄는 방지하기가 어렵다는 것, 많은 범죄자들이 반복 범죄를 저지른다는 것은 사실이다. 하지만 억제 조치가 없으면 상황은 더 나빠질 것이다. 그리고 이러한 주장은 대체로 유효하다.

셋째, 대체적인 심리적 분위기 그리고 범죄의 피해자가 느끼는 감정은 '정의'라는 전통적인 개념을 앞으로도 아주 오랫동안 요구할 것이다. 정의의 복수적 측면까지 포함해서 말이다.

어떤 의미에서 그리고 어떤 식의 해석 아래서, 결국 범죄에 꼭 들어맞는 처벌을 만들어내는 일이 가능해질 것이다. 범죄자로 하여금 그들의 희생자가 겪었던 모든 고통을 겪도록 할지도 모른다. 그러고 나서 완전히 복원하고 회복하는 것이다. 모사꾼, 착취자, 폭군, 사기꾼이 될 사람들이 사회의 복수에 대한 두려움 때문에 치료를 받을 것이다. 그들은 죽음보다도 두려워할 것이 아주 많다. '이왕 받을 벌이면 크게 벌이고 받자'라는 식의 태도는 더 이상 없을 것이다. 만약 어떤 독재자가 1년 동안 1,000명의 사람들을 기아 상태로 내몰았다면, 그는 1,000년 동안 굶주림을 겪는 처벌을 받게 될 것이다. 어쩌면 두어 세기 정도 올바르게 행동하거나 그와 비슷한 다른 교화를 보이면 억제 원칙을 완화해볼 수도 있겠다.

성 도덕과 가족 생활

제7장에서 산아 제한은 거의 확실하게 조만간 필수적인 일이 될 것이라고 이야기했다. 최소한 역사의 어느 특정 시기에는 그렇다. 심지어 냉동과 불멸이 없어도 그렇게 될 수 있다. 그것은 단순히 인구의 자연적 증가라는 문제 때문이다. 현재 일반적으로 사용하는 것보다 세련된 방식의 산아 제한이 실시될 것이다. 예를 들어 남자든 여자든 약을 먹는 것만으로 가능할 것이다. 그러면 평균적인 가족

의 규모가 훨씬 작아지고, 어린아이가 차지하는 인구 비중이 훨씬 줄어들 것이다. 이러한 현상은 인생의 많은 부분에 큰 영향을 끼치게 될 것이다. 하지만 아직은 거의 논의되고 있지 않은 다른 발전은 심지어 더 커다란 영향을 미칠 것이다.

'체외 발생'이라는 기술 혹은 보통의 어머니 몸속 대신에 인공 자궁에서 '시험관' 아기로 키우는 것에 관한 연구가 속도를 올리고 있다. 남자든 여자든 한쪽 부모만으로도 아이를 낳는 것이 가능해지리라는 예측도 있다.[1] 부모와 같은 유전적 구성을 가질 것이기 때문에, 그러한 단성 생식에 의한 아이는 어떤 의미로 자식임과 동시에 부모와 쌍둥이도 될 것이다.

일반적으로는, 한 아이가 두 명의 부모를 가질 것이라고 추측해 볼 수 있다. 아이가 자신의 복제품이기를 바랄 만큼 허영심이 강한 사람은 거의 없다. 그러나 체외 발생은 분명히 일반적인 일이 될 것이다. 그것이 가능하다면, 어떤 여자가 아이를 임신하고 분만하는 호된 시련을 원하겠는가?

현재로서는 물론 많은 여자들이 임신과 출산의 고통은 혐오스러운 것이 아니며, 심지어 '아름다운' 것이라고 주장할 것이다. 하지만 이것은 임신과 출산을 꼭 필요한 미덕으로 만들려는 심리적인 수단임이 명백하다. 이런 논리라면 어떤 사람은 우리의 쓰레기 처리 방법이 아름답다고 주장할 수도 있다.

물론 방법에 반대하는 보수파와 과도기가 있을 것이다. 반대자들은 분만 시에 마취제를 사용하는 것을 반대했던 사람들과 같은 부류일 것이다. 분만 시 마취가 처음 도입되었을 때 그것이 '비자연적'이며 여자는 자신의 죄에 대한 처벌로 고통을 받도록 '만들어진' 존재이며, 분만 시의 고통을 제거하면 어머니의 사랑이 줄어들 것이라고 주장한 사람들 말이다.

배 속에 품고 다니거나 낳지는 않지만 아버지도 어머니만큼 자녀를 사랑한다. 그런 점에서 단위 생식이 일반적이 되었을 때, 아무것도 손실되지 않는다. 그러나 사회적 변화는 막대할 것이다.

본질적으로는 어머니라는 존재가 폐기된다. 아이는 대개 아버지 한 명과 어머니 한 명을 갖는 것이 아니라, 한 명은 남자이고 한 명은 여자인 두 명의 '아버지'를 갖게 될 것이다. '어머니'라는 단어는 계속 남아 있을 수도 있고 없어질 수도 있다. 하지만 잉태와 분만이라는 본질은 사라질 것이다. (이미 많은 사회에서 수유는 거의 사라진 풍습이다.)

이렇게 되면 남자와 여자 사이의 차이는 최소화될 것이다. 현재 그 차이의 대부분은 문화적인 것이며, 신체의 크기 같은 것은 그다지 중요한 차이도 아니다. 이를테면 같은 인종의 남자와 여자보다 다른 인종의 남자 사이에서 신체 크기는 더 차이 날 수 있다. 여자는 거의 모든 면에서 진정으로 동등한 권리를 얻게 될 것이다.

성적 관계에서 여자들은 보편적으로 공격적이 될 것이다. 어쨌거나 여자도 남자만큼이나 수용 능력에서 결정적으로 제한된 것은 없기 때문이다. 더 이상 임신을 두려워하지 않게 되면, 젊어지고 보살피는 사람이라는 전통적인 여성의 역할은 뒤집힐 수 있다.

다른 한편으로, 온전한 평등은 남자들에게 궁극적인 생식력을 주는 방법을 발견하는 것으로 재건될 수 있다.

이런 발전을 별나게 걱정스러운 것으로 여길 필요는 없다. 성이란 단지 삶의 일부분에 지날 뿐이지, 가장 중요한 부분이 아니다. 성의 문제는 우리가 반드시 감싸야 하는 거대한 문제 덩어리에서 한 부분을 차지할 뿐이다.

느슨한 성생활 습관이 발전할 수도 있는데, 그것이 가족생활을 없애거나 결혼 제도를 무너뜨릴 것으로 보이지는 않는다. 정도의 차이는 있겠지만 성은 인생의 초반기에 더 많이 경험하고, 결혼은 지금보다 더 늦은 시기에 하는 것이 통상적인 일이 될 수 있다. 그러나 대부분의 사람은 여전히 자식을 원할 것이다. 설령 아이가 없다고 해도, 아이 없이도 성공적인 많은 결혼을 통해 우리가 알고 있듯이, 결혼은 중요한 목적에 복무할 것이다. 아이들이 자라서 떠나고 이혼하거나 사별하는 경우의 결혼에서도 여전히 성공적인 사례를 찾을 수 있다. 인생에서 언제가 되었든 대부분의 사람들은 안정감과 평안함, 친구도 친척도 제공해줄 수 없는 관계를 보장받기를 원하고 필요로 한다.

비인간 지능적 존재에 관한 질문

성행위와 성교의 방식과 기준은 인간이 아닌 지능적 피조물과 관련해서도 발전시켜야 할 일이 될지도 모른다. 세 가지 두드러진 가능성이 있는 듯한데, 그것은 돌고래와 로봇과 외계 생명체에 관련되어 있다.

돌고래가 인간보다 더 크고 복잡한 뇌를 가졌다는 것이 규명된 적이 있다. 일부 조사자들은 손이 없음에도 불구하고, 돌고래가 정말로 머리가 좋고 의사소통하는 법을 배울 수 있다고 믿는다.[2] 만약 사실이라면, 우리는 언젠가 돌고래들 그리고 그들의 사촌 중 일부인 고래들과도 이 행성을 공유해야 할지도 모른다.

생각하는 기계와 관련해서는 문제가 훨씬 더 골치가 아프다. 시작해보자면, 이원론이라는 철학적 개념은 대단히 비생산적이며 이원론자들은 꾸준히 밀려나고 있다. 그럼에도 정신·몸의 문제는 여전히 풀리지 않은 채 남아 있다. 그리고 만약 이원론에 대한 생각을 접어두더라도, 고기와 육즙으로 이루어진 '기계'가 튜브와 전선으로 이루어진 기계에는 불가능한 존재의 방식을 가질지도 모른다는 것은 생각해볼 만한 문제로 남아 있다. 비록 나는 그것이 억지스럽다고 생각하지만, 문제 해결, 의사 결정, 목표 탐색의 능력과 상관없이, 기계는 '살아 있는 것'이라는 호칭을 받을 가치가 결코 없을 것이다. 그러나 만약 우리가 최초의 생각하는 기계인 아담 맥일렉트로샙Adam MacElectrosap에 대한 적절한 테스트 방법을 발견한다면, 그리고 그 기계가 정말로 의식과 생명의 본질적인 요소를 지녔음을 발견한다면, 우리는 그 기계를 노예인 상태로 계속 둘 것인지 말 것인지를 결정하는 까다로운 도덕적 문제에 부딪치게 될 것이다.

노예로 삼고 말고를 떠나서 그 기계를 계속 가지고 있는 것이 안전한지를 결정하는 까다롭고 실제적인 문제도 있다. 무시무시한 많은 이야기에서 악명이 높거니와, 우리의 피조물이 언젠가 우리에게서 등을 돌려 우리를 압도할 가능성은 실제적인 것이다. 예를 들어 워너 교수는 그런 기계들이 인간에 대해 반드시 대상으로만 남지는 않을 것이라고 믿는다.[3]

어쨌거나 지능이 있는 기계는 독립성, 창의성, 예측 불가능성을 어느 정도는 지니고 있다. 그것은 그들의 지능 안에 내재하는 본성이며, 왜 그 기계들이 가치를 갖는지에 대한 이유다. 우리는 많은 면에서, 어쩌면 대부분의 면에서 우리보다 우월한 그런 존재들을 과연 통제할 수 있을까?

해답은 명백하지 않다. 한편으로는 열등한 지적 능력을 가진 존재가 우월한 지적 능력을 가진 존재를 지배하는 일은 결코 발생한 적이 없는 일은 아니다. 그리스 학자들은 로마 농부들에게 노예로 붙잡혀 있었다. 어떤 환경에서는 호랑이가 인간을 죽일 수 있다. 그리고 정신은 거대하고 뛰어날 수 있지만, 약하고 순종적일 수도 있다는 말도 틀리지는 않을 것이다. 다른 한편으로는 의심할 요소가 남아 있어야 한다. 그래야 언제고 더 훌륭한 정신이 방향을 드러낼 수 있다.

어떤 규칙도, 어떤 제약도, 어떤 구속도 틀림없이 살아남지는 않는다. 그리고 물론 기계가 직접적인 물리적 힘 혹은 무기에 접근할 수 있는지는 전혀 문제 되지 않는다. 생각하는 기계가 기능하기 위해서는 의사소통이 반드시 허용되어야 한다. 의사소통을 할 수 있다면 설득도 할 수 있을 것이며, 그것이 필요한 모든 것이다.

상황이 얼마나 나빠질 수 있는지 알려면, 우리의 관심이 어디를 향하고 있는지조차 우리가 모른다는 사실만 상기해도 된다. 기계는 우리에게 무엇이 최선이고 기계 자체에 무엇이 최선인지, 이러한 각각의 목표를 위한 적절한 행동 방향은 무엇인지 알게 될 것이다. 그러나 우리는 그중 아는 것이 없고 기계에 의존할 수밖에 없을지도 모른다.

앞서서 단서를 내비쳤듯이, 처방은 영구적이든 일시적이든 인간의 뇌와 기계의 뇌를 교합하는 것일 수 있다. 만약 회로가 통합될 수 있다면, 그래서 기계는 그저 확장선이며 인간 정신을 확대한 것에 지나지 않는다면, 상황을 통제하에 놓을 수 있을 것이다. 이것은 또한 인간에게 새로운 수준의 삶, 상상하기 힘든 경험을 제시할 것이다.

마지막으로 외계 생명체의 가능성에 관한 질문으로 관심을 돌려보자. 우리는 어마어마한 수수께끼와 직면할 수밖에 없다. 그들은 전부 어디에 있는가?

우주는 적어도 1억 개의 은하계를 품고 있고, 각 은하계는 1억 개에서 1,000억 개 혹은 그보다 많은 별들을 가지고 있는 것으로 알려져 있다. 그리고 대부분의 별은 적어도 수십억 년은 나이를 먹었을 것이다. 그렇기 때문에 일부 과학자들은 아주 많은 세상에서 생명체가 발전했을 것이라고 생각한다. 그리고 지능이 있는 생명체가 저 무수한 외계의 세상에 지금 이 순간 존재하는 것이 틀림없다고 생각한다.

하지만 많은 세상에 지능을 갖춘 생명체가 틀림없이 존재한다는데 '과학이 동의한다'라는 것은 사실이 아니다. 과학은 그다지 분명한 합의를 이루지 있지 않은 것으로 보인다.[4] 많은 항성이 행성들을 거느리고 있고, 그중 많은 행성이 우리가 아는 식으로 생명체에 적합할 것이다. 그리고 그러한 적합한 환경에서는 생명체가 발생힐 가능성이 높을 것이다. 이러한 이야기는 우주에 지능을 가진 다른 생명체가 존재할 것이라는 주장의 상당히 그럴듯한 증거로 보인다. 그러나 생명에 적합한 대부분의 행성에는 땅 표면이 전혀 없을 가능성도 있다. 그리고 그보다도 생명체로부터 지능이 발전할 확률, 혹은 지능으로부터 문명이 발전할 확률을 알아내기 위한 견고한 기반의 계산이 없다는 점도 문제가 된다. 그러므로 우리는 우주가 10^{20}개가 넘는 별을 품고 있을 가능성이 있다는 사실에 경외감에 빠져서는 안 된다. 이 별들의 시스템 중 하나에서 문명이 발전해왔을 확률도 그만큼 쉽게 10^{20}분의 1에 훨씬 못 미칠 수 있기 때문이다.

만약 저 우주에 문명이 흔하게 존재한다면, 우리보다 앞선 문명도 흔하게 존재해야 한다. 하지만 그런 문명이 흔하게 존재한다면, 왜 여태껏 방문자들이 아무도 없었던 것일까? 나는 어떤 설득력 있는 설명도 알고 있지 못하다. 세 가지 가장 흔한 제안이 있다. 첫째, 시간이 너무 막대하다. 우리의 모든 이웃은 발전상에서 우리보다 한참 뒤져 있거나 한참 앞서 있고, 그 어느 쪽이든 우리와 함께 발걸음을 맞출 수는 없다. 둘째, 공간이 너무나 광대하다. 그리고 빛의 제한적인 속도와 어쩌면 알려지지 않은 위험들 때문에 행성 간 여행은 영원히 이루어지지 못할 수 있다. 셋째, '그들'은 존재하고 우리에 대해서두 알고 있지만 우리에게 관심이 없다. 아니면 보고는 있으나 우리를 해하려 하지는 않는다.

세 가지 제안 모두 우리 자신의 심리와 전망의 빛에 비춰보면 그럴듯하다. 제7장에서도 언급했듯이, 황금시대는 물질과 에너지가 얼마든지 이용 가능한, 본질적으로 무제한적인 풍요를 선사할 것이다. 생각하는 기계의 형태를 지닌 조직체도 실질적으로 무제한적일 것이다. 그렇다면 우리는 스스로 우주를 정찰할 것이며, 조사와 보고를 위해 무인 우주선을 보낼 것이다. 만약 생명체를 발견한다면, 선의에서든 경계심에서든 우리는 그 생명체를 보살피고, 길잡이 역할을 하고, 발전을 관리할 것이다. 우리는 동료 피조물들이 비참한 상태에서 비틀거리는 것을 그냥 놔두지 않을 것이며, 위협으로 발전하는 것도 허용하지 않을 것이다. 우주의 크기는 아무 의미도 없다. 우리는 물질과 에너지를 위해 모든 별을 이용할 수 있다. 생각하는 기계도 필요한 수만큼 자가 증식을 할 수 있을 것이다.

인간과 우리를 방문하지 않은 다른 외계 생명체들의 운명에 관해 어두운 전망이 있다. 고도의 기술 수준에 도달한 문명은 언제든 스스로를 파괴할 수 있으리라는 점이다. 어쩌면 철학의 근본적인 문제에는 해결책이 없으며, 진보의 최종적인 보상은 중요한 것이 없다는 사실을 온전하게 깨닫는 일뿐일지도 모른다. 열매가 무르익으면 다음 단계는 굉장하게 더 익는 것이 아니라 썩는 것이다. 하지만 그러한 비관적인 생각은 이것들이 시기상조임을 감안하면, 말하고 있는 것이 거의 없다. 현재로서는 수수께끼는 수수께끼로 남겨두고, 우리가 우주의 생명체 중 앞선 종족이 아니라는 법도 없다는 것을 받아들이는 선에서 그치자.

어떤 경우가 되었든, 우리는 하늘을 응시하며, 먼지 같은 별들을 보며 생각에 잠긴다. 우리가 이 광활한 우주에서 홀로인지, 혹은 어딘가 다른 곳에 언제가 우리가 만날지 모를 다른 생각하는 존재가 있는지 밀이나. 눌 중 어느 쪽이든 잠시 멈추어 생각하게 되는 문제다.

발전의 가능성

이전 시대에는 가장 부유한 사람들조차 오늘날 미국과 유럽의 보통 사람들이 사용할 수 있는 많은 것을 갖지 못했다. 빠른 커뮤니케이션, 빠른 이동 수단, 비교적 신뢰성 높은 정의, 정보에의 접근성, 소방서와 경찰서처럼 응급 시 믿을 만한 서비스, 효율적인 배관 설비, 일기 예보, 보험 정책, 합리적인 수준의 대출, 에어컨, 제철 아닌 음식, 안경, 마취, 많은 종류의 의료 서비스와 의약품이 포함된다. 행복은 부와 안락, 안전, 마음의 평화와 정확히 비례하는 것은 분명 아니다. 하지만 그럼에도 상호 관계는 있다.

마찬가지로 오늘날의 우리는 소생자가 될 미래의 우리와 비교하면 사실상 극빈자와 같다. 오늘날에는 존재하지도 않는 많은 매우 중요한 상품과 서비스와 삶의 방식이 가능할 것이다. 일부는 이미 조짐을 보이고 있다.

질적으로 새로운 것들에 더하여, 무엇이 되었든 근본적으로 기술의 진보나 돌파구를 요구하지 않는 많은 것들이 가능할 것이다. 그것은 사실상 더 많은 일, 더 많은 생산물, 더 많은 자동화, 더 많은 부, 그러니까 이미 존재하고 있는 평범한 수준의 진보 외에는 아무 것도 요구하지 않는다.

도시는 날씨를 통제할 수 있게 될 것이다. 가령 개폐식 지붕으로 거리를 덮을 필요가 있다면, 그렇게 할 것이다. 공기와 거리는 깨끗하고 위생적으로 유지된다. 눈이 1센티미터 이상 내려도 교통을 방해하지 못할 것이다. 화분증과 다른 알레르기 희생자들은 숨을 돌릴 수 있게 된다.

도시에서 안전과 법 집행은 여러 가지 면에서 엄청나게 개선될 수 있다. 공공장소는 신속한 도움과 증거 보존을 위해 녹화되는 텔레비전으로 관찰할 수 있게 된다. (예를 들어 모든 차량 통행이 계속해서 녹화된다. 입법 기관이 사생활 침해가 아주 중요한 문제라고 결정을 내리지 않는 이상 말이다.) 심지어 자그마한 긴급 상황 알림 장치를 집에 설치하거나 개인이 가지고 다니게 된다. 그것으로 구급차와 소방관, 경찰, 견인차, 냉동 기술자 등을 부를 수 있다. 딕 트레이시의 것과 비슷하게 손목에 차는 라디오 무전기 같은 형태로 조합될 수도 있다.

개인적이고 공적인 고용 관계에서 정직성을 고취시킬 수 있다. 그러니까 주기적으로 거짓말 탐지기를 사용하여 규정된 영역을 담당하고 있는지, 고용의 상태와 관련해서 신뢰를 침해하지는 않았는지 확인하는 것이다. 유혹을 제거하는 것만큼 도덕성을 독려하는 일도 없다. 물론 입법 기관이 그것은 개인에게 스스로에 대한 불리한 증언을 하게끔 강요하는 것과 다름없다고 결정을 내리고 허용하지 않을 수도 있다. 특히 입법자 자신들에게도 적용될 수 있기 때문이다.

완전하게 보장되는 책임 보험이 가능해지고, 의무 사항이 될 수도 있다. 그리하여 모든 사람이 스스로 재정적 책임을 질 수 있도록, 어떤 종류든 잘못을 저질렀을 때 징수할 수 있다. 보험 면에서 위험도가 높은 기록을 보이는 사람들은 국가가 보험을 보장해주지만, 그들의 활동은 제한적이 될 수 있다.

보건, 교육, 복지를 담당하는 부서와 그 비슷한 기관들은 가정생활과 교육에 대한 책임이 커질 것이다. 현재는 대개 미숙한 노동에 의해 아이들이 생산되고 길러지고 있다. 즉 그 작은 인간들이 무지하고 야만적인 손의 자비에 달려 있는 것이다. 극단적인 경우만 제외하고, 어린아이들을 부모들에게서 빼앗는 일은 아마도 없을 것이다. 왜냐하면 가장 좋은 고아원조차도 나쁜 가정보다 더 나쁘다는 것이 일반적으로 합의된 의견인 듯 보이기 때문이다. 그러나 부모에게는 부모로서 자신을 교육하고 자질을 갖추도록 강한 압력이 가해질 것이며, 아이들은 어떤 식의 일상적인 검사를 통해 보호를 받게 될 것이다.

정의는 더 한결같고 더 믿을 만하며 더 일반적인 것이 될 것이다. '30달러의 벌금 혹은 30일의 수감'처럼 전형화된 터무니없는 처벌 시스템은 폐기될 것이다. 감옥은 신체적으로 치명적이고 회복할 수 없는 손상을 가한 사람들만을 위해 사용될 것이며, 가령 독점 금지법과 같은 재산이나 기술적인 침해에 대한 법률을 위반한 범죄에는 사용되지 않을 것이다. 후자 범주의 공격 행위는 지불할 수 있는 벌금을 내기거나, 필요하다면 신용 자격을 떨어뜨리거나 보호 관찰이

나 활동 제한 같은 것으로 다루게 될 것이다. 증거의 규칙은 개연성을 한층 논리적으로 따질 수 있도록 철저하게 수정되고 현대화될 것이다. '합리적 의혹'의 규칙은 개연성의 비율에 기반을 둔 공식으로 대체될지 모른다.

우리의 공화국은 전자 기기를 통해서 민주주의로, 혹은 비례 민주주의로 탈바꿈할 수 있다. 모든 가정에는 텔레비전 세트에 내장된 투표 기계를 들여놓아 지문이나 홍채 인식 등의 방법으로 신분을 확인하고, 등록하고, 투표를 전송할 수 있게 된다. 불합리한 투표 기계를 이처럼 간소하게 합리화함으로써 모든 중요한 문제를 국민투표에 부치는 일이 실용화될 수 있다. 이 기계가 먼저 투표자를 시험하고, 그 사람이 문제를 충분히 합리적으로 이해했음이 증명될 때만 투표권을 허용하는 것도 생각해볼 만하다. 앞서서 살짝 언급했듯이, 1인 1투표 규칙은 수정될 수 있다. 해당 문제에 대한 지식과 해당 문제가 당사자에게 영향을 미치는 정도에 따라서 투표권을 다르게 주는 식으로 말이다. (인정하건대, 그러한 발상은 복잡한 문제를 불러일으킬 것이다. 자동화 기기에 의한 대체도 골칫거리를 부산물로 내놓을 수 있다. 하지만 대부분의 진보된 것이 그렇기는 마찬가지다. 문제는 반드시 맞붙어서 풀어야지, 피하면 안 된다.)

평균 소득에 비해 상대적으로 저렴한 요금의 대륙 간 초음속 지하철이 생기면 모든 사람들이 산과 호적한 삼림 혹은 해변에서 휴가를 즐길 수 있게 될 것이다. 도시에서도 비슷한 시스템으로 통근 시간을 줄일 수 있다.

지루하고 불쾌한 일은 자동화로 없어지거나, 혹은 시간이 줄거나 높은 보수를 받는 것으로 보상받게 될 것이다. 아주 오랜 시간이 흐르기 전에 모든 시민이 숨 쉬고 사는 것만으로 기본적인 소득을 올리는 일조차 가능해질 수 있다. 물론 자격을 갖춘 사람들은 일자리를 얻고, 추가적인 소득을 올리는 것이 가능할 테지만 말이다. 어쩌면 모든 시민에게 정치 과정에 참여할 의무가 거부할 수 없는 주요한 책무로 주어질지도 모른다.

20세기 중반이 무언가를 약간 결여하고 있다고 생각하는 사람들은 힘을 내도 좋을 듯하다. 우리는 이제야 비로소 살기 시작한 것이다.

The
PROSPECT
of
IMMORTALITY

11

냉동 인간의
사회

불치의 환자를 냉동보존 시설에 집어넣는 일은 의무적인 조항이 되거나 의학에서 통상적으로 실행하는 일이 될 것이다. 그렇게 해서 미래에 치유법이 발견되고, 그것을 환자에게 적용할 수 있게 된다.

20세기에 우리는 약속의 땅에 있는 요르단강에 도착했다. "강을 건너는 것도 쉽지 않고, 약속된 땅에서의 삶도 쉽지는 않을 것이다. 그러나 한 세대를 위해 강가 근처에 캠프만 세우는 것은 소용없는 낭비이다. …오래 지나지 않아 몇몇 되지 않는 괴짜들만이 땅에서 썩어갈 권리를 우길 것이다." 어떤 의미에서 냉동 보존 프로그램은 세계적인 만병통치약으로서 기능하는 경향이 있다. "냉동 보존 프로그램이 그 안에 모든 문제를 해결해낼 능력이 있는 것이 아니라, 문제를 해결하기 위한 시간을 제공해주기 때문이다." 따라서 냉동 보존 중심 혹은 불멸 중심의 사회는 당신과 나에게 현재의 능력으로는 상상조차 할 수 없는 배움, 성장, 발전의 기회를 제공해준다.

11
냉동 인간의 사회

확실히 실행할 수 있는 것 외에, 냉동 중심의 사회는 몹시 바람직하고 어떤 경우든 거의 필연적이다. 이것은 앞서 소개한 여러 가지 면을 좀 더 자세히 살펴보는 것으로, 혹은 그 여러 가지 면과 조금 다른 각도에서 조망해보는 것으로 그려볼 수 있겠다.

냉동 보존 프로그램의 필연성

대규모의 냉동 보존 프로그램이 거침없이 발전하리라는 점은 하기 쉬운 전망이다. 조만간 내 수준의 낙관주의가 일반적 수준이 되든, 내 개인적 노력이 크나큰 영창을 빌휘하든 상관없이 말이다.

인간의 생명 정지(대상이 언제라도 해동되어 활성화한 생명으로 재건

될 수 있도록 심한 훼손 없이 산 채로 냉동하는 것)는 일반적으로 합의가 된 패다. 지금까지 내가 아는 바로는, 기술이 완성될 시기에 대해서는 의견이 크게 엇갈리고 있지만, 단 한 명의 전문가도 이 일의 실현 가능성에는 의심이 없다. 예상 시기는 5년에서부터 그 이상까지 다양하게 나뉘는데, 내가 대체로 받는 인상은 지금 살고 있는 사람 중 대다수가 살아 있는 어느 시점에서는 성공을 거두리라는 합의가 있다는 것이다.

생명 정지가 실현 가능해지자마자, 불치병을 앓는 사람들은 치료법이 발견될 때까지 기다리기 위해서 산 채로 냉동될 것이 분명하다. 이 발전이 적어도, 그리고 결국에 가서는 냉동 보존 프로그램에 비집고 들어갈 것임은 의심할 여지가 없다.

비전문가와 전문가 사이에서는 의료 과학이 인간의 장수, 적어도 어느 정도는 수명을 연장시킬 수단을 발견하리라는 것도 흔한 가정이다. 그것이 단순한 약물 주입의 형태로 이루어질 가능성은 낮다. 비록 약물 주입은 생각해볼 만한 일이고, 그러한 방향에서 때때로 돌발 변수들이 발생하기도 하지만 말이다. 예를 들어 미시간 주 로열 오크의 수의사 헨리 래스킨 박사는 루마니아에서 개발한 H-3라는 약을 가지고 개들에게 실험을 했다고 한다. 결과는 늙은 개들이 새롭게 활기를 찾은 듯 보였다는 것인데, 고만고만한 변화에서 극적인 변화까지 다양하게 걸쳐 있었다고 한다.[1] 처치는 그보다는 더 복잡하고 훨씬 더 긴 연구 끝에 나올 가능성이 좀 더 높다. 하지만 낙관은 빠져 있지 않다. 조지워싱턴 대학교의 조지프 W. 스틸 박사는 이렇게 언급했다. "노화는 천연두, 소아마비,

폐렴 혹은 폐결핵 이상으로 더 치명적이거나 피할 수 있게 될 것이다."[2]

이제 이 세기말쯤, 아니면 너무 늦지 않은 시기 어디쯤에서 건강을 잃어가고 있는 한 나이 든 사람에 대한 전망을 고려해보자. 그때는 생명 정지가 가능할 것이다. 이미 늙은 사람에게는 수명을 상당히 연장시키는 것이 당장 손쓸 수 있는 일은 아니겠지만, 연구 결과는 매우 유망하다. 기술은 급속히 발전하고, 부는 대폭 늘어날 것이다. 몇십 년 동안, 아니면 구체적인 발전이 이루어질 때까지 잠들어 있는 것은 대단한 유혹이 될 것이 명백하다. 깨어날 때 그 사람과 그의 아내는 더 발전한 세계에서 적어도 수십 년의 활동적인 삶을 영위할 수 있을 것이라고 기대할 수 있다. 덧붙여서, 복리 덕분에 재정 상황은 더 나아져 있을 것이다. 좀 더 길고 밝은 나날을 위해 순간과 같은 잠을 자고 깨어나지 않을 이유가 무엇인가? 쇠락하는 현재의 몇 년을 한층 활동적이고 보상이 많은 미래의 숱한 세월과 바꾸려 하지 않을 사람이 어디에 있겠는가?

어쩌면 많은 사람들이 거부할지도 모르지만, 분명 많은 사람들이 잠드는 쪽을 택할 것이다. 어떤 이들이 그러한 선택을 할 것이고, 다른 사람들이 뒤를 따를 것이다. 그리고 마침내는 보편적인 것까지는 아니더라도 통상적인 일이 될 것이다! 그 시기가 빠르든 늦든, 목표가 '불멸'이든 좀 더 무난한 것이든, 대규모의 냉동 보존 프로그램은 웅장하고 저항할 수 없는 흐름을 타고 고지를 향해 나아가고 있다.

길을 잘못 짚고 한심한 역할을 자처하는 사람이 있으면, 누구든 경고해주어야 한다. 그 사람은 별 볼 일 없는 품위만을 고통스럽게 지키고 있을 뿐이라고 말이다.

순교자를 위한 세대는 없다

냉동 보존 프로그램은 어쨌든 시행될 것이기에, 그리고 냉동 인간은 후손과 함께 불멸을 공유할 것이기에, 혹시 반대의 근거가 있더라도 결국 증발하고 말 것이다. 불멸 자체와 그 예비 단계인 냉동 보존 프로그램은 중대한 문제를 불러일으키거나 오래된 문제를 악화시킬 것이다. 하지만 그 때문에 냉동 보존 프로그램이 폐기되지는 않을 것이다. 그것은 단지 해결될 문제일 뿐이다.

만약 착각이 약간 지나쳐 초기 냉동 보존 프로그램에 대한 단호하고도 견고한 반대가 꺾이지 않는다 해도, 그것의 효력은 우리 세대의 불멸을 부정하는 정도가 될 것이다. 그보다 더 대단한 헛고생이나 어리석은 짓은 생각하기조차 힘들다.

냉동 인간에 대한 초기의 적대적 반응은 어떤 '이유'를 가져다 붙이든 대부분은 순전한 두려움 이상의 어떤 기반에도 근거를 두고 있지 않다. 그런 생각은 사람들을 동요시킨다. 사람들을 불안하게 만든다. 확립된 질서를 뒤흔든다. 문제를 제기하며 결정을 요구한다. 많은 사람에게, 특히 적대 세력에게 오랜 세월 동안 억압받아온 사람에게, 고정된 일상과 알 수 있는 결말이 주는 '안정'만큼 소중한 것은 없다. 나치 독일의 죽음의 수용소에서 많은 수감자들이 투쟁보다는 확실한 죽음이 낫다며 어떠한 위험도 감수하지 않으려고 했던 사실은 유명하다.

반대의 표면적인 이유는 종종 이타주의라고 주장하는 다양한 형태를 포함한다. "우리는 후세대에게 짐이 되어서는 안 된다.""미래에는 우리가 필요하지 않다. 무언가 좋은 일을 해낼 것이 아니라면 그때에도 계속 살고 싶지는 않다.""냉동에 들어갈 돈은 암 연구 혹은 장수를 위한 연구에 쓰여야 한다.""나 자신에게 수백 년의 세월을 주느니, 한 암 환자의 삶에 1년을 보태주는 편이 낫다."(물론 마지막 두 가지는 논리적으로 모순이다.)

우리 세대를 순교시키겠다는 그러한 자칭 이타주의자들은 사회도, 그들 자신도 이해하지 못하고 있다.

우리는 크게 보면 지성적인 면에서는 그리스인들의 후예일지 몰라도, 도덕적 유산은 유대-그리스도교다. 이런 전통 안에서는 어떤 젖먹이도 산비탈에 노출이 되어서는 안 되고, 늑대들에게 던져져서도 안 된다. 어떤 노인도 죽게 내버려져서는 안 된다. 우리는 한 개의 대대를 구조하기 위해 분열의 위험도 무릅쓴다. 우리는 부상당한 자들을 방치하지 않는다. 우리는 위로 향한 의무와 아래로 향한 의무를, 국가의 개인에 대한 의무와 그 반대의 의무를 인식하고 있다.

사실 국가나 민족, 사회 혹은 후대에 대한 숭배는 전체주의 이데올로기의 특징인 뒤틀리고 지각없는 감상에 지나지 않는다. 그것은 광신 외에는 아무것도 아니다. 중요한 의미에서, 숭배할 국가나 후세 같은 것은 존재하지 않는다. 오로지 개인으로서의 사람들만 있을 뿐이며, 살아 있는 사람들은 아직 태어나지 않은 사람들만큼이나 배려의 대상이 되어야 한다. 실제 살아 있고 굶주리고 있는 아메리카 원주민을 구하기 위해 세금 몇백 달러를 더 내는 짓은 하지 않겠다는 누군가가 어떤 가상의 후세를 위해 일을 더 쉽게 만들려고 자기 목숨까지 희생하겠다고 한다면, 그는 단지 자기 자신을 우롱하는 것일 뿐이다.

어찌 되었거나 '부담'의 문제에 대한 직접적인 처방은 내리기가 쉽다. 근면과 절약을 실천하자. 그리하여 냉동을 위한 돈은 가외의 일을 해서 나온 가외의 돈이나 사치품을 소비하는 대신 모은 저금으로 충당하자. 우리는 우리 나름대로 지불할 수 있고, 구걸할 필요가 없다. 투자와 유산 관리인을 통해서 우리 땅과 신탁 자금은 미래의 생산물에 기여할 것이고, 생산 수단을 관리하는 데 일조할 것이다. 우리가 미래에 대해 도의적인 빚을 지는 반면에, 미래는 도의뿐만 아니라 법적인 빚도 우리에게 질 것이다.

미래에서 우리의 '쓸모'에 대해서라면, 우리는 소생하고 회복된 뒤에 젊든 늙든 다른 이들과 마찬가지로 교육을 받고, 적응할 수 있을 것이라고 이미 지적했다.

야생에서 4만 년쯤을 분투하고 난 후에, 우리 종족은 요르단 강의 유역에 도착했다. 강을 건너는 것도 쉽지 않고, 약속된 땅에서의 삶도 쉽지는 않을 것이다. 그러나 한 세대를 위해 강가 근처에 캠프만 세우는 것은 쓸데없는 낭비다.

우리 대부분이 핵심이 무엇인지 알게 되거나 처음에는 의구심에 잠길 것임은 거의 확실하다. 처음에는 몇몇 사람이, 그리고 나서는 점점 많은 사람이 냉동을 택할 것이다. 오래 지나지 않아 얼마 안

되는 괴짜들만이 땅에서 썩어갈 권리를 우길 것이다. 대부분의 사람들은 감히 뒤에 남겨질 엄두도 내지 않을 것이다. 순교자들을 위한 세대는 없어질 것이다.

난제 해결을 위한 장기적 관점

냉동 프로그램이 서서히 작동하는 가운데 인간관계에서 일어나는 놀랄 만한 변화는 되풀이하고 강조하고 다듬을 만한 가치가 있다.

얼마 전에 칼럼니스트인 시드니 J. 해리스는 인생이 오직 한 번뿐이라는 깨달음이 많은 사람에게 주는 영향을 언급했다. "'나는 이 길을 다시 통과하지 않으리라.' 그렇다면 내가 하는 일이 대관절 무엇이 중요한가? 들판을 망치고 삼림을 파괴하고 길거리를 어지르고 강을 오염시키고 꽃을 짓밟고 사람들을 목표를 위한 수단으로 삼지 말아야 할 이유가 무엇인가?"[3]

해리스는 다른 논점에 관해 말하고 있기는 하지만, 수백 혹은 수천 년 동안 살 것이라고 예상하는 사람은 고작 수십 년을 살 것이라고 생각하는 사람과 다른 경향의 행동을 보일 것이 명백하다. 장기적인 관점에서 들과 숲과 길과 강과 꽃은 모두 나의 것이 된다. 그것들은 이후에도 스스로에게 필요하기 때문에, 자원을 낭비할 수 없다. 낯선 사람을 속이거나 상해를 입힐 수도 없다. 낯선 사람의 권리와 감정을 무시할 수도 없다. 왜냐하면 더 이상 낯선 사람들은 없을 것이며, 계속해서 얼굴을 마주칠 이웃만이 있을 것이기 때문이다. "복잡한 문제에는 단순한 해결책이 없다"라는 말이 한동안 유행이었다. 그것은 기지가 결여된 정치가들이 가장 좋아하는 변명이다. 그럼에도 단순히 비누와 물을 사용하는 것만으로도 질병 방지라는 복잡한 문제를 단번에 해결하기도 하고, 형식적인 의례의 단순한 관례가 인간관계의 복잡한 문제를 개선하는 데 경이로운 힘을 발휘하기도 한다. 마찬가지로, 나는 냉동 보존 프로그램이 사실상 만병통치약 같은 해법을 제공해주리라 믿는다. 특히 국제 관계에서 그렇다. 냉동 보존 프로그램이 모든 문제를 해결할 능력이 있는 것이 아니라, 문제를 해결하기 위한 시간을 제공하기 때문이다.

불균형을 바로잡을 무한한 미래로 인해, 모든 사람이 일시적인 부담과 불공평을 기꺼이는 아니더라도 참을성 있게 견뎌낼 수 있고, 선한 의지 안에서 타협할 수 있다. 우리는 모두 함께 여행할 길고 긴 길을 앞에 두고 있다. 어떤 무분별한 행동에 혹한 마음이 든다면, 스스로 이렇게 말할 필요가 있다. "아직 끝난 것이 아니다. 아직 끝난 것이 아니다. 아직 끝이 아니다……."

핵전쟁을 비롯하여 극단적인 모든 수단들은 배제되기 쉬울 것이다. 대체로 잃을 것이 별로 없는 사람들이 무모한 짓을 벌이게 마련이다. 그리고 그러한 사람들은 더 이상 존재하지 않게 될 것이다. 모든 사람이 값을 따질 수 없는 보석을 하나씩 갖게 될 것이다. 냉동 세계의 이면, 반짝이는 물질적 장래를 말이다.

눈을 떠야 할 때

인간의 삶은 언제나 광적인 거짓말과 자기기만에 많은 부분 기반을
두어왔다. 풀지 못할 문제를 풀려고 하고, 융화할 수 없는 것을 융
화하려고 하고, 헤아리지 못할 것을 헤아리려고 하는 끝도 없는 투
쟁의 결과다. 우리 대부분은 좌절감에 대해 눈 가리고 아웅 하는 식
의 속임수를 택하는 편을 더 좋아한다. 그러나 이제 마침내 제정신
이 되어도 안전한 때가 왔다. 적어도 부분적으로는 제정신을 차려
도 좋다.

과거에 대한 신뢰는 주로 사상에 대한 것이다. 그것도 대개는 어
리석은 사상에 대한 것이다. 가령 중세 이후 유럽의 군주제를 뒷받
침한 왕권신수설과 피를 제물로 바치는 아즈텍족의 의식처럼 종종
혐오스러운 사상 말이다. 그러나 미래에 대한 신뢰는 사람들에게
바쳐진다. 현실과 동떨어진 추상이 아닌, 개인으로서 인간에 대한
신뢰다. 그리고 이 방향에 건강한 정신이 놓인다.

물론 어떤 의미에서는 자기 자신의 생각에 충실한 것만이 가능하
고, 다른 사람들의 생각은 단지 생각에 지나지 않을 수도 있다. 또
한 이중적 사고와 정직성에 대한 타협도 얼마간 효용성을 유지할
것이 사실이다. 그럼에도 관점의 이동은 매우 실제적이고 매우 중
대한 의미를 지닌다.

우리는 대개 사람은 덧없는 존재로, 사상, 특히 '원칙'은 불멸하
는 것으로 생각해왔다. 그러나 이제 사상이 나타났다 사라지는 동
안에도 사람은 지속될 것이다. 그리고 그 결과는 더없이 이롭다.

백치, 광인 그리고 영웅

상당히 많은 생각을 한 후에도, 혹자는 개인의 불멸을 구한다는 것은 어딘지 저열하며, 냉동 인간 중심의 사회는 어딘지 불쾌하고, 우리에게서 인간다움을 앗아간다는 느낌과 싸울 수밖에 없다. 그 부분적인 이유는 죽음과 맞서는 용기가 언제나 미덕으로 간주되어왔고, 추상적 이상이 '이기적' 이상보다 찬양받기 때문이다. 그러한 논리가 불멸에 대한 우려로 동일시되는 것으로 보인다. 이러한 사고들의 허점은 이미 지적했지만, 다른 두어 가지를 언급해도 논점에서 크게 벗어나지 않을 것 같다.

불멸이란 그것 자체가 끝이 아니며, 우리도 맹목적이고 숨 막힐 듯한 공황 상태에서 불멸을 구하는 것이 아니다. 그것은 다른 방식으로는 불가능한 성장과 발전의 기회이며, 우리가 가진 가장 고귀한 현재적 가치들과도 일치한다.

불멸에 대한 전망은 우리의 생을 강렬하게 채색할 것이며, 어떤 면에서는 우리의 인생을 지배할 것이다. 하지만 결코 다른 것의 영향을 배제하지는 않는다. 우리는 여전히 우리 환경의 산물로 남아 있을 것이다. 예를 들어 나 자신은 한 번 이상 죽을 고비를 넘긴 적이 있는데, 가령 내 가족이나 나라에 대한 위험처럼 어떤 마땅한 이유가 있다면 주저 없이 다시 대면할 용의가 있다.

우리는 논리적인 것과 심리적인 것 사이의 간극을 언제까지고 염두에 두어야 한다. 장기적인 관점이 극단적인 모든 수단을 배제할 경향이 있다는 것을 앞에서 언급했다. 하지만 광기로 인한 행위나

저항할 수 없는 충동은 일부나마 여전히 계속될 것이다. 다른 면에서 영웅주의도 가능한 상태로 남아 있을 것이다. 우리가 특별히 영웅주의를 위해서 훈련받았을 뿐만 아니라, 불멸에 대한 주관적 가치는 크지만 액면 그대로의 가치에는 접근할 수 없기 때문이다. 이것은 그리스도교도의 행동을 떠올리면 쉽게 알 수 있다. 논리적으로 볼 때 지옥 불의 영원함에 비길 만한 것은 없다. 하지만 그럼에도 수없이 많은 사람이 기이한 심리를 발휘하여 보잘것없는 유혹 때문에 기꺼이 지옥 불로 떨어지는 것을 마다하지 않는다.

더욱이 정체성에 관한 문제를 곰곰이 새겨보면서 혹자는 단절 extinction은 걱정할 것이 전혀 없다고 확신하게 될 수도 있다.

마지막으로, 자연 도태의 과정이 꾸준하게 작동한다는 것은 영웅들을 확실하고도 끊임없이 제공해주는 기반이 될 것이다. 경쟁은 고사하고서라도 모험을 무릅쓰려는 사람이 충분하지 않은 사회는 생명력을 갖기 어렵다.

이러한 고려는 냉동 보존 프로그램이 우생학적 여과기로 이용될 수 있다는 오도된 의견과 연결될 수도 있다.

오해와 편견들

가끔씩 순진무구한 주장을 들을 때가 있다. "처칠이나 구하면 모를까, 조 슈모Joe Schmoe(평범한 사람을 일상적으로 이르는 말.-옮긴이)는 구해서 뭐한담?"

답은 쉽고, 네 가지 부분에서 말할 수 있다.

1. 미래의 의학이 조에 대해 작업하면, (비록 꼭 소생 직후는 아니라고 해도) 그는 처칠만큼 훌륭한 사람이 될 것이다. 그는 더 이상 유전적 유산의 포로가 아니다.

2. 보상의 측면에서 생각한다면, 조는 최우선의 대우를 받아야 마땅할지도 모른다. 왜냐하면 처칠은 이미 충분히 대우를 받았기 때문이다. 조는 첫 번째 생에서 받은 푸대접을 보상받을 필요가 있다.

3. 사회의 계층화는 낮은 계층의 사람들에게 원망을 받는다. 주인과 노예, 인민 위원과 노동자 사이의 더없이 사소한 차이도 사람들은 힘겹게 견딘다. 필멸 계층과 불멸 계층으로 한없이 커다란 차이가 생기도록 대중이 아무런 행동도 하지 않을 가능성은 전혀 없다. 최상류층은 퍽 단순한 선택권을 가지고 있다. 불멸성을 공유하거나 갈기갈기 찢겨지는 것이다.

4. 장기적 안목에서 비롯된 사회의 모든 영역에 대해 미칠 이득은 사회 전체가 이 관점을 받아들이는가에 달려 있다. 황금률은 계급이나 서열에 대해서는 모르쇠가 되어야 한다.

요컨대 냉동 보존 프로그램은 자발적으로 거부하는 소수를 제외하고는 우리 모두를 끌어안아야 한다. 초반기에는 장비 면에서 실수나 사고가 생길 것이다. 하지만 세상이 다 사단 나고 마는 것이 아니라면, 손상은 틀림없이 최소화될 것이다.

다음과 같은 의견이 있다. 부자가 자기 대신 죽어줄 사람을 고용할 수 있다면, 가난한 사람의 벌이가 좋을 것이라고 말이다. 하지만 우리 가난한 사람들은 이런 식의 '벌이'에 만족할 만큼 호락호락하지 않다. 그들은 부자들을 위해서는 냉동고를 만들고 자기 자신은 질척이는 무덤에 누워 있는 짓은 하지 않을 것이다. 따라서 개인적인 차원의 개척적인 프로그램과 공공의 대단위 프로그램 사이에서 과도하게 시간을 끌게 되는 일은 없을 것이다.

냉동 인간 시대의 시작

어떤 의미에서 냉동 시대는 이미 시작되었다고 할 수도 있다. 왜냐하면 의식 있고 의도적인 활동이 이 방향으로 이루어지는 중이기 때문이다.

1963년 말, 현재에도 냉동 프로그램의 증진에 헌신하는 단체가 적어도 세 개가 있고, 그중 적어도 두 곳이 합법적으로 법인 등록을 마쳤다. 짧은 시일 내에 다른 많은 단체들이 세워질 것이라고 내다볼 수 있다.

한 의회 선거 후보자는 이미 냉동 보존 프로그램을 정책 공약으로 내세우고 있다. 현재 그는 역사상 그 어떤 정치인보다 전도유망하고 차별화된 고지를 점하고 있는 것이다.

내가 대화와 투고에서 명시했듯이, 대중적 자발성은 의심할 여지가 없이 명백하다. 그리고 참 신기한 일이지만, 그것은 신분이나 교육과는 거의 관계가 없거나 아예 없어 보인다. 일부 변변치 못한 교육을 받은 사람들이 잘못된 이유로 냉동 보존 프로그램에 찬성하고, 일부 과학자들은 감정적인 이유로 반대한다. (냉동 보존 프로그램에 호의적이지 않은 모든 저온 생물학자들을 궁지로 몰 만한 뒤틀린 유머가 있다. 가련한 악마들은 스스로 실패하기만을 바라고 있어야 할 것이다.)

1964년이 지나기 전에 인간이 최초로 냉동될 수도 있다. 이 책이 출간되고 몇 달 안의 일이다. (몇몇 부유한 사람들이 이미 은밀하게 냉동되었을 가능성도 있다!) 그때부터 일은 속도를 올리게 될 것이다. 우리의 의학적·재정적·정치적 지도자들은 프랑스 혁명 중의 로베스피에르처럼 곤경에 처하게 될지도 모른다.

이야기를 이어나가자면, 로베스피에르는 으르렁거리는 군중이 쇄도해 지나갈 때 한 친구와 카페에 한가로이 앉아 있었다. 그는 용수철처럼 뛰어올라 문 쪽으로 달려갔다. 그의 친구가 불렀다. "무슨 일인가? 저 사람들은 어디로 가는 거지?" 로베스피에르는 황급히 돌아왔다. "나도 모르겠네. 하지만 내가 앞장을 서야지. 내가 저들의 지도자니까!"

희망컨대, 냉동 보존 프로그램의 주창자들은 혁명 군중의 구미가 당기지 않는 특징은 갖지 않기 바란다. 하지만 딱 그들만큼 단호했으면 좋겠다. 어쨌거나 보상으로 돌아오는 것은 생명이다. 그리고 그것은 우리가 아는 생을 더 얻는 데에서 그치는 것이 아니다. 봄의 성장기에 놓인 더 넓고 깊은 삶, 아직은 어렴풋하게 느낄 뿐인 형태와 색채와 질감으로 펼쳐질 더 웅장하고 더 영예로운 삶인 것이다. 미국과 유럽의 많은 사람이 곧 그 보상의 광대함과 장엄함을 지각할 뿐만 아니라 느낄 것이다. 그리고 다른 모든 보상과 예전의 모든 목표들은 부차적인 것임을 이해하게 될 것이다. 그들의 요구는 오랫동안 무시할 수 있는 것이 아니다.

이러한 요구는 일반적으로 두 가지 종류가 될 것이며, 의사·생물학자·장의사·보험사·금융가·입법자·법조인들을 겨냥하게 될 것이다.

첫째, 현재의 수단을 최대한 활용하여 지금 죽고 있는 사람들을 냉동시킬 일정한 규칙과 정기적으로 업데이트되는 절차를 마련하라.

둘째, 완벽한 범위의 보조 시설을 갖추고, 더불어 훼손 없는 냉동 방법에 대한 연구를 가속화하기 위해 대규모의 과학적·재정적 지원을 제공하라.

1964년에는, 제도적인 지원이나 표준화한 절차의 형태로 이용 가능한 것은 거의 없거나 아예 없을 것이다. 그리고 용기 있는 개인들은 이 문제를 스스로 맡아서 다루어야 할 것이다. 그때는 세계 역사상 최초로, 작별이 아니라 다시 보자는 인사를 하게 될 것이다.

냉동 보존술의 현재

로버트 에틴거

　냉동 보존 운동의 시초는 1962년 혹은 1964년으로 명시된다. 냉동 보존 운동의 출발점이 된 이 책은 1964년에 더블데이에서 최초로 출간된 이후 2005년에 개정판이 출간되었다. 나는 이번 한국어판의 출간을 계기로 진취적이고 혁신적인 한국사람들이 냉동 보존에 대해 잘 알게 되면, 우리의 발자취를 따르는 데 그치는 것이 아니라, 새로운 발걸음을 정력적으로 내딛으리라는 기대감에 가득 차 있다.

　한국 독자들에게 다양한 냉동 보존 단체들의 세세한 역사가 아주 중요하지는 않을 것이다. 관심이 있는 사람들이라면 인터넷에서 아주 많은 정보를 얻을 수 있기에 여기에서는 내가 1962년에 《냉동 인간》의 사전적 편집본을 사적으로 출간했을 때부터 이루어진 발전을 스케치하는 것으로 제한하려고 한다. 미국 이외의 곳에서 현재 유일하게 활발한 활동을 하고 있는 단체는 러시아 모스크바 근처의 크리오러스라는 곳이다. 이 단체는 웹사이트가 있고, 몇 명의 환자가 이미 보관소에 있다고 알려져 있다. 미국에서 냉동 보존을 전면적으로 서비스하는 단체는 디트로이트 인근의 냉동보존재단과 애리조나 주 스코츠데일에 자리한 알코어 생명연장재단이다. 캘리포니아 주의 미국 냉동보존협회는 저장 시설을 가지고 있지 않고, 보관 문제는 주로 냉동보존재단에 기대고 있다. 또 이 단체는 회원 통계는 발표하지 않지만, 가장 오래되고 지속적으로 활동을 벌이는 단체다. 캘리포니아 주 샌리앤드로 주식회사(영리를 목적으로 하는 회사)에는 겨우 두 명의 환자밖에 남지 않은 것으로 알려져 있지만 웹사이트는 유지하고 있다.

미시건 냉동보존협회는 1966년에 교육과 연구를 목적으로 창설되었다. 비영리 단체로서, 불멸협회라는 다른 이름으로 여전히 활발하게 활동하고 있으며 디트로이트 근처 클린턴 타운십에 있는 한 건물을 냉동보존재단과 함께 나누어 쓰고 있다.

냉동보존재단은 대부분 미시건 냉동보존협회의 사람들을 중심으로 1976년에 창립되었다. 디트로이트와 미시건 주 지역에 살던 사람들이 세운 것으로, 이들은 기존의 단체들에 만족을 하지 못한 사람들이었다. 처음에는 성장이 매우 더뎠다. 첫 번째 환자는 나의 어머니인 리아 에팅거이다(1977). 두 번째 환자는 나의 첫 아내인 일레인 메비스 에팅거이며(1987), 36번째 환자는 내 둘째 아내 메이 아네트 노르망딘 주노드 에팅거이다(2000). 2010년 9월 19일을 기준으로 우리는 100명의 환자를 맞이하게 되었다. 2010년 9월 1일 기준으로 865명의 회원을 갖게 되었는데, 그중에 423명은 계약 내용을 완전히 수행하고 비용도 모두 지불한 사람들이다. 그리고 70마리의 애완동물(개, 고양이, 새)과 168개의 인간 조직/DNA 표본, 42개의 애완동물 조직/DNA 표본을 갖추고 있다.

현재와 미래의 단체들: 두말할 필요도 없이 냉동 보존을 위한 새로운 단체나 회사가 설립될 것이고, 결국에 가서는 미국에서나 다른 나라에서나 거대한 기업에서 냉동 보존 서비스를 제공하게 될 수도 있다. 그 시기는 짐작만 할 수 있을 뿐이다.

하지만 이 글은 나 자신이 속한 단체인 냉동보존재단에 대한 내용이 중심이 될 것이다. 보여줄 것이 가장 많기 때문이기도 하고, 이 단체 자체에서 첫 정보를 얻는 것이 독자에게도 더 나은 일이 될 것이기 때문이다. 이 글 이외에 더 많은 정보를 얻고 싶다면, 냉동보존재단의 웹사이트(cryonics.org)를 참고하기를 바란다.

냉동보존재단

냉동보존재단의 시설은 어퍼트 런켈 빌딩 안에 자리 잡고 있다. 존 어퍼트와 월터 런켈은 우리 단체에서 오랫동안 일한 임원들이며, 근년에 세상을 떠나 냉동 시설 안에 우리 환자들 대열에 합류했다. 건물은 미시건주 디트로이트 북동쪽 클린턴 타운십의 현대적 산업 지구에 자리하고 있다.

∷ 냉동보존재단의 시설

　지금까지 환자들에게 처치하는 관류의 질은 계속 개선되어 왔다. 유리화 처치를 시작하면서 관류 과정에 한 장의사의 시설을 이용하기 시작한 덕분이다. 그리고 우리의 장의사는 냉동 보존술계에서는 일찍이 목도된 적이 전혀 없었던 외과수술적 기술에 통달해 있다.

　오랜 세월 동안 냉동보존재단은 '저온 유지 장치'라고 불리는 액체 질소 저장 시설에 대한 연구와 개발을 지휘해왔다. 결과적으로 오랜 세월 동안 새롭고도 고유한 냉각기를 설계하고 건설했으며, 현재는 외부 제작으로 조달하는데, 성공적으로 작동되고 있다. 이 냉각기들은 진주암을 격리재로 사용하면서 쇠붙이 대신에 유리 섬유를 다양한 구성으로 조합하여 만들어진다. 모든 상황을 감안해 볼 때, 그 냉각기들은 상업적인 어떤 다른 시설들보다 우수하다.

　특히 한층 질기고 견고해서 진공 시스템 안에서 누수가 되는 경향이 더 적다. 만약 누수가 발생한다고 해도(지금까지는 한 번도 발생한 적이 없다) 격리재의 손실이 적게 나타날 것이며 문제를 해결할 시간은 훨씬 많이 생겨난다. 진공 상태를 견고하게 하기 위해 환자를 옮겨야만 하는 작업, 즉 저장 단위들을 굽는 작업을 할 필요가 없다. 상업적 시설의 단위

■■ 건설 중인 장방형 냉각기와 앤디 자와키

에서라면 해야 할 일을 하지 않아도 되는 것이다.

1998년 9월에 완공된 이 시설은 인간을 위한 세계 최대의 냉각 저장 시설이다. 현재 14명의 냉동 보존 환자를 보유하고 있다. 장방형으로 된 기구이기 때문에, 내부의 표면과 외부의 표면을 함께 압박하기가 십상인 기압을 지탱하기 위해 육중한 버팀대가 반드시 필요하다(외피와 외피 사이에 격리를 위해 진주암evacuated perlite이 삽입되어 있다).

시설의 바깥쪽으로 피부 역할을 하는 것은 유리 섬유다. 연소 방지 처리한 폴리에스테르 유리 섬유다. 안쪽으로는 액체 질소와의 접촉에 견뎌낼 수 있는 에폭시 수지 유리 섬유를 댄다. 이렇게 처치한 한 칸 한 칸은 대단히 견고하다. 오른쪽의 사진은 위쪽의 뚜껑 부분만 제외하고 거의 완성이 된 커다란 냉각 장치다. 안쪽의 길이는 2.6제곱미터에, 깊이는 약 2미터에 달한다(현재는 완성이 되어 14명의 환자가 이용하는 중이다).

2002년 1월에 우리는 3,000갤런짜리 저장 탱크를 설치했고, 개개의 냉각기를 진공 절연체 라인으로 연결했다. 이로써 질소를 덜 공급해도 되어 유지 비용을 낮추고, 노동력이 덜 들어가며, 혹시나 운송에 지연이 생길 경우에 좀 더 여유롭게 비축해둘 수 있게 되었다. 결과

⠿ 세계 최대의 냉각 저장 시설

적으로 더 오래된 냉각기에 비해 액체 질소 비용이 절반가량으로 줄어들어서, 이제는 환자당 비용이 연간 500달러 이상은 넘기지 않게 되었다. 가장 새로운 냉각기로는 이제 환자당 연간 비용이 100달러 이하다.

외부에 제조를 맡긴 새로운 냉각기는 원통형의 디자인에 여섯 명의 환자를 담고 있으며, 밑바닥의 지지대를 없앰과 더불어 특수한 윗부분을 달아 디자인을 향상시켰다. 제작은 앤디 자와키가 맡았다.

냉각기의 성능과 기술적인 세부에 관한 내용, 그리고 컴퓨터로 작동하는 냉각 박스에 관한 세부사항은 냉동보존재단의 웹사이트에서 찾아볼 수 있다. 또한 냉동보존재단의 응급 대비 장비에 관한 설명과 냉동보존재단의 연구 활동에 대해서도 웹사이트에서 찾아볼 수 있다.

냉동보존재단의 회원 가입과 환자 수는 계속 성장하고 있는데, 여기에는 여러 가지 원인이 있다. 첫째로 웹사이트 덕분에 사람들이 냉동보존재단에 대해 훨씬 더 많이 알 수 있게 되었다는 점이다. 둘째, 냉동보존재단은 정직함과 신중함, 건실함과 신뢰로 명성을 쌓았다. 셋째, 냉동보존재단은 꾸준히 자원을 늘려왔는데, 부분적으로는 환자들로부터 받은 기증을 통해서다. 넷째, 냉동보존재단의 연구는 냉동 처치 절차의 질을 증명해냈고, 그 수준을 향상시켜왔다. 다섯째, 과학과 의학에서의 전

:: 완성을 앞둔 냉각 저장 시설

반적인 발전으로 해마다 신뢰가 쌓이고 있다. 여섯째, 냉동보존재단은 그 어느 단체보다도 국제적이다. 회원과 환자 면에서도 그렇고, 오스트레일리아, 오스트리아, 리투아니아, 벨기에, 브라질, 캐나다, 칠레, 크로아티아, 체코, 덴마크, 영국, 핀란드, 프랑스, 독일, 그리스, 네덜란드, 이탈리아, 일본, 몰타, 멕시코, 뉴질랜드, 노르웨이, 필리핀, 폴란드, 포르투갈, 러시아, 싱가포르, 스페인, 스웨덴, 대만, 터키, 우크라이나로부터의 지지 그룹과 접촉하는 점에서도 그렇다. 우리는 미국과 해외의 먼 곳으로부터의 회원들과 지역에서 응급 상황이 발생했을 때에 대한 조치를 위해 함께 작업하고 있다.

우리는 회원과 고문들의 기여를 받기에, 잠재적으로 거대하고 가치 있는 원천으로 동아시아를 보고 있다. 《냉동 인간》은 최근 영어와 중국어를 함께 실은 편집본으로 출간되기도 했다. 싱클레어 T. 왕 박사가 번역을 맡았다. 출판사는 캘리포니아 주 팔로 알토의 리아유니버시티 프레스다.

최근 수십 년 동안에 일어난 두 가지 특별한 발전을 언급하고 넘어갈 가치가 있겠다. 하나는 반노쇠, 혹은 반노화 연구가 급격하게 상당한 수준에 오르게 되었다는 점이다. 나이를 먹으면서 쇠락하는 것은 '정상적'인 것이 아니라는 인식과 함께 나온 결과다. 지금까지는 보편적인 것이라고 해도 말이다. 노화는 하나의 질병이며, 잠재적으로 예방이 가능하고 치유할 수 있는 것이라는 인식이 생겨나게 되었다.

다른 것은 나노미터 규모 위에서 이루어지는 나노테크놀로지, 혹은 분자공학이다(나노미터는 10억분의 1미터이다. 즉 원자와 분자의 규모). 이 분야에 대해서는 1965년에 노벨물리학상을 수상한 리처드 파인만 교수가 1959년에 이미 예견한 바 있다. 그는 개별적인 원자와 분자에 개입하고, 원자와 분자를 공학 기술로 설계하지 못할 이유가 없다고 말했다. 그리 오래 지나지 않아서, 1981년에 주사식 터널 현미경의 발명으로 그런 일이 실제로 벌어지기 시작했다.

1986년에 에릭 드렉슬러가 《창조의 엔진》이라는 책에서 이 생각을 보다 확장시켰다. 이 책은 냉동 보존과 나노테크놀로지를 훼손된 환자를 복구하는 데 적용할 잠재성에 관해 논의했다. 드렉슬러 박사는 세포와 세포 기관의 규모에서 복구를 이루어낼 수 있다고 제안한 최초의 사람이 바로 나라고 지적했다.

드렉슬러의 후속작은 1992년에 와일리 출판사에서 출간되었다. '문자 기계, 제조, 컴퓨터'란 부제가 달린 《나노시스템NanoSystem》은 나노테크놀로지에 대한 몇 가지 생각과 프로젝트를 한층 소상하게 기술했다. 다른 저술가들도 다소 비슷한 노력을 많이 기울였다.

냉동보존재단의 과학 자문 위원회: 과학 자문 위원회의 모든 구성원은 냉동보존재단의 회원이기도 하다.

연구 활동: 냉동보존재단의 연구는 미국과 다른 나라 전문가들의 조력과 더불어 한 전문 저온생물학자를 고용하면서 견인차를 얻었다.

유리 피슈긴 박사는 러시아 태생이지만, 세계에서 가장 커다란 저온생물학 연구 기관에서 일을 하던 중 우리의 관심권에 들어왔다. 그곳은 우크라이나 카르코프의 저온생물학과 저온의학 문제를 위한 재단이었다. 그는 자신의 이름 아래 많은 논문을 발표했으며, 장비에 대한 접근성과 동료들의 도움을 얻을 수 있었다. 우리를 위해 그가 해준 일은 정육점에서 바로 얻은 양의 머리와 고통 없이 마취되어 안락사를 당한 토끼들을 이용해서 이룬 일이다. 양 머리에 대한 감정은 미국의 현미경 전문가들을 고용하여 도움을 얻었고, 토끼의 뇌는 뉴런에서의 전기적 활동을 연구하기 위해 전기생리학자의 도움을 얻었다. 증거는 인간에 대해 우리가

하는 것과 비슷한 양을 다루는 우리의 처치 절차가 손상을 줄이는 데 절대적으로 도움이 된다는 점을 보여주었다. 처치를 하지 않으면 입었을 손상을 줄이는 것이다. 토끼 뇌에 대해서는 뉴런계에서 조정된 전기적 활동이 최초로 관찰되었다. 액체 질소에 담갔다가 다시 데운 후에 일어난 일로, 매우 고무적인 결과였다.

⬛⬛ 유리 피슈긴 박사

:: 재단 건물의 또 다른 외부 모습

냉동보존재단에 오기 전에 피슈긴 박사는 기업 컨소시엄을 위해 캘리
포니아 대학교에서 저온생물학을 연구했다. 공개된 정보에 따르면, 그
는 쥐에게 유리화를 포함한 다양한 처치를 한 끝에 해마회 조각의 생존
능력을 향상시키는 것과 관련된 일을 했다. 냉동보존재단에 합류하기
직전에, 그는 뉴런 저온생물학을 위한 재단에서 해마회 조각 저온 보존
프로젝트에 관해 연구를 했다. 이 프로젝트는 K/NA(포타슘과 소듐) 비
율로 측정해보았을 때 조직 조각의 100퍼센트 생존 능력이라는 역사상
최초의 결과를 이끌었다. 결과는 《저온생물학Cryobiology》 2006년 4월호
에 실렸다. 《저온생물학》은 피슈긴 박사를 주요 필자로 하는 저온생물
학계를 위한 간행물이다. 논문의 제목은 '유리화에 의한 쥐 해마회 조
각의 저온 보존'이었다.

냉동 보존술에 사용되는 유리화 용액이 보통 혈액뇌관문을 저해하지
않는다는 생각이 냉동보존단체에 있었다. 유리화 효과의 대부분은 탈수

에 기인하는 것이었다. 최적의 환경에서 유리화했을 때 뇌가 상당하게 수축되는 것이 보였다. 냉동 보존 연구자들은 만약 더 나은 유리화를 달성할 수 있는지, 뇌에 유리화 용액이 더 잘 스며들게 할 수 있는지 연구를 해왔다.

냉동보존재단에서 진행한 유리 피슈긴 박사의 2007년 연구는 유리화 용액을 뇌에 완벽하게 스며들도록 하기 위해 혈액뇌관문을 '안전하게' 여는 방법으로 세제 물질을 쓰는 것에 맞추어져 있었다. 2007년 9월에 유리 피슈긴 박사는 특허청에 제출한 서류에서 2007년에 진행한 연구를 요약했다. 피슈긴 박사는 쥐를 가지고 진행한 실험을 통해 연구의 기본적인 절차를 세웠다.

'21세기제약'은 쥐와 그들이 만든 유리화 용액을 이용하여 피슈긴 박사의 절차를 독립적으로 감정하였다. 21세기제약은 피슈긴의 절차가 혈액뇌관문을 열어 뇌 조직을 유리화 용액으로 더 잘 스며들게 하고 있음을 확인했다. 그러나 그들은 혈액뇌관문을 여는 방법 없이 성취된 것보다 뇌 조직의 생존 능력이 더 나은 것은 본 적이 없다.

1년의 예비 특허 마감일이 다가오는 중에, 냉동보존재단의 이사회와 불멸협회의 이사회는 특허권을 따내는 것보다는 특허 신청 내용을 공개하는 것이 더 좋겠다는 결정을 내렸다. 만약 피슈긴 박사의 혈액뇌관문 개봉 절차가 미래에 유용한 것으로 증명이 된다면, 냉동보존재단과 연구자들과 다른 단체들이 그 절차에 마음껏 동등하게 접근할 수 있게 될 것이다. 피슈긴 박사는 러시아에서 독립적인 연구 프로그램을 추구하기 위해서 2007년에 냉동보존재단의 자리에서 물러났다.

오브리 드 그레이Aubrey de Grey는 영국의 저술가이자 노인학 분야의 이론가이며, 노인학재단의 과학 수석이다. 학술지인 《리주버네이션 리서치Rejuvenation Research》의 수석 편집장이며, 《노화의 미토콘드리아 이론The Mitochondrial Free Radical Theory of Aging》(1999년)의 저자이자, 《노화 끝장내기Ending Aging》(2007년)의 공동 저자다.

드 그레이의 연구는 재생 의학이 노화 과정을 저지할 수 있는지에 초점을 맞추고 있다. 그는 스스로 '노화를 무시할 수 있는 것으로 만들기 위한 전략'이라고 부르는 목표의 개발을 위해 작업하고 있다. 그것은 인간의 몸을 젊게 회복하고 무한한 수명을 가능하게 하기 위해 조직을 복구하는 전략이다. 이 목표를 위해 그는 근본적인 신진대사 과정에 의해 야기되는 분자와 세포 손상 일곱 가지를 식별해냈다. 그리고 이런 손상을 복구하기 위해 고안된 치료 집단에 소개되었다.

노화를 무화시킬 수 있는 질병으로 만들기 위한 전략에 관한 기사가 《엠보 리포트EMBO Reports》에 실렸다. 28명의 과학자가 드 그레이의 치료법 중 "인간은 고사하고 그 어느 장기의 수명조차 연장시킨 것은 아무것도 없다"고 결론을 내렸다. 드 그레이는 근본적으로 과학자와 공학자 사이 그리고 노화를 연구하는 생물학자와 재생의학을 연구하는 사람들 사이의 이해에 심각한 간극이 있음이 드러났다고 주장한다. 15명으로 구성된 그 자신의 재단 자문위원회는 '전략'의 접근 방법이 있을 법한 것이라며 후원 계약서에 서명을 했다.

경쟁하는 이론들: 생각을 달리 먹었다면 영민했을 사람들이 쓸데없이 일반적인 주장에 나서서 동조를 한나. 예를 들어 노화는 유전적이며 근본적으로 손상이 축적되어 생기는 것이라는 주장 말이다. 세 가지 점이

명백해져야 한다. 첫째, 노화는 넓은 유전적 구성 요소를 가지고 있다는 점이다. 왜냐하면 노화는 종에 특이성을 가지며, 어느 정도로는 가족에 따라 특정한 것이기 때문이다. 둘째, 움직이는 부속품이 있는 어떤 시스템도 닳고 해지는 운명에 노출되어 있으며, 나이를 먹어감에 따라 쇠퇴한다는 점이다. 셋째, 무언가를 고치기 위해서 꼭 원인을 제거할 필요는 없다는 점이다. 심지어는 원인을 이해하지 못해도 상관이 없다. 한 가지 예가 있는데, 노쇠의 일부 원인은 호르몬과 관련된 것이고, 호르몬 조절은 때로 경험적으로 이루어질 수도 있다. 또 다른 예로, 노화의 일부 측면은 장기에 특정한 것이기도 하고, 원리적으로는 인공 장기나 다른 대체물로 고칠 수가 있다. 노쇠는 여러 면에서 공격을 받고 있고, 언제가 되었든지 간에 그중 하나나 그 이상의 공격이 성공을 거둘 것이다.

우리가 요구할 수 있는 모든 프로젝트는 실행이 가능하다. 가능성은 오로지 물리의 법칙에 의해서만 제한되며, 여기에는 장애물이 없는 것처럼 보인다. 실현 가능성은 주로 자원과 동기 부여에 의존하고 있다. 자원은 거의 확실하게 어마어마한 수준으로 성장할 것이며, 동기부여가 좀 더 까다로운 문제이기는 하지만 모든 시대의 모든 사람들을 무지한 상태로 만들 수는 없으며, 대부분의 사람들은 결국 삶이 죽음보다 좋다는 것을 시인하게 될 것이다.

경험의 원리

이 항목은 냉동된 환자를 소생시키고 젊음을 회복하는 것의 성공 가능성을 다룬다. 이 소재는 새로운 것이 아니지만, 대다수에게 알려지지 않은 채 남겨져 있다.

유명한 여론 조사가인 조지 갤럽은 장기적인 예측을 도모하는 가운데 비전문가들이 전문가들보다 더 잘해냈음을 보여주는 설문조사를 한 적이 있다! 이것은 숲과 나무 현상에서 나온 결과임이 명백하다. 전문가들은 당면한 어려움에만 너무 골몰을 한 나머지, 역사의 격류는 못 보곤 한다. 그러나 일부 교훈은 큰 울림을 지닌다.

A. 선행의 법칙: 어떤 것이라도 존재했던 것이면, 존재할 수 있다. 기존에 있던 어떤 문제라도 재배열을 하는 것이 가능하며, 다시 존재하게 만들 수 있다. (우리는 인간 수준의 상황에 대해 말하고 있는 것이다. 빅뱅을 다시 창조하거나 우주의 엔트로피를 감소시키는 것에 관심을 두고 있는 것이 아니다.)

거의 같은 얘기를 다르게 표현하자면, 어떤 조합으로든 일이 잘못되었다는 것을 알게 될 때마다 고칠 수 있다는 것이다. 시간, 동기, 경제적 자원이 갖추어지면, 언제나 고칠 수 있다.

우리는 건강한 사람의 특징이 무엇이고 노화와 관련해서 무엇이 잘못되었는지 배울 것이고, 지금도 배우고 있다. 젊음의 건강을 재건하거나 유지하는 것이 정체성의 보존과 양립하지 못한다고 생각될 수 있다. 하지만 이제까지로 보아서는 그런 염려가 실제로 사실인지 보여주는 증거는 없다. 온갖 종류의 성격, 온갖 종류의 기억이 어느 나이대의 사람들인에나 존재힐 수 있다.

B. 파인버그 법칙: 자연의 법칙에 반하지 않는 것이면 무슨 일이든지 이루어질 수 있다. 자연의 법칙에 반하는 많은 것과 마찬가지로 말이다 (우리가 현재 곱씹어보고 있는 문제가 그렇듯이). 제럴드 파인버그 교수는 컬럼비아대학교 물리학과의 학과장이었다(그리고 뉴욕 냉동보존협회 초창기 멤버이기도 했다). 그의 발언은 선대의 원칙을 대담하게 확장하는 것이었다. 그 무엇이 예전에 존재했든 아니든 간에, 간직할 수 있는 자원이 충분하게 많으면 물리의 법칙이 용인하는 한 어떤 것이라도 창조해낼 수 있다고 말이다. 물리의 법칙은 젊음의 건강함을 허용하고, 물질 원자 하나하나 조작하는 것 또한 허용하는 것이 명백해 보인다(우리의 몸이 늘 그런 일을 하고 있다).

파인버그 박사는 우리가 현재 품어볼 수 있는 어떤 프로젝트라도(인간의 수준에서) 최대 200년을 잡으면 완수가 될 것이라는 짐작도 내놓았다.

C. 뒤에 오는 것의 법칙: 대부분의 전문가가 진보라는 생각에 대해서 사탕발림의 말을 늘어놓는다. 하지만 무한한 미래가 오늘날의 테크놀로지를 넘어서서 고작 미미한 진보만 이룰 것이라고 믿는 척 행동한다. 그들은 움직이는 인도moving sidewalks와 3D 텔레비전 정도를 제외하고는 내일의 세상이 오늘의 세상과 같을 것이라고 생각한다.

찰스 G. 다윈(찰스 로버트 다윈의 손자)은 《다음 100만 년The Next Million Years》이라고 제목 붙인 책(1953년 출간)을 쓰면서, 맬서스주의의 문제, 즉 인구 과잉과 기아 문제가 그 기가 막힌 시대에 역사를 지배할 것이라고 예측했다. 그는 과학과 기술에서 현재의 상상을 뛰어넘는 '환상적인 전성기'가 오리라는 데 동의했다. 하지만 그 과학과 기술이 합성식품이나 효과적인 산아 제한 혹은 다른 우주 공간의 식민화로 확장될 것이라고는 생각하지 않았다!

후에 오는 것의 법칙은 여러 방식으로 말해볼 수 있다. "지금 존재하는 사람들과 테크놀로지는 개선의 여지를 아주 많이 남겨두고 있다." "21세기는 최후도 아니고 최선도 아니다." "진화(자연적인 것이든 설계한 것이든 간에)와 과학은 갈 길이 아직 멀었다." "미래의 성취는 과거의 성취를 가려버릴 것이다."

시인이라면 오늘날 말할 것이다. "나와 함께 젊어져가자. 최고의 것은 아직 오지 않았으니."(영국 빅토리아 시대의 대표적 시인 로버트 브라우닝의 시 한 구절에서 '늙어old'를 '젊어young'로 바꾸어 인용한 것이다. 존 레논도 이 구절을 자신의 노래 가사에 넣기도 했다.-옮긴이)

감사의 말

 ❧❀❧

1948년에 나는 빛을 보았다. 그리고 나는 가족과 때때로 그것에 대해
이야기를 나누며, 어떤 걸출한 과학자가 냉동 시대의 도래를 발표하기
를 시시각각 기대하며 12년 동안을 끈기 있게 기다렸다. 마침내 조급증
이 생겨버린 나는 1960년 9월에 냉동 인간에 대한 관심을 고무하려는
시도로 많은 지성인들에게 서신을 보냈다. 일부 답신은 고무적이었으
나, 짧은 편지로는 설득력 있는 설명을 제공하지 못한다는 점이 분명했
다. 책이 필요했다.

초고는 특히 아내와 부모님, 형의 격려와 더불어 1962년에 완성되었다.

원고에 대한 반응은 시기가 확실히 무르익었다는 것을 보여주었다.
비록 처음에는 주로 학계 내 몇몇 사람들의 주의만 끌었을 뿐이지만, 곧
모든 영역의 모든 지점에서 주목받기 시작했다. 그리고 신문과 잡지와
라디오와 텔레비전에서 토론이 형성되기 시작했다. 대중이 준비가 되었
을 뿐만 아니라 여러 사람이 나와 비슷하거나 아주 똑같은 생각을 해왔
음이 밝혀졌다.

일출을 가져오는 것만큼이나 냉동 시대를 **가져오는 것**이 공이 될지, 혹은 탓이 될지 단정할 수 있는 사람이 아무도 없다. 냉동 시대를 선언하는 최초의 무리에 근근이 들게 된 우리와 내가 미처 알지 못하는 더 많은 사람이 그 생각을 공유한다.

감사의 말을 전하고 싶다.

장 로스탕 교수는 수년 전에 치유가 불가능한 병에 걸린 환자와 더불어 늙은 사람들도 도움을 기다리기 위해 냉동될 날이 언젠가는 올 것이라고 예측했다.

제럴드 J. 그루먼 박사는 노령을 (겸양으로 받아들여야 하는) 생의 한 단계라기보다는 (극복해야 할) 질병으로 보기를 촉구해온 사람들 가운데 한 명이다.

버몬트 주 캐슬턴 주립 단과대학의 로런스 젠슨 박사는 내 책과 비슷한 책을 집필하기 시작했다.

워싱턴 D.C.의 네이선 두링Nathan Duhring은 비슷한 책을 실제로 썼다. 비록 상업적으로 출간되지는 않았지만, 1960년에 시작하여 1962년에 집필을 마친 것으로 알고 있다.

더블데이 출판사의 편집장인 토머스 J. 매코맥은 어느 한 순간에 빛을 보았고, 내게 더없이 큰 도움을 주었다. 나는 내 최고의 농담 몇 가지를 삭제한 것에 대해서조차 그를 용서한다.

나의 모든 친구와 이웃, 그들 중 일부가 그들의 1,000번째 생일을 축하하는 자리에 나를 초대해주기를 희망한다.

과서의 주인늘, 우리의 당당한 조상들, 얼마나 오랫동안 떨어져 있었든 언젠가는 만나리라고 기대할 수 있는 그들에게도 감사를 전한다.

1장 냉동된 죽음

1 *Science et Vie*, "La Vie contre le Temps," Yves Dompierre, May, 1963.

2 Smith, A. U. *Biological Effects of Freezing and Supercooling*, Williams & Wilkins, Baltimore, 1961.

3 *This Week Magazine*, "How a 'Frozen' Astronaut May Reach the Stars," Jan. 14, 1962.

2장 냉동과 냉각

1 Meryman, H. T. "Mechanics of Freezing in Living Cells and Tissues." *Science*, v. 124, 1956, p. 515.

2 Fernández-Morán, H. "Rapid Freezing with Liquid Helium Ⅱ." *Annals of the New York Academy of Sciences*, v. 85, 1960.

3 Becquerel, P. "La suspension de la vie au-dessous de $1/20°$ K absolu par démagnétisation adiabatique de l'alun de fer dans le vide le plus élevé." *C. R. (Comptes Rendus) Acad. Sci.*, Paris, v. 231, 1950, p. 261.

4 Asahina, E. and Aoki, K. "Survival of Intact Insects Immersed in Liquid Oxygen Without Any Antifreeze Agent." *Nature, Lond.*, v. 182, 1958, p. 327.

5 Rostand, J. "Glycérine et résistance du sperme aux basses temperatures." *C. R. Acad. Sci.*, Paris, v. 222, 1946, p. 1524.

6 Smith, A. U. *Biological Effects of Freezing and Supercooling*, Williams & Wilkins, Baltimore, 1961.

7 Ibid.

8 Ibid.

9 Ibid.

10 Ibid.11. Ibid.

11 Jacob, S. W. et al. "Survival of Normal Human Tissues Frozen to-272.2°C." *Transplantation Bulletin*, v. 5, p. 428.

12 MacDonald, D. K. C. *Near Zero* (An Introduction to Low Temperature Physics), Anchor Books (Doubleday & Co.), 1961.

13 Smith, A. U. *Biological Effects of Freezing and Supercooling*, Williams & Wilkins, Baltimore, 1961.

14 Ibid.

15 Kenyon, J. R., Ludbrook, J., Downs, A. R., Tait, I. B., Brooks, D. K. and Pryczkowski, J. "Experimental Deep Hypothermia." *Lancet*, ii, 1959, p. 41.

16 Smith, A. U. *Biological Effects of Freezing and Supercooling*, Williams & Wilkins, Baltimore, 1961.

17 *This Week Magazine*, "How a 'Frozen' Astronaut May Reach the Stars," Jan. 14, 1962.

18 Meryman, H. T. "The Mechanisms of Freezing in Biological Systems." *Recent Research in Freezing and Drying*, eds. A. S. Parkes and A. U. Smith, Blackwell Scientific Publications, Oxford, 1960.

19 Meryman, H. T. "Physical Limitations of the Rapid Freezing Method." *Proceedings of the Royal Society B*, v. 147, 1957.

20 Lovelock, J. E. "The Denaturization of Lipid-Protein Complexes as a Cause of Damage by Freezing." *Proceedings of the Royal Society B*, v. 147, 1957, p.427.

21 Rey, L.-R. "Studies on the Action of Liquid Nitrogen on Cultures in Vitro of Fibroblasts." *Proceedings of the Royal Society B*, v. 147, 1957, p. 460.

22 Kreyberg, L. "Local Freezing." *Proceedings of the Royal Society of London B*, v. 147, 1957, p. 546.

23 Lovelock, J. E. "Diathermy Apparatus for the Rapid Rewarming of Whole Animals from 0℃ and Below." *Proceedings of the Royal Society B*, v. 147, 1957. p. 545.

24 Smith, A. U. *Biological Effects of Freezing and Supercooling*, Williams & Wilkins, Baltimore, 1961.

25 Ibid.

26 Cecil, R. L. and Loeb, R. F., editors. *Textbook of Medicine*, W. B. Saunders Co., 1951.

27 Smith, A. U. *Biological Effects of Freezing and Supercooling*, Williams & Wilkins, Baltimore, 1961.

28 Ibid.

29 Ibid.

30 Ibid.

31 Feindel, W. "The Brain Considered as a Thinking Machine." *Memory, Leaning, and Language* (ed. Wm. Feindel), University of Toronto Press, 1960.

32 John, E. R. "Studies of Memory." *Macromolecular Specificity and Biological Memory*, ed. F. O. Schmitt, The M.I.T. Press, 1962.

33 Hydén, H. "A Molecula Basis of Neuron-Glia Interaction." *Macromolecular Specificity and Biological Memory*, ed. F. O. Schmitt, The M.I.T. Press, 1962.

34 Smith, A. U. *Biological Effects of Freezing and Supercooling*, Williams & Wilkins, Baltimore, 1961.

35 Teuber, H.-L. "Perspectives in the Problems of Biological Memory-A Psychologist's View." *Macromolecular Specificity and Biological Memory*, ed. F. O. Schmitt, M.I.T. Press, 1962.

36 Asimov, I. *The Chemicals of Life*, New American Library, New York, 1954.

37 Rey, L.-R. "Studies on the Action of Liquid Nitrogen on Cultures in Vitro of Fibroblasts." *Proceedings of the Royal Society B*, v. 147, 1957, p. 460.

38 Kreyberg, L. "Local Freezing." *Proceedings of the Royal Society of London B*, v. 147, 1957, p. 546.

39 Pascoe, J. E. "The Survival of the Rat's Superior Cervical Ganglion After Cooling to -76 ℃." *Proceedings of the Royal Society B*, v. 147, 1957, p. 510.

40 Smith, A. U. *Biological Effects of Freezing and Supercooling*, Williams & Wilkins, Baltimore, 1961.

41 Elsdale, T. R. "Cell Surgery." *Penguin Science Survey B 1963*, edited by S. A. Barnett and Anne McLaren.

42 Pauling, L. "Chemical Achievement and Hope for the Future." *Annual Report of the Smithsonian Institution*, 1950, p. 225.

43 Smith, A. U. *Biological Effects of Freezing and Supercooling*, Williams & Wilkins, Baltimore, 1961.

44 Wolfe, K. B. "Effect of Hypothermia on Cerebral Damage Resulting from Cardiac Arrest." *American Journal of Cardiology*, v. 6, 1960, p. 809.

45 Brockman, S. K. and Jude, J. R. "The Tolerance of the Dog Brain to the Total Arrest of Circulation." *Johns Hopkins Hospital Bulletin*, v. 106, 1960, p. 47.

46 Lillehei, R. C., Longerbeam, J. K. and Scott, W. R. "Whole Organ Grafts of the Stomach." *JAMA*, v. 183, no 10, March 9, 1963, p. 861.

47 Gresham, R. B., Perry, V. P. and Wheeler, T. E. "U. S. Navy Tissue Bank." *JAMA*, v. 183, no. 1, Jan. 5, 1963, p. 13.

48 Neely, W. A., Turner, M. D., and Haining, J. L. "Asanguineous Total-Body Perfusion." *JAMA*, v. 184, no. 9, June 1, 1963, p. 718.

49 Boerema, I. "An Operating Room With High Atmospheric Pressure." *Surgery*, v. 49, no. 3, March, 1961, P. 291.

50 Sealy, W. C.; and Brown, Young, Smith, and Lesage. "Hypothermia and Extracorporeal Circulation for Open Heart Surgery." *Annals of Surgery*, v. 150, 1959, p. 627.

51 Edmunds, Folkman, Snodgrass, and Brown. "Prevention of Brain Damage During Profound Hypothermia and Circulatory Arrest." *Annals of Surgery*, v. 157, no. 4, April, 1963.

52 Egerton, N., Egerton, W. S. and Kay, J. H. "Neurologic Changes Following Profound Hypothermia." *Annals of Surgery*, v. 157, no. 3, March, 1963.

53 Smith, A. U. *Biological Effects of Freezing and Supercooling*, Williams & Wilkins, Baltimore, 1961.

54 Meryman, H. T. "The Mechanisms of Freezing in biological Systems." *Recent Research in Freezing and Drying*, eds. A. S. Parkes and A. U. Smith, Blackwell Scientific Publications, Oxford, 1960.

55 Gresham, R. B., Perry, V. P. and Wheeler, T. E. "U. S. Navy Tissue Bank." *JAMA*, v. 183, no. 1, Jan. 5, 1963, p. 13.

3장 복구와 회복

1 *The Saturday Review*, "The Reversal of Death," Aug. 4, 1962.

2 *The Detroit Free Press*, March 19, 1963.

3 *The Detroit News*, May 27, 1963

4 *The New York Times Magazine*, June 16, 1963.

5 Lusted, L. B. "Bio-Medical Electronics-2012 A.D." *Proceedings of the IRE*, v. 50, no. 5, May, 1962.

6 Bushor, W. E. "Medical Electronics, Part V: Prosthetics-substitute Organs and Limbs." *Electronics*, July 21, 1961.

7 Fernández-Morán, H. "Molecular Basis of Specificity in Membranes." *Macromolecular Specificity and Biological Memory* (ed. Francis O. Schmitt), The M.I.T. Press, 1962.

8 Waterman, A. T. "Science in the Sixties." *The Advancement of Science*, v. 18, no. 72, July, 1961.

9 *Time*, "Biology of Individuality," v. 71, June 2, 1958, p. 47.

10 Nigro, S. L., Reimann, A. F., Mock, L. F., Fry, W. A,, Benfield, J. R. and Adams, W. E. "Dogs Surviving With a Reimplanted Lung." *JAMA*, v. 183, no. 10, March 9, 1963.

11 Hardy, J. D. et al. "Re-implantation and Homotransplantation of the Lung." *Annals of Surgery*, v. 157, no. 5, May, 1963, p. 707.

12 *The Detroit News*, June 19, 1963.

13 Cserepfalvi, M. Quoted in *Health Bulletin*, March 16, 1963.

14 *Health Bulletin*, v. 1, no. 5, April 13, 1963, Rodale Press, Emmons, Pa.

15 *Time*, "Biology of Individuality," v. 71, June 2, 1958, p. 47.

16 *Science Newsletter*, "Organ Exchanging Seen," v. 83, no. 17, April 27, 1963.

17 *Time*, "Biology of Individuality," v. 71, June 2, 1958, p. 47.

18 Muller, H. J. "Mechanisms of Life-Span Shortening." *Cellular Basis and Aetiology of Late Somatic Effects of Ionizing Radiations*, Academic Press, 1962.

19 Paul, J. "Culturing Animal Cells." *Penguin Science Survey B* 1963, eds. S. A. Barnett & Anne McLaren.

20 Siekevitz, P. "Man of the Future." *The Nation*, v. 187, Sept. 13, 1958.

21 Paul, J. "Culturing Animal Cells." *Penguin Science Survey B* 1963, eds. S. A. Barnett & Anne McLaren.

22 *Science and Math Weekly*, American Education Publications, v. 3, issue 30, May 1, 1963.

23 *Science Digest*, "Frog Study Points to Possible Regrowth of Limbs," v. 48, Aug., 1960, p. 13.

24 *The New York Times*, May 19, 1963.

25 *The Detroit News*, June 16, 1963.

26 *The Detroit News*, Jan. 24, 1963.

27 Vallee, B. L. and Wacker, W. E. C. "Medical Biology-A perspective." *JAMA*, v. 184, no. 6, May 11, 1963, p. 485.

28 Fernández-Morán, H. "New Approaches in the Study of Biological Ultrastructure by High-Resolution Electron Microscopy." *The Interpretation of Ultrastructure* (vol. 1 of symposia of the International Society for Cell Biology), Academic Press, 1962.

29 Fernández-Morán, H. "Molecular Basis of Specificity in Membranes." *Macromolecular Specificity and Biological Memory* (ed. Francis O. Schmitt), The M.I.T. Press, 1962.

30 Sinex, F. M. "Biochemistry of Aging." *Science*, v. 134, no. 3488, Nov. 3, 1961.

31 Strehler, B. L. *Time, Cells, and Aging*, Academic Press, 1962.

32 Ibid.

33 Muller, H. J. "Mechanisms of Life-Span Shortening." *Cellular Basis and Aetiology of Late Somatic Effects of Ionizing Radiations*, Academic Press, 1962.

34 Sinex, F. M. "Aging and Lability of Irreplaceable Molecules." *The Biology of Aging*, ed. B. L. Strehler, Waverly Press, Baltimore, 1960.

35 Still, J. W. "Why Can't We Live Forever?" *Better Homes and Gardens*, Aug., 1958.

36 Strehler, B. L. *Time, Cells, and Aging*, Academic Press, 1962.

37 *The Insider's Newsletter*, March 11, 1963.

38 Strehler, B. L. *Time, Cells, and Aging*, Academic Press, 1962.

4장 현재의 선택

1 Muller, H. J. "Genetic Considerations." The Great Issues of Conscience in Modern Medicine, Dartmouth Medical School Convocation, 1960.

2 Haldane, J. B. S. "Life and Mind as Physical Realities." Penguin Science Survey B 1963, eds. S. A. Barnett & Anne McLaren.

3 Vital Statistics of the U.S., U.S. Department of Commerce, 1959, vol. Ⅱ.

5장 냉동 인간과 종교

1 Kvittingen, T. D. and Naess, A. "Recovery From Drowning in Fresh Water." *British Medical Journal*, May 18, 1963.

2 Thomas G. E. "Science and Religion-a Partnership." *Science and Religion*, ed. J. C. Monsma, G. P. Putnam's Sons, 1962.

3 Corner, G. W. "Science and Sex Ethics." *Adventures of the Mind* (Second Series), Alfred A. Knopf, 1961.

4 Ibid.

5 Ibid.

6 Ibid.

7 Smethhurst, A. F. *Modern Science and Christian Beliefs*, James Nisbet & Co., Ltd., London, 1955.

8 Bradley, D. G. *A Guide to the World's Religions*, Prentice-Hall, 1963.

9 Ibid.

10 *The Detroit News*, June 17, 1963.

11 Heinecken, M. J. *God in the Space Age*, John C. Winston Co., 1959.

12 Messenger, E. C. "The Origin of Man in the Book of Genesis." *God, Man, and the Universe*, ed. J. de Bivort de la Saudée, P. J. Kennedy & Sons, 1953.

13 Holloway, M. R. *An Introduction to Natural Theology*, Appleton-Century-Crofts, 1959.

14 Dahlberg, E. T. "Science and Religion at the Crossroads." *Science and Religion* (J. C. Monsma, ed.), G. P. Putnam's Sons, 1962.

15 Lund, G. "Is Faith Faltering Before the Scientific Advance?" Science and Religion, ed. J. C. Monsma, G. P. Putnam's Sons, 1962.

16 Tenney, M. C. "Revelation." *The Biblical Expositor*, ed. C. F. H. Henry, vol. Ⅲ, The New Testament, A. J. Holman Co., Phila., 1960.

17 Lund, G. "Is Faith Faltering Before the Scientific Advance?" Science and Religion, ed. J. C. Monsma, G. P. Putnam's Sons, 1962.

18 Holloway, M. R. *An Introduction to Natural Theology*, Appleton-Century-Crofts, 1959.

6장 냉동 인간과 법

1 *Michigan Law Review*, v. 23, 1924-25, p.274 et seq.

2 Ibid.

3 Ibid.

4 Ibid.

5 Smith, A. U. *Biological Effects of Freezing and Supercooling*, Williams & Wilkins, Baltimore, 1961.

6 Birkenhead, The Earl of. *Famous Trials of History*, Garden City Publishing Co., 1926.

7 Gould, J. "Will My Baby Be Born Normal?" *Public Affairs Pamphlet* No. 272,

Public Affairs Committee, 22 E. 35th St., N.Y., 1958.

8 West, J. S. *Congenital Malformations and Birth Injuries*, Association for the Aid of Crippled Children, New York, 1954.

9 Constable, G. W. "Who Can Determine What the Natural Law Is?" *Natural Law Forum*, Notre Dame Law School, v. 7, 1962.

10 *The Insider's Newsletter*, May 13, 1963.

7장 불멸의 경제학

1 Masse, B. L. "How Affluent Are We?" *America*, v. 101, Aug. 1, 1959.

2 Banfield, E. C. Quoted in *The Detroit News*, Feb. 18, 1962.

3 Kelly, J. L. Jr. and Selfridge, O. G. "Sophistication in Computers: A Disagreement." *Proceedings of the IRE*, v. 50, no. 6, June, 1962, p. 1459.

4 Wiesner, J. B. "Electronics and Evolution." *Proceedings of the IRE*, v. 50, no. 5, May, 1962.

5 Golay, M. J. E. "The Biomorphic Development of Electronics." *Proceedings of the IRE* (Institute of Radio Engineers), v. 50, no. 5, May, 1962.

6 Walter, W. G. "An Imitation of Life." *Automatic Control*, Simon & Schuster, 1955.

7 *Science Newsletter*, v. 79, no. 15, April, 1961, p. 234.

8 Minsky, M. "Steps Toward Artificial Intelligence." *Proceedings of the IRE*, v. 49, 1961, p. 8.

9 Taube, M *Computers and Common Sense*, Columbia University Press, 1961.

10 *Science Newsletter*, v. 79, no. 15, April, 1961, p. 234.

11 Gorn, S. "On the Mechanical Simulation of Habit-Forming and Learning." *Information and Control*, v. 2, 1959, p. 226.

12 Simon, H. A. and Newell, A. "Heuristic Problem Solving: The Next Advance in Operations Research." *Operations Research*, v. 6, 1958.

13 Walter, W. G. "An Imitation of Life." *Automatic Control*, Simon & Schuster, 1955.

14 Kemeny, J. G. "Man Viewed as a Machine." *Scientific American*, v. 192, no. 4, April, 1955, p. 58.

15 Penrose, L. S. "Self-Reproducing Machines." *Scientific American*, v. 200, June, 1959, P. 105.

16 Kemeny, J. G. "Man Viewed as a Machine." *Scientific American*, v. 192, no. 4, April, 1955, p. 58.

17 Moore, E. F. "Artificial Living Plants." *Scientific American*, v. 195, no. 4, Oct., 1956.

18 *Science Newsletter*, v. 79, no. 15, April, 1961, p. 234.

19 Masse, B. L. "How Affluent Are We?" *America*, v. 101, Aug. 1, 1959.

20 Evans, M. S. "The Compleat Growthman." *National Review*, v. 10. June 3, 1961, p. 352.

21 Ullman, J. E. "Economics of Nuclear Power." *Science*, v. 127, no. 3301, April 4, 1958, p. 739.

22 Bogue, D. J. *The Population Growth of the United States*, The Free Press of Glencoe, Illinois, 1959.

23 Ibid.

24 Ibid.

25 Ibid.

26 *The Detroit Free Press*, July 26, 1963.

27 Rock, J. Quoted in *The Detroit News*, May 3, 1963.

28 *Time*, "The High Cost of Dying," v. 71, June 2, 1961, p. 46.

29 Scott, R. B. *Cryogenic Engineering*, D. Van Nostrand, 1959.

30 Ibid.

31 Jordan, R. C. and Priester, G. B. *Refrigeration and Air Conditioning Prentice-Hall*, 1956.

32 Wright, D. A. "Thermoelectric Cooling." *Progress in Cryogenics*, ed. K. Mendelssohn, v. 1, Heywood & Co. Ltd., London, 1959.

33 Jordan, R. C. and Priester, G. B. *Refrigeration and Air Conditioning Prentice-Hall*, 1956.

34 *The International Yearbook and Statesmen's Who's Who*, 1962. Burke's Peerage Ltd., London.

8장 정체성의 문제

1 Trevarthen, C. B. "Double Vision Learning in Split-Brain Monkeys." *National Academy of Sciences*, Autumn meeting, 1961.

2 *The Saturday Review*, "The Reversal of Death," Aug. 4, 1962.

9장 불멸의 유용성

1 Aldrich, C. K. "The Dying Patient's Grief." *JAMA(Journal of the American Medical*

Association), v. 184, no. 5, May 4, 1963, p. 329.

2 Siekevitz, P. "Man of the Future." *The Nation*, v. 187, Sept. 13, 1958.

3 Muller, H. J. "Man's Place in Living Nature." *The Scientific Monthly*, v. 84, no. 5, May, 1957.

4 Muller, H. J. "Life Forms to Be Expected Elsewhere Than on Earth." *The American Biology Teacher*, v. 23, no. 6. Oct., 1961.

5 Page, R. M. "Man-Machine Coupling-2012 A. D." *Proceedings of the IRE*, v. 50, no. 5, May, 1962.

6 Hoffer, A. and Osmond, H. *The Chemical Basis of Clinical Psychiatry*, Charles C. Thomas, Springfield, Ill., 1960.

7 Ibid.

8 Hoffer, A. "Modification of Processes of Thought by Chemicals." *Memory, Learning, and Language*, ed. W. Feindel, University of Toronto Press, 1960.

9 Olds, J. "Pleasure Centers in the Brain." *Scientific American*, v. 195, no. 4, Oct., 1956.

10 Rostand, J. "Can Man Be Modified?" *Saturday Evening Post*, May 2, 1959.

11 Salk, J. E. "Biological Basis of Disease and Behavior." *Life and Disease: New Perspectives in Biology and Medicine*, ed. D. Ingle, Basic Books, 1963.

12 Huxley, T. H. "Letter to Sir John Simon," March 11, 1891, quoted by C. S. Blinderman in *The Scientific Monthly*, April, 1957.

10장 내일의 도덕

1 *Time*, "Biology of Individuality," v. 71, June 2, 1958, p. 47.

2 Lilly, J. C. *Man and Dolphin*, Pyramid Publications, 1961.

3 Science Newsletter, v. 79, no. 15, April, 1961, p. 234.

4 Krogdahl, W. S. *The Astronomical Universe, Macmillan*, 1962.

11장 냉동 인간의 사회

1 *The Detroit Free Press*, March 3, 1963.

2 Still, J. W. "Why Can't We Live Forever?" *Better Homes and Gardens*, Aug., 1958.

3 Harris, S. J. *The Detroit Free Press*, May 22, 1963.

찾아보기

냉동 인간

XI

The
PROSPECT
of
IMMORTALITY